なるほどベクトル解析

村上　雅人　著

なるほどベクトル解析

海鳴社

はじめに

　2002年9月10日、種子島宇宙センターからHIIAロケット3号機が打ち上げられた。このロケットには、私が提案した良質で大型の超伝導体を宇宙で製造する実験を行う衛星が積まれている。それまでHIIAロケットではトラブルが続いていたので、打ち上げ時は非常に心配した。

　関係者が見守る中、ものすごい轟音とともに、ロケットが発射された。地球の引力に逆らって上昇していく様は圧巻である。上へ上へと重力に逆らって飛んでいくのは大変だろうと思っていたら、最初鈍かった動きが、あっという間に加速され、数10秒で見えないほど小さくなってしまった。その迫力に圧倒されたが、ふとロケットの軌跡を眺めると、決して鉛直方向にまっすぐ伸びていないことに気づいた。この時、ロケットの速度は、まさにベクトルであると実感したのである。そして、その経路や高度は、速度ベクトルの積分によって計算しなくてはいけないということにも気づいた。

　多くの人は面倒なことはしたくないと思っているはずである。数学も、できれば変数は1個だけで済ませたい。しかし、幸か不幸か、われわれの住んでいる世界は3次元の世界である。つまり、自分が居る場所を指定するのにも、その動きを伝えるのにも3個の数字が必要となるのである。当然、ロケットの打ち上げも、3次元ベクトルで制御する必要がある。

　それが面倒だといって投げてしまうこともできるが、少し我慢して3個の変数をうまく使いこなす手法を身につけると、3次元の世界の運動を解析できるようになる。これがベクトル解析である。

　ただし、ベクトル解析に必要な変数が複数あるといっても、あくまでも基本は1変数の世界である。3次元の世界は、変数が3個あれば表現できるが、それをx, y, z軸という座標を使うと、それぞれの軸上では1変数に還元できる。

確かに、もし我々の住んでいる世界が、1次元ならば簡単であろう。しかし、まっすぐ進むだけでは打ち上げられた衛星は地球をまわる軌道には載れないし、再び戻ってくることもないであろう。高性能の超伝導体を作製する実験をしたら、試料を持って、地上にもどって来るのが打ち上げられた衛星の使命である。実は、この地球に戻ってくるという作業も大変であり、その制御にもベクトル解析が必要となる。

2003年5月30日は、早朝からインターネットを使った情報収集で緊張の連続であった。宇宙での実験を終えた衛星が戻ってくる日である。帰還させるためには、地球のまわりを回っている軌道から、帰還機を切り離すという作業が必要となる。

衛星から切り離されたモジュールを REM (Re-entry module) と呼んでいる。実は、衛星は、90分程度で地球を周回するという、ものすごいスピードで運動している。衛星は地球のまわりをぐるぐると半永久的に回っているように感じるが、実は、地球の引力が働いているので、次第に高度を下げながら、地球に近づいていっているのである。

ただ、黙って待っていたのではいつ落下してくるか分からない。そこで、決まった日時にREMを帰還させるには、逆噴射を施して周回速度を遅くする必要がある。この時、周回速度と、逆噴射の量、さらに重力加速度が分かれば、簡単なベクトル解析で、REMがいつどこに落下するかを予測することができる。今回は、小笠原沖の海上で回収する予定となっていた。

ところが、聞いてみて驚いた。簡単なベクトル計算であるから、落下地点をピンポイントで絞れるのかと思ったら、落下予想海域の広さは、なんと長さ250km、幅40kmに達するのである。それだけの誤差があるということだが、これではいかにも広すぎる。数学は無力なのかと、ふと思ったりもしたが、天候の影響や最後は落下傘を使って減速させるので、風向きなど不確定要素もあるので仕方がないのであろう。

この日の、制御はすべてうまくいき、6時30分の着水の確認から15分程度で探索機が目視でREMを確認し、9時45分には回収船が現地に到着し、みごとに宇宙実験炉の回収に成功した。このような迅速な対応ができたのはベクトル解析のおかげである。(とは言い過ぎか。)

もちろん、ベクトル解析は、ロケットの打ち上げや、衛星の回収にだけ

はじめに

必要なものではなく、3次元空間で物理現象を解析する場合の道具として必須のものである。しかし、必須といわれても、ベクトル演算はできるだけ避けたいというひとも多い。それはベクトルでは、一度に複数の数字を処理しなければいけないからである。しかし変数が多いからといって、それほど恐れる必要はない。繰り返しになるが、実際に計算をする時には、x, y, z 座標（適宜、円柱座標や極座標も使うが）の成分ごとに計算を行う。すると、それぞれの座標軸では、1変数の関数として取り扱うことができる。要は、基本はあくまで1変数関数である。その後、再び3変数にまとめればよいのである。

さらに、ベクトルの基本は2次元ベクトルであり、3次元ベクトルあるいは、それよりも次元の高いベクトルを扱う場合でも、2次元ベクトルで行った演算が基本となっており、手法的には単に変数を増やせばよいというベクトル計算も多い。

そこで本書では、まず2次元ベクトルでベクトル解析がどのようなものかを体験したうえで、その考えを3次元に拡張すればどうなるかという視点でまとめている。また、できるだけ数多くの演習を用意し、演習を通してベクトル計算が習得できるように工夫している。複数の変数を扱うのに慣れるためには、自分で体験してみるのがいちばんである。本書を読み終えたら、ベクトル解析はそれほど複雑なものではないということが認識いただけるであろう。

最後に、本書をまとめるにあたり、協力いただいた超電導工学研究所の河野猛さんと、芝浦工業大学の小林忍さんに謝意を表する。

平成15年9月　著者

もくじ

はじめに・・・・・・・・・・・・・5

第1章　ベクトルとは・・・・・・・・・・・・・13
　1.1.　ベクトルは1次元からの解放？　13
　1.2.　ベクトルと幾何学　16

第2章　ベクトルの演算・・・・・・・・・21
　2.1.　ベクトルの足し算と引き算　21
　2.2.　ベクトル演算の図示　24
　2.3.　ベクトルのかけ算　28
　　2.3.1.　ベクトルの内積　29
　　2.3.2.　ベクトルの外積　39
　2.4.　基本ベクトル　44

第3章　図形とベクトル・・・・・・・・・51
　3.1.　2次元平面の直線の方程式　51
　3.2.　円の方程式　55
　3.3.　円の接線の方程式　58
　3.4.　三角形の余弦定理　61
　3.5.　3次元空間における直線のベクトル方程式　64
　3.6.　平面の方程式　66
　3.7.　球の方程式　70
　3.8.　空間曲線　72
　3.9.　任意の曲面　73
　　3.9.1.　任意の曲面上の点の位置ベクトル　73
　　3.9.2.　曲面のパラメータ表示　76

第4章　ベクトルの内積と外積の演算・・・・・・・・・・・78

  4.1. スカラー3重積　*78*
  4.2. ベクトル3重積　*84*
  4.3. 外積どうしの内積　*90*

第5章　ベクトルの微分・・・・・・・・・・・・・・*95*
  5.1. ベクトルの微分　*95*
  5.2. 空間曲線の接線ベクトル　*97*
  5.3. 曲面の接平面　*101*
  5.4. ベクトルの内積の微分　*106*
  5.5. ベクトルの外積の微分　*111*
  5.6. スカラー3重積の微分　*116*

第6章　gradとナブラ・・・・・・・・・・・・・*118*
  6.1. grad演算子　*118*
    6.1.1. 2次元のgrad演算子　*119*
    6.1.2. 3次元のgrad演算子　*126*
    6.1.3. 曲面の法線　*131*
  6.2. ナブラ演算　*136*
    6.2.1. ナブラとベクトルの内積　*136*
    6.2.2. ナブラとベクトルの外積　*140*

第7章　divとrot・・・・・・・・・・・・・・・*147*
  7.1. 発散 (div) の意味　*149*
  7.2. divとマックスウェル方程式　*155*
    7.2.1. マックスウェル方程式　*155*
    7.2.2. 電場の性質　*158*
  7.3. rotの意味　*166*
  7.4. ベクトルポテンシャル　*172*

第8章　その他のベクトル演算・・・・・・・・・・*176*
  8.1. ラプラス演算子　*176*
  8.2. ラプラス演算子を含むベクトル演算　*182*

第9章　ベクトルの積分・・・・・・・・・・・・・・・・・191
　　9.1.　ベクトルの普通積分　*192*
　　9.2.　ベクトルの線積分　*192*
　　9.3.　面積分　*201*
　　　　9.3.1.　面積分とは　*201*
　　　　9.3.2.　法線ベクトル　*205*
　　　　9.3.3.　面積分の計算　*206*
　　9.4.　体積積分　*215*

第10章　ベクトルの積分公式　*218*
　　10.1.　グリーンの定理　*218*
　　10.2.　ストークスの定理　*228*
　　10.3.　ガウスの発散定理　*240*

第11章　行列と座標変換・・・・・・・・・・・・・・・251
　　11.1.　行列と1次変換　*251*
　　11.2.　座標変換　*253*
　　11.3.　方向余弦　*257*
　　11.4.　3次元空間における座標変換　*260*

第12章　固有値と固有ベクトル・・・・・・・・・・・275
　　12.1.　固有値と固有ベクトル　*275*
　　12.2.　固有方程式　*277*

第13章　ベクトルと行列式・・・・・・・・・・・・・287
　　13.1.　ベクトルと行列式　*287*
　　13.2.　外積と行列式　*289*
　　13.3.　rotと行列式　*292*

補遺1　三角関数の公式・・・・・・・・・・・・・・・299

補遺2　行列式とその計算方法・・・・・・・・・・・303

A2.1. 行列式とは　*303*
　　　A2.2. 行列式の計算方法　*305*

補遺3　行列のかけ算　・・・・・・・・・・・・・*307*

補遺4　円柱座標と球座標　・・・・・・・・・・・*310*
　　　A4.1. 極座標　*310*
　　　A4.2. 円柱座標　*311*
　　　A4.3. 球座標　*312*

補遺5　スカラー場とベクトル場　・・・・・・・・*316*

　　索引　・・・・・・・・・・・・・・・・・・・*317*

第1章　ベクトルとは

　ベクトル (vector) の本来の目的は、数の助けを借りて複数の情報量を運ぶことにある。vector の原語はラテン語で「運び屋」という意味である。実際に生物学における vector はベクターと呼んで遺伝子情報の運び屋のことを指す。

　また、我々が住んでいる世界は **3 次元空間** (three dimensional space) であるから、本来、正確な位置を示すためには、たて、横、高さの 3 個の情報が必要になる。この 3 個の情報量を有するものがベクトルである。本章では、ベクトルの意味と、その効用にせまってみる。

1.1. ベクトルは 1 次元からの解放

　数学の基本は、もちろん**数** (number) である。**自然数** (natural numbers) からはじまり、0 (zero) の発見や負 (minus) の整数の発明、そして**分数** (fraction)、**小数** (decimal)、**有理数** (rational number)、**無理数** (irrational number)、究極の**複素数** (complex number) まで、その歴史は興味のつきない話題に満ちている。

　われわれのまわりを見渡しても、数字はいたるところで使われており、現代生活には欠かせないものとなっている。だからこそ、大事な基礎学問として小学校の 1 年生から必修科目として**算数** (arithmetic) を習うのである。しかし、これだけ数字が大切であるのに、数の学問である**数学** (mathematics) は、かなりのひとから忌み嫌われている。

　この原因のひとつは、その高度な抽象性のために、歴史的に導入された経緯、(つまり、どのような必要性のうえで、その数学的概念が導入されたかという経緯) とは違った側面から、完成された学問として教育が行われ

ていることにある。実は、ベクトルという考えにも同じことがあてはまる。ベクトルというと鳥肌がたつというひとが多い。まず名前がおどろおどろしい。もっと親しみのある名前になぜしなかったのかという批判もある。

さらに、ベクトルを表示するには数字が2個3個と必要になり、1個でさえいやなものが、ぞろぞろ並んでいては近寄りがたいという指摘もある。しかし、ベクトルは数という**1次元** (one dimension) の狭い世界からの解放をもたらす強力な武器なのである。

そこで、まずベクトルがなぜ重要かについて簡単な例で考えてみたい。小学校の1年生の算数では、10以下の正の整数とその足し算を習う。この時、いきなり数字から入ったのでは抽象的すぎるため、分かり

図 1-1

やすくするのに、図1-1のような具体的に数えられるものを道具に使う。例えば、いちごが3個といちごが3個あれば、あわせて6個になる。数式では 3＋3＝6 と書ける。（もっと欲張れば、これは 3×2＝6 というかけ算の説明にも使える。）このように、より具体的なものを扱いながら数の概念を自然と体得できるような工夫がなされている。

しかし、いまの例では足しあわせるものが同じいちごであったから問題がないが、これが図1-2のように、いちご3個とみかんが3個であったらどうであろうか。抽象性をおもてに出せば、そのまま足して6個となって、先ほどと同じ答えがでる。大人は、それで済ませられるかもしれないが、子供にとっては、とても納得できないことであろう。いちごとみかんは明らかに違うものであるから、それを足すことはできない。これが子供の素直な感想である。

それでは、この問題を解決するにはどうすればよいだろうか。実は、数学的な対処は簡単で、それぞれを区別して表示する方法、つまりベクトルを使えばよいのである。つまり、2個の数字を使って（いちご、みかん）に対応させて

$$(3, 3)$$

と表示する。このように数字を横に並べる表示方法を**行ベクトル** (row vector) と呼んでいる。もちろん、数字をたてに並べて

$$\begin{pmatrix} 3 \\ 3 \end{pmatrix}$$

図1-2

のように整理することもでき、このような表記を**列ベクトル** (column vector) と呼ぶ。実際に整理する場合には列ベクトルの方が見やすいが、紙面をむだに使うという欠点もある。

いま、列ベクトル表示を使って、いちご3個とみかん3個に、さらにいちご2個とみかん1個を足したらどうなるかという問題を表現すると

$$\begin{pmatrix} 3 \\ 3 \end{pmatrix} + \begin{pmatrix} 2 \\ 1 \end{pmatrix} = \begin{pmatrix} 3+2 \\ 3+1 \end{pmatrix} = \begin{pmatrix} 5 \\ 4 \end{pmatrix}$$

のように、果物の種類(成分)ごとに計算して、いちごは5個、みかんは4個と計算できる。このように整理した方がずっと分かりやすいし、子供も納得できる。ただし、これはベクトルの足し算なので小学校で教えることはできない。いちごとみかんを混同するよりは、この方が簡単と思うのであるが、残念ながらベクトルという概念を習うのは、ずっと後になってからである。

要は、ベクトルというのは異質なものの集まりを無理矢理ひとつの数字にまるめこむのではなく、同じグループごとにまとめて整理するという基本的な考えに基づいている。

いちごとみかんの例のように、変数が2個で整理するベクトルを専門的には**2次元ベクトル** (two dimensional vector) と呼んでいる。さらに、成分がもうひとつ増えて、たとえば、りんごも仲間にはいってきた場合には、3個の数で整理することができる。これが**3次元ベクトル** (three dimensional vector) である。例えば、最初にいちご、みかん、りんごがそれぞれ 3 個、3 個、1 個あったときに、いちごが 2 個、みかんが 1 個、りんごが 4 個増えたという場合

$$\begin{pmatrix} 3 \\ 3 \\ 1 \end{pmatrix} + \begin{pmatrix} 2 \\ 1 \\ 4 \end{pmatrix} = \begin{pmatrix} 3+2 \\ 3+1 \\ 1+4 \end{pmatrix} = \begin{pmatrix} 5 \\ 4 \\ 5 \end{pmatrix}$$

として、3 次元ベクトルの足し算で表現できる。この方が、はるかに整理されていて分かりやすい。

このように、変数が増えれば、原理的には何次元にも増やせることになる。つまり、ベクトルは雑多な変数が混在している場合に、それを成分ごとに整理して、分かりやすく表示したものなのである。教科書によっては、冒頭からいきなり n 次元ベクトル (n dimensional vector) が登場し、度胆を抜かされる場合もあるが、要は変数の数が n 個ということである。

1.2. ベクトルと幾何学

ベクトルは基本的には「複数の変数からなる数の集まり」とみなすことができる。しかし、ベクトルは、幾何学、つまり平面や空間と一緒になることで大きな飛躍を遂げる。ただし、この場合に重要なのは 2 次元と 3 次元のベクトルである。(それ以上に変数が増えても図示することはできないし、理工系で使うのは実空間を表現できる 3 次元までで十分である。例外もあるが。)

まず、図 1-3 に示すように、あらゆる数字は、数直線と呼ばれる無限の長さの 1 本の線ですべて表示することが可能である。この中には無理数も含まれる。

しかし、1 個の数字に頼っている限りは、1 次元 (つまり線) の世界からは抜けだせない。2 次元 (つまり平面) に拡張するには、2 個の数字が必要になる。例えば、2 個の数字を使って (x, y) と表記すれば図 1-4 に示すように、xy 平面 (plane) のすべての点を表示することができる。同様に、3 個の

第 1 章 ベクトルとは

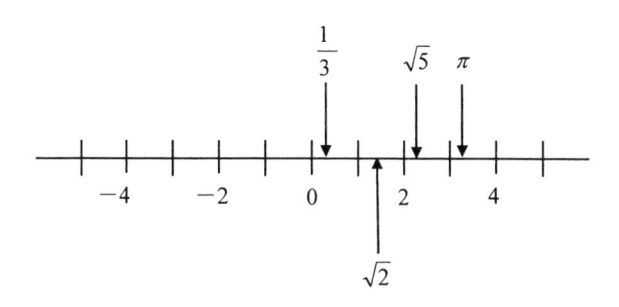

図 1-3 数直線。

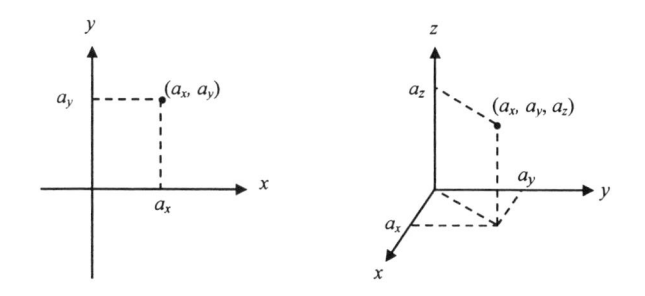

図 1-4 2 個の数字および 3 個の数字の組み合わせで、2 次元平面および 3 次元空間のすべての点を表示することができる。

数字を使って(x, y, z) と表記すれば xyz 空間、つまり **3 次元空間** (three dimensional space) のすべての点を表示することができる。一方、これら**座標** (coordinate) は、複数の数で特徴づけられており、一種のベクトルと考えることも可能であり、実際に**位置ベクトル** (position vector) と呼ばれている。

しかし、ベクトルが大活躍するのは、つぎのように、ベクトルが**大きさ** (magnitude) と**方向** (direction) をもった**量** (quantity) あるいは**存在** (entity)」であると考えた時である。これがベクトルの一般的な定義である。このようにベクトルは少なくとも 2 つ以上の情報を含んでいるので、数字も複数必要である。（数字の個数だけ情報を含んでいる。）

また、一般のベクトルは、座標に描いたときにどこに始点があろうと構わない。始点を決めないと不便のように感じるが、応用上はこの方が便利である。このような自由度を与えておいたうえで、位置ベクトルのように**始点** (the starting point) はすべて (0, 0) の**原点** (the origin) であるという規定を後からつければよいからである。

　ベクトルの表記方法としては $\boldsymbol{a}, \boldsymbol{b}$ と太字にしたり、$\vec{a}, \vec{b}$ と記号の上に矢印をつけて表記する。あるいは始点と終点 (the end point) がはっきりしている場合は、それぞれの点を A および B とすると $\overrightarrow{AB}$ というように表記することもできる。大学時代に不明瞭なベクトル表示でさんざん苦労させられた筆者としては、太字かつ矢印表記である $\vec{\boldsymbol{a}}, \vec{\boldsymbol{b}}$ を本書では採用した。

　それでは、さっそくベクトルについて考えてみよう。いま

$$\vec{a} = \begin{pmatrix} 1 \\ 2 \end{pmatrix} \quad \vec{b} = \begin{pmatrix} 3 \\ 1 \end{pmatrix}$$

というふたつのベクトルを考えてみよう。これらは 2 個の数字からできており、2 次元ベクトルである。これらを、位置ベクトルと考えると、図 1-5 のように xy 平面の点に対応する。このままでもよいのであるが、原点を始点として、これらの点まで矢印を引くと、この矢印そのものが、大きさと方向を持つことになる。これが一般のベクトルの定義である。

　ただし、より広義には、ベクトルは始点を原点に限る必要はなく、座標（たとえば xy 平面）のどの位置にいても、大きさと方向さえ同じならば、

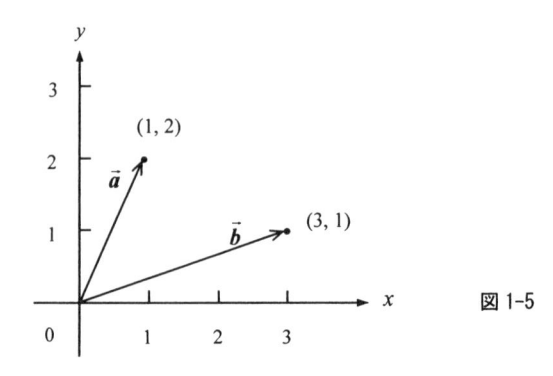

図 1-5

同じベクトルとみなせる。このときのベクトルを

$$\vec{a} = \begin{pmatrix} 1 \\ 2 \end{pmatrix}$$

と書くと、これら数字の組み合わせは、もはや座標上の点ではなく、x 方向に 1 、y 方向に 2 進むベクトルという意味になる。同様に

$$\vec{b} = \begin{pmatrix} 3 \\ 1 \end{pmatrix}$$

は x 方向に 3 、y 方向に 1 進むベクトルと考えることができる。これらベクトルの大きさは、**ピタゴラスの定理** (Pythagoras' theorem) を使って

$$|\vec{a}| = \sqrt{1^2 + 2^2} = \sqrt{5} \qquad |\vec{b}| = \sqrt{3^2 + 1^2} = \sqrt{10}$$

と簡単に求められる。ここで、ベクトルの大きさは、絶対値記号と同じ表記で示す。これらはベクトルに対して**スカラー** (scalar) と呼ぶ。(一般には、ベクトルに対して、方向を持たない大きさだけを示す量をスカラーと呼んでいる。普通の数字はスカラーということになる。 scalar は scale に由来した用語で、scale はものさしの目盛やはかりの意味である。つまり大きさだけを示す言葉である。ちなみに英語の発音はスケィラーであり、日本語式にスカラーと発音しても通じない。)

さらに、ベクトルの方向は x 軸の正軸からの角度 θ で示すこともでき、ベクトル $\vec{a}, \vec{b}$ に対して

$$\cos\theta_a = \frac{1}{\sqrt{5}} \quad \sin\theta_a = \frac{2}{\sqrt{5}} \quad \tan\theta_a = \frac{2}{1}$$

$$\cos\theta_b = \frac{3}{\sqrt{10}} \quad \sin\theta_b = \frac{1}{\sqrt{10}} \quad \tan\theta_b = \frac{1}{3}$$

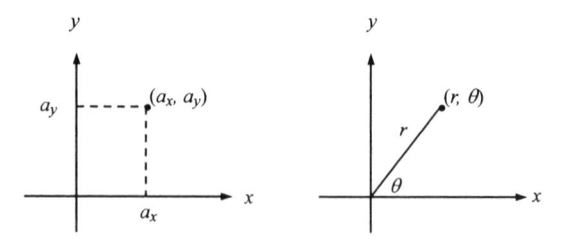

図 1-6 2次元平面の点を表示するには、2個の情報量が必要になる。その場合、xy 座標で表現できるが、原点からの距離 r と x 軸の正の方向からの角度 θ の2個の情報でも表現できる。

という角度で方向を規定できる。つまり、2次元ベクトルの情報量は2個であるから、これを (x, y) で表現してもよいし、まったく、同じものを、図 1-6 に示すように、その大きさと方向（角度 θ）の2個の変数で表現することもできる。

より一般化して書くと、ベクトル

$$\vec{a} = \begin{pmatrix} a_x \\ a_y \end{pmatrix}$$

として、a_x が x 成分、a_y が y 成分であるとすると

$$|\vec{a}| = \sqrt{a_x^2 + a_y^2} \qquad a_x = |\vec{a}|\cos\theta_a \quad a_y = |\vec{a}|\sin\theta_a$$

という関係にある。

第 2 章 ベクトルの演算

　普通の数字は加減乗除を自由にできるが、数字が複数あるベクトルの演算はどうなっているのであろうか。ベクトルの場合でも、ある規則に従えば、たし算とひき算を自由に行うことが可能である。しかも、それが 2 次元の xy 平面 (xy plane) や、3 次元の xyz 空間 (xyz space) の中で矛盾なく図示できるために、大きな威力を発揮するのである。

2.1. ベクトルの足し算と引き算

　まず、すでに 1.1 項で示したいちごとみかんの例のルールにしたがって、ベクトルの足し算は、それぞれの成分の足し算と約束する。すると

$$\vec{a} + \vec{b} = \begin{pmatrix} 1 \\ 2 \end{pmatrix} + \begin{pmatrix} 3 \\ 1 \end{pmatrix} = \begin{pmatrix} 4 \\ 3 \end{pmatrix}$$

という結果が得られる。ベクトルの演算は、このルール、つまり成分ごとに足したり、引いたりするという取り決めに従えば、すべて矛盾なく足し算と引き算を行なえる。例えば引き算は

$$\vec{a} - \vec{b} = \begin{pmatrix} 1 \\ 2 \end{pmatrix} - \begin{pmatrix} 3 \\ 1 \end{pmatrix} = \begin{pmatrix} -2 \\ 1 \end{pmatrix}$$

となる。よって、同じベクトルどうしの引き算は

$$\vec{a} - \vec{a} = \begin{pmatrix} 1 \\ 2 \end{pmatrix} - \begin{pmatrix} 1 \\ 2 \end{pmatrix} = \begin{pmatrix} 0 \\ 0 \end{pmatrix}$$

となることが分かる。数字の 0 と同じように、ベクトルにおいても成分がすべて 0 のベクトルが存在し、これを**ゼロベクトル** (zero vector) と呼び、$\vec{0}$ のように表記する。よって

$$\vec{a} + \vec{0} = \vec{0} + \vec{a} = \vec{a}$$

の関係が得られる。

つぎに $-\vec{a}$ は $\vec{a}$ と同じ大きさを持ち、方向がまったく逆のベクトルである。これは、ベクトルにスカラー (−1) をかけたものと見ることもできる。

ベクトルの足し算においては、順序を変えても全く同じ結果が得られるから

$$\vec{a} + \vec{b} = \vec{b} + \vec{a}$$

となって、**交換法則** (commutative law) が成り立つことが分かる。

つぎに

$$\vec{a} + \vec{a} = \begin{pmatrix} 1 \\ 2 \end{pmatrix} + \begin{pmatrix} 1 \\ 2 \end{pmatrix} = \begin{pmatrix} 2 \\ 4 \end{pmatrix}$$

$$\vec{a} + \vec{a} + \vec{a} = \begin{pmatrix} 1 \\ 2 \end{pmatrix} + \begin{pmatrix} 1 \\ 2 \end{pmatrix} + \begin{pmatrix} 1 \\ 2 \end{pmatrix} = \begin{pmatrix} 3 \\ 6 \end{pmatrix}$$

の関係にあるから、ベクトルに整数をかける場合、成分ごとに整数を乗じればよいことが分かる。これを拡張して、n を適当な実数とすると

$$\vec{a} = \begin{pmatrix} a_x \\ a_y \end{pmatrix} \text{のとき} \qquad n\vec{a} = \begin{pmatrix} na_x \\ na_y \end{pmatrix}$$

のように、成分ごとに n 倍すればよいことが分かる。(ゼロベクトルは $n=0$ の場合に対応している。)

さらに任意の実数を m として、上のルールを適用すれば

$$(m+n)\vec{a} = \begin{pmatrix} (m+n)a_x \\ (m+n)a_y \end{pmatrix} = \begin{pmatrix} ma_x \\ ma_y \end{pmatrix} + \begin{pmatrix} na_x \\ na_y \end{pmatrix} = m\begin{pmatrix} a_x \\ a_y \end{pmatrix} + n\begin{pmatrix} a_x \\ a_y \end{pmatrix} = m\vec{a} + n\vec{a}$$

と計算できるから

$$(m+n)\vec{a} = m\vec{a} + n\vec{a}$$

同様にして

$$(m-n)\vec{a} = m\vec{a} - n\vec{a}$$

となって、いわゆる**分配法則** (distributive law) が成り立つことが確かめられる。これによって、ベクトルは、いろいろな組み合わせに分配可能である。例えば

$$10\vec{a} = 5\vec{a} + 5\vec{a} \quad 10\vec{a} = 6\vec{a} + 4\vec{a} \quad 10\vec{a} = 7\vec{a} + 3\vec{a} \quad 5\vec{a} = 10\vec{a} - 5\vec{a}$$

と変形したり、あるいは

$$\vec{a} = \frac{1}{2}\vec{a} + \frac{1}{2}\vec{a} \quad \vec{a} = \frac{1}{3}\vec{a} + \frac{2}{3}\vec{a} \quad \vec{a} = \frac{2}{5}\vec{a} + \frac{3}{5}\vec{a} \quad \frac{2}{3}\vec{a} = \vec{a} - \frac{1}{3}\vec{a}$$

と自由に変形することが可能となる。

　ここで一般化のため、ベクトル $\vec{a}, \vec{b}$ として

$$\vec{a} = \begin{pmatrix} a_x \\ a_y \end{pmatrix} \quad \vec{b} = \begin{pmatrix} b_x \\ b_y \end{pmatrix}$$

を考える。このとき

$$m(\vec{a}+\vec{b}) = m\begin{pmatrix} a_x + b_x \\ a_y + b_y \end{pmatrix} = \begin{pmatrix} ma_x + mb_x \\ ma_y + mb_y \end{pmatrix}$$
$$= \begin{pmatrix} ma_x \\ ma_y \end{pmatrix} + \begin{pmatrix} mb_x \\ mb_y \end{pmatrix} = m\begin{pmatrix} a_x \\ a_y \end{pmatrix} + m\begin{pmatrix} b_x \\ b_y \end{pmatrix} = m\vec{a} + m\vec{b}$$

よって

$$\boxed{m(\vec{a}+\vec{b}) = m\vec{a} + m\vec{b}}$$

となって、ベクトルの方の分配法則も成り立つことが分かる。このように、ベクトルの演算は成分ごとに行うという基本ルールを定めると、自由に足したり、ひいたり、実数倍することができる。

2.2. ベクトル演算の図示

　ここで、ベクトルと xy 平面の関係を調べるため、ベクトルの和を図 2-1(a) のように図示してみる。このとき、$\vec{a}+\vec{b}$ は $\vec{a}, \vec{b}$ を辺とする**平行四辺形** (parallelogram) の**対角線** (diagonal) となる。これをベクトルの平行四辺形の法則 (Law of parallelogram) と呼んでいる。

　一般のベクトルでは始点を規定しないので、ベクトル $\vec{b}$ の始点がベクトル $\vec{a}$ の終点に重なるように描くと、図 2-1(b)のように $\vec{a}$ の始点から $\vec{b}$ の終点まで線を引いたベクトルが、その和 $\vec{a}+\vec{b}$ となる。

　つぎに、ベクトルの引き算の図示を考えてみる。$\vec{a} = (1, 2)$、$\vec{b} = (3, 1)$ というベクトルとすると、$\vec{a}-\vec{b}$ という引き算は

第 2 章　ベクトルの演算

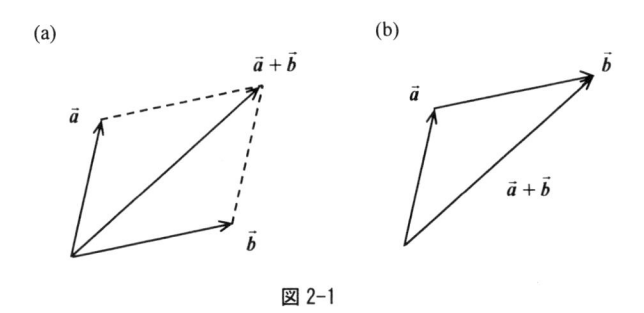

図 2-1

$$\vec{a} - \vec{b} = \vec{a} + (-\vec{b}) = \begin{pmatrix} 1 \\ 2 \end{pmatrix} + \begin{pmatrix} -3 \\ -1 \end{pmatrix} = \begin{pmatrix} -2 \\ 1 \end{pmatrix}$$

となって、ベクトル $\vec{a} = \begin{pmatrix} 1 \\ 2 \end{pmatrix}$ と $-\vec{b} = \begin{pmatrix} -3 \\ -1 \end{pmatrix}$ の足し算とみなすこともできる。ここで、ベクトルの足し算を思い出して、これらを 2 辺とする平行四辺形を図示すると図 2-2 のように、このベクトルの終点は $\begin{pmatrix} -2 \\ 1 \end{pmatrix}$ となって、確かに計算結果と一致している。つまり、ベクトルのひき算ではベクトル $\vec{b}$ を反転させて描いたうえで、平行四辺形の法則にしたがって、図を描けばよいことになる。

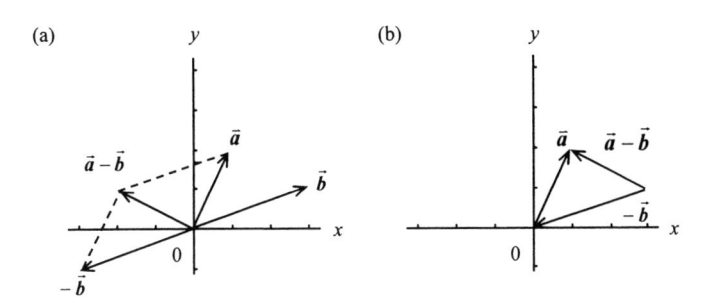

図 2-2

それでは、ベクトルの数がさらに増えた場合の和を考えてみよう。一般化するために

$$\vec{a} = \begin{pmatrix} a_x \\ a_y \end{pmatrix} \quad \vec{b} = \begin{pmatrix} b_x \\ b_y \end{pmatrix} \quad \vec{c} = \begin{pmatrix} c_x \\ c_y \end{pmatrix}$$

のベクトルを考える。このとき、この3つのベクトルの和は

$$\vec{a} + \vec{b} + \vec{c} = \begin{pmatrix} a_x \\ a_y \end{pmatrix} + \begin{pmatrix} b_x \\ b_y \end{pmatrix} + \begin{pmatrix} c_x \\ c_y \end{pmatrix} = \begin{pmatrix} a_x + b_x + c_x \\ a_y + b_y + c_y \end{pmatrix}$$

となるが、これは

$$\vec{a} + \vec{b} + \vec{c} = (\vec{a} + \vec{b}) + \vec{c} = \begin{pmatrix} a_x + b_x \\ a_y + b_y \end{pmatrix} + \begin{pmatrix} c_x \\ c_y \end{pmatrix} = \begin{pmatrix} a_x + b_x + c_x \\ a_y + b_y + c_y \end{pmatrix}$$

と計算しても

$$\vec{a} + \vec{b} + \vec{c} = \vec{a} + (\vec{b} + \vec{c}) = \begin{pmatrix} a_x \\ a_y \end{pmatrix} + \begin{pmatrix} b_x + c_x \\ b_y + c_y \end{pmatrix} = \begin{pmatrix} a_x + b_x + c_x \\ a_y + b_y + c_y \end{pmatrix}$$

と計算しても同じ答えが得られるので

$$(\vec{a} + \vec{b}) + \vec{c} = \vec{a} + (\vec{b} + \vec{c})$$

の**結合法則** (associative law) が成り立つことを示している。このように、ベクトルの計算は成分ごとの足し算やひき算、あるいは、実数のかけ算であれば、自由に行うことができる。さらに、これら演算はベクトルを図示した場合にも、矛盾なく1対1に対応する。このような空間を**線形空間** (linear space) と呼んでいる。あるいは、**ベクトル空間** (vector space) と呼ぶこともある。

また、以上の関係はどんなにベクトルの変数が増えたとしても、成分ど

うしの関係に還元できるから、すべて同様に成立することは容易に分かるであろう。ただし、頭の中で図を描くことができるのは、3次元ベクトル空間までである。

　一般の線形代数では、ベクトル演算の基本ルールは、どんなに変数が多くても成り立つことから、n次元ベクトルというものを考える。これをもって、n次元空間の取り扱いができるという主張もあるが、いかがなものであろうか。このような一般化は、だれも頭の中で描くことができないから、かえって混乱を与えるだけである。素直に、n変数のn次元ベクトルについては、n個の変数を同時に扱ううまい方法ぐらいに考えていた方が無難である。もともと、3次元空間でさえ、2次元平面に比べると図示するのは、はるかに複雑かつ面倒である。

演習 2-1　2次元平面の2点を$A(a_x, a_y)$および$B(b_x, b_y)$として、ベクトル$\overrightarrow{AB}$の成分を求めよ。

　解)　それぞれの点の位置ベクトルを$\vec{a}$および$\vec{b}$とすると　$\overrightarrow{AB} = \vec{b} - \vec{a}$　であるから成分表示では$(b_x - a_x, b_y - a_y)$となる。

演習 2-2　三角形ABCの各頂点を$A(a_x, a_y)$、$B(b_x, b_y)$、$C(c_x, c_y)$としたとき、この三角形の重心の座標を示せ。

　解)　この三角形の重心は、図2-3に示すように、ベクトル$\overrightarrow{AB}$および$\overrightarrow{AC}$のベクトル和の中点の2/3の位置であるから、重心点を$G(g_x, g_y)$とすると

$$\overrightarrow{AG} = \frac{2}{3}\left(\frac{\overrightarrow{AB} + \overrightarrow{AC}}{2}\right) = \frac{\overrightarrow{AB} + \overrightarrow{AC}}{3}$$

で与えられる。演習2-1の結果を使うと

図 2-3

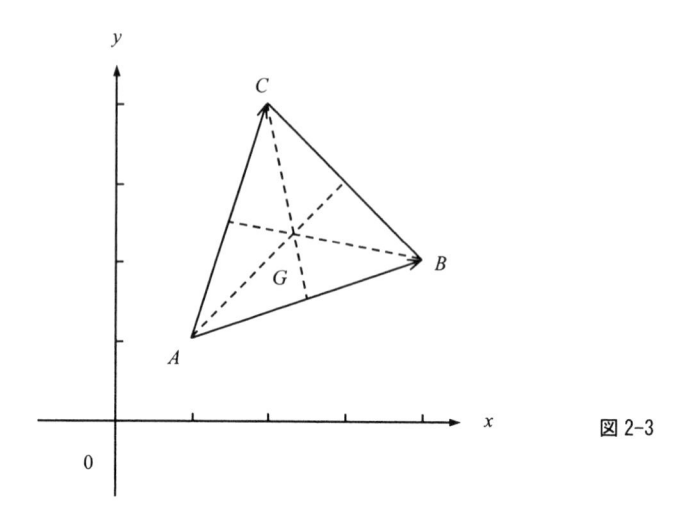

$$\overrightarrow{AG} = \frac{\overrightarrow{AB} + \overrightarrow{AC}}{3} = \left(\frac{-2a_x + b_x + c_x}{3}, \frac{-2a_y + b_y + c_y}{3} \right)$$

と与えられる。ここで重心 G の位置ベクトルを $\vec{g}$ とすると

$$\overrightarrow{AG} = \vec{g} - \vec{a} \quad \therefore \vec{g} = \overrightarrow{AG} + \vec{a}$$

であるから、結局

$$\vec{g} = \overrightarrow{AG} + \vec{a} = \left(\frac{a_x + b_x + c_x}{3}, \frac{a_y + b_y + c_y}{3} \right)$$

となる。

2.3. ベクトルのかけ算

ベクトルのかけ算として、(ベクトル) × (スカラー) つまり (ベクトル)

第 2 章 ベクトルの演算

×（実数）のかけ算を考えると、それはベクトルの方向はそのままで（負の数をかけると方向が逆転するが）、単にその大きさを変える操作である。

ところで、ベクトルどうしをかけたらどうなるのであろうか。何の下準備もなく、ベクトルどうしのかけ算を頭の中で思い浮かべろと言われても無理である。しかし、数学の抽象性あるいは汎用性の利点で、ベクトルどうしのかけ算に関して、ある取り決めをしてやると、すべて矛盾なく論理展開ができるうえ、非常に広範囲な応用が可能になる。実は、ベクトルどうしのかけ算には 2 種類あって、**内積** (inner product) と**外積** (outer product) が定義されている。

2.3.1. ベクトルの内積

実数（スカラー）どうしのかけ算では、$a \cdot b$ と書いても $a \times b$ と書いても、同じかけ算であるがベクトルではまったく別なものとなる。ベクトルでは、それぞれ内積と外積に対応するが、この表記そのままに、**ドット積** (dot product) と**クロス積** (cross product) とも呼ばれる。アメリカでは outer product とはあまり呼ばずに cross product あるいは、後で紹介する vector product という呼称が使われる。

さて、ベクトルのかけ算については、何か根底に確たる理屈があってできているものではない。よって、その定義から出発するしかしようがない。まず内積について説明しよう。いま

$$\vec{a} = \begin{pmatrix} a_x \\ a_y \end{pmatrix} \quad \vec{b} = \begin{pmatrix} b_x \\ b_y \end{pmatrix}$$

というふたつのベクトルを考える。このとき、図 2-4(a)に示すように、これら 2 つのベクトルがなす角を θ としたとき

$$\vec{a} \cdot \vec{b} = |\vec{a}||\vec{b}|\cos\theta$$

という値を内積と呼んでいる。

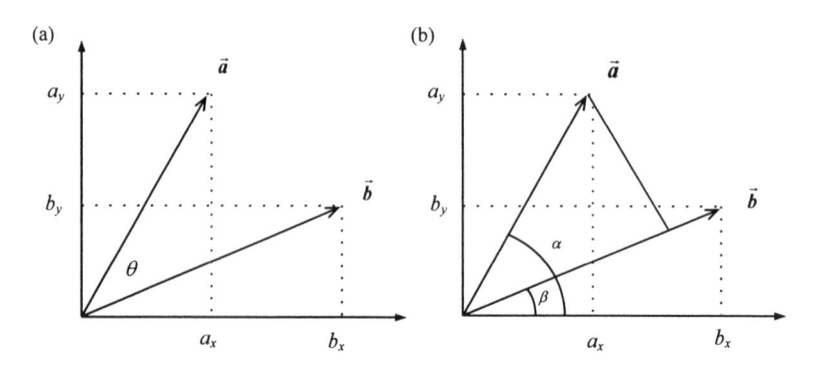

図 2-4

　この値はベクトルではなくスカラーである。このため内積のことを**スカラー積** (scalar product) とも呼ぶ。成分で表示すると

$$\vec{a}\cdot\vec{b} = a_x b_x + a_y b_y$$

で与えられる。確かに、内積と呼ばれるように、それぞれのベクトル成分のかけ算（積）となっている。

　ベクトルの内積は、行ベクトルと列ベクトルを使って、つぎのような表記をすることもある。

$$\vec{a}\cdot\vec{b} = \begin{pmatrix} a_x & a_y \end{pmatrix} \begin{pmatrix} b_x \\ b_y \end{pmatrix} = a_x b_x + a_y b_y$$

この表記方法は、成分の数が増えたときにもそのまま使えるので便利である。

　まず、内積に関する 2 つの定義について、その関係を調べてみよう。図 2-4(b)のように、ベクトル $\vec{a}, \vec{b}$ が x 軸となす角を α, β とすると

$$\vec{a}\cdot\vec{b} = |\vec{a}||\vec{b}|\cos\theta = |\vec{a}||\vec{b}|\cos(\alpha-\beta) = |\vec{a}||\vec{b}|(\cos\alpha\cos\beta + \sin\alpha\sin\beta)$$

で与えられる（cos の**加法定理** (addition theorem)）をつかっている（補遺 1 参照）。ここで

$$\cos\alpha = \frac{a_x}{|\vec{a}|} \qquad \cos\beta = \frac{b_x}{|\vec{b}|}$$

$$\sin\alpha = \frac{a_y}{|\vec{a}|} \qquad \sin\beta = \frac{b_y}{|\vec{b}|}$$

の関係にあるので、上式に代入すると

$$\vec{a}\cdot\vec{b} = |\vec{a}||\vec{b}|(\cos\alpha\cos\beta + \sin\alpha\sin\beta) = |\vec{a}||\vec{b}|\left(\frac{a_x b_x}{|\vec{a}||\vec{b}|} + \frac{a_y b_y}{|\vec{a}||\vec{b}|}\right) = a_x b_x + a_y b_y$$

となって、ベクトル内積のふた通りの表記が等しいことが分かる。

ちなみに、同じベクトルどうしの内積は

$$\vec{a}\cdot\vec{a} = |\vec{a}||\vec{a}|\cos 0 = |\vec{a}|^2$$
$$\vec{a}\cdot\vec{a} = a_x a_x + a_y a_y = a_x^2 + a_y^2$$

となって、自身の大きさの 2 乗となる。よって、ベクトルの大きさを内積をつかって

$$|\vec{a}| = \sqrt{\vec{a}\cdot\vec{a}}$$

のように表記することができる。これを**ノルム** (norm) と呼ぶこともある。

内積を使うと、その成分から 2 つのベクトルがなす角度を求めることができる。最初の内積の定義を変形すると

$$\cos\theta = \frac{\vec{a}\cdot\vec{b}}{|\vec{a}||\vec{b}|}$$

となるが、$\vec{a}\cdot\vec{b} = a_x b_x + a_y b_y$ であり

$$|\vec{a}| = \sqrt{a_x^2 + a_y^2} \qquad |\vec{b}| = \sqrt{b_x^2 + b_y^2}$$

の関係にあるから、角度は

$$\cos\theta = \frac{a_x b_x + a_y b_y}{\sqrt{a_x^2 + a_y^2}\sqrt{b_x^2 + b_y^2}}$$

で与えられることになる。

演習 2-3　ベクトル $\vec{a} = (1, 3)$ と $\vec{b} = (2, 1)$ の内積と、これらベクトルがなす角θを求めよ。

解）　定義より、内積は $\vec{a}\cdot\vec{b} = 1\cdot 2 + 3\cdot 1 = 5$ と与えられる。つぎに、これらベクトルがなす角をθとすると

$$\cos\theta = \frac{5}{\sqrt{1^2+3^2}\sqrt{2^2+1^2}} = \frac{5}{\sqrt{10}\sqrt{5}} = \frac{1}{\sqrt{2}}$$

と計算できるので、これらベクトルのなす角は $\pi/4$ であることが分かる。

第2章　ベクトルの演算

　それでは内積の定義は分かったが、いったい内積はどんな意味をもっているのであろうか。これは、方向の異なるベクトルの相互作用の大きさの尺度である。例えば、図2-5に示すように、飛行機の速度とジェット気流の関係について考えてみよう。

　飛行機の速度も大きさと方向があるから、ベクトルである。これを$\vec{v}$と置く。つぎに、ジェット気流も大きさと方向があるから、これを$\vec{j}$として、この内積を計算すると

$$\vec{v} \cdot \vec{j} = |\vec{v}||\vec{j}|\cos\theta$$

であるが、この値がいちばん大きいのは$\theta = 0$のときである。これは飛行機の飛ぶ方向とジェット気流の方向が一致したときであり、このとき燃料の消費は一番小さくて済む。つぎに、$\theta = \pi/2$のときは、ジェット気流が飛行機の飛ぶ方向の真横から吹いている場合であるが、このときの内積は

$$\vec{v} \cdot \vec{j} = |\vec{v}||\vec{j}|\cos\frac{\pi}{2} = 0$$

となる。つまり、相互作用は0となって、飛行機の飛ぶ速さに、ジェット気流は影響を与えないことになる。一方、$\theta = \pi$のとき、マイナスの相互作用が最大となるが、これは飛行機が真正面からジェット気流をアゲンストの風として受ける状態に相当する。

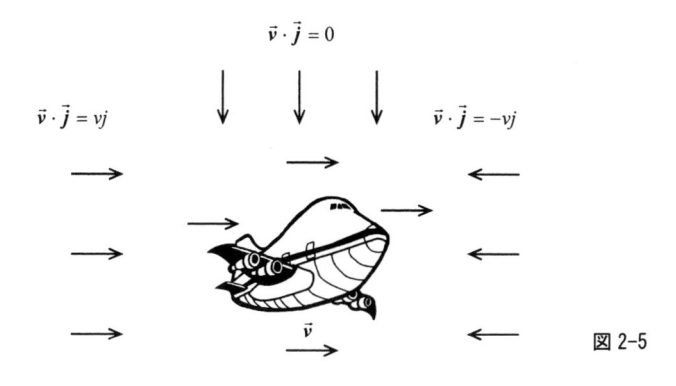

図 2-5

このように、ベクトルどうしの相互作用の度合を計る指標が内積である。ただし、内積は、このような間接的な指標としてだけでなく、より直接的な物理量を与える場合がある。その例が、仕事あるいはエネルギーである。ある物体を力 F で距離 s だけ移動したときの仕事 (W) は

$$W = Fs$$

で与えられる。この仕事は、広義にはエネルギーであり、物体を移動させるのに、これだけのエネルギーを消費したことになる。ところで、少し考えれば分かるが、力は単なるスカラーではなく、大きさとともに方向もあるので図 2-6 に示すように、ベクトル $\vec{F}$ とするのが正しい。一方、移動する距離も、実際には大きさと方向が考えられるので、これもベクトル $\vec{s}$ と表記する必要がある。ただし、仕事は大きさしかないのでスカラー量である。ここで、内積は 2 つのベクトルからスカラー量を取り出すものであった。実際に、この場合の仕事は

$$W = \vec{F} \cdot \vec{s}$$

と与えられる。このとき、力の方向と移動方向が一致したときに仕事量は最大となる。この方向が、角度 θ だけずれると、その効果は $\cos\theta$ に従って、減少していく。

図 2-6 物理における仕事 (W) は、物体に及ぼす力 (F) と、物体を移動させた距離 (s) のかけ算で表される。力の方向と、移動する方向が一致する場合には、単純なかけ算ですむが、本来は力も移動距離も「大きさと方向を持っている量」なので、ベクトルで表現されるべきものである。この場合の仕事は、内積で与えられる。

第 2 章　ベクトルの演算

　このように内積が、物理量に直接対応する例がたくさんある。幸か不幸か、自然現象はすべて 3 次元空間で生じるため、多くの物理量は本来はベクトルである。実際に、多くの物理現象を表現する公式はベクトルで表示されている。このとき、普段はスカラー量のかけ算で済ましているものが、正確にはベクトルどうしの内積で表示すべきというものが圧倒的に多いのである。
　例えば、磁気エネルギー E は、磁化ベクトル（物質がどの方向にどれだけ磁化されているか）を $\vec{m}$、磁場ベクトルを $\vec{H}$ とすると

$$E = \vec{m} \cdot \vec{H}$$

で与えられる。ただし、簡単に表記する時は

$$E = mH \quad E_x = m_x H_x$$

と済ます場合が多い。（ちなみに、物理実験においては複雑さをさけるために、両方のベクトルの方向をそろえて実験する場合がある。この場合は 2 番目の式で正しい値が得られる。）厳密には、これらの式は

$$E = m_x H_x + m_y H_y + m_z H_z$$

と表記すべきなのである。このように、内積には、エネルギーを代表として、いろいろな物理量が具体的に対応する。
　さらに、数学における内積の重要な役割として、「ふたつのベクトルが直交 (orthogonal) する場合には、その内積が 0 となる」という重要な性質がある。逆にベクトルどうしの内積を計算して 0 になれば、そのふたつのベクトルは直交していると言える。例えば、ベクトルとして

$$\vec{a} = \begin{pmatrix} a_x \\ a_y \end{pmatrix} \quad \vec{b} = \begin{pmatrix} b_x \\ b_y \end{pmatrix}$$

があって、これが

$$\vec{a} \cdot \vec{b} = a_x b_x + a_y b_y = 0$$

の関係を満たしていれば、ふたつのベクトルは直交関係にある。

さらに、内積は、変数の数が増えても同様に扱うことが可能である。変数が増えて3次元以上になれば、内積を図示することはできないが、成分ごとの積と考えれば、いくらでも多次元ベクトルに対応できる。

例えば、つぎの2つの3次元ベクトルを考える。

$$\vec{a} = \begin{pmatrix} a_x \\ a_y \\ a_z \end{pmatrix} \quad \vec{b} = \begin{pmatrix} b_x \\ b_y \\ b_z \end{pmatrix}$$

すると、この内積は

$$\vec{a} \cdot \vec{b} = \begin{pmatrix} a_x & a_y & a_z \end{pmatrix} \begin{pmatrix} b_x \\ b_y \\ b_z \end{pmatrix} = a_x b_x + a_y b_y + a_z b_z$$

で与えられる。変数の数が4個、5個と増えてもまったく同じ方法で内積が求められる。(これを2つのベクトルがなす角をθとして計算する手法は、イメージとして3次元までしか使えないが。)

そこで、多次元ベクトルの内積のイメージを与える手法として、つぎの例題を考えてみよう。もともと、ベクトルは複数の変数を整理したものであった。この基本にもどって考えてみよう。いま$\vec{a}$という4次元ベクトルがあるが、それは、いちご、みかん、りんご、バナナの個数を表すと考える。それぞれの数が4個、3個、2個、5個とすると、ベクトルは

$$\vec{a} = \begin{pmatrix} 4 & 3 & 2 & 5 \end{pmatrix}$$

と書くことができる。(本来は列ベクトルで書きたいが、紙面の無駄遣いに

第2章 ベクトルの演算

なるので行ベクトルで書いた。）つぎに、$\vec{b}$ という 4 次元ベクトルは、それぞれの果物の値段を表すとする。この時、それぞれの単価が 5 円、30 円、50 円、20 円とすると

$$\vec{b} = \begin{pmatrix} 5 & 30 & 50 & 20 \end{pmatrix}$$

というベクトルをつくることができる。さて、これらの内積をとると

$$\vec{a} \cdot \vec{b} = \begin{pmatrix} 4 & 3 & 2 & 5 \end{pmatrix} \begin{pmatrix} 5 \\ 20 \\ 50 \\ 30 \end{pmatrix} = 4 \cdot 5 + 3 \cdot 20 + 2 \cdot 50 + 5 \cdot 30 = 330$$

となって、何のことはない果物をベクトル $\vec{a}$ の個数だけ買ったときの値段の総額である。

もちろん、ベクトルに何をとるかによって、内積の意味も違ってくるが、変数が多いベクトルの内積のイメージとして、このような具体例を思い浮かべれば、まごつかない。

演習 2-4 ベクトル(1, 1)と直交するベクトルを求めよ。

解） 任意のベクトルを(x, y) と置くと、直交の条件は内積が 0 であったから

$$(x, y)\begin{pmatrix} 1 \\ 1 \end{pmatrix} = x + y = 0$$

これより、$y = -x$ を満足するベクトルは、すべて(1, 1)と直交する。別な視点に立てば、これは $y = x$ という直線と $y = -x$ という直線が直交することを示している。

演習 2-5　2次元ベクトルの内積では、つぎの交換法則

$$\vec{a} \cdot \vec{b} = \vec{b} \cdot \vec{a}$$

が成立することを証明せよ。

解)　$\vec{a} = (a_x, a_y)$, $\vec{b} = (b_x, b_y)$ とおくと

$$\vec{a} \cdot \vec{b} = (a_x, a_y)\begin{pmatrix} b_x \\ b_y \end{pmatrix} = a_x b_x + a_y b_y$$

$$\vec{b} \cdot \vec{a} = (b_x, b_y)\begin{pmatrix} a_x \\ a_y \end{pmatrix} = b_x a_x + b_y a_y$$

となって2つの内積は一致する。

この関係は3次元ベクトル、あるいは n 次元ベクトルにも拡張することができる。つまり一般の n 次元ベクトルに対して、内積の交換法則が成立することが分かる。

演習 2-6　2次元ベクトルの内積では、つぎの分配法則

$$\vec{a} \cdot (\vec{b} + \vec{c}) = \vec{a} \cdot \vec{b} + \vec{a} \cdot \vec{c}$$

が成立することを証明せよ。

解)　$\vec{a} = (a_x, a_y)$, $\vec{b} = (b_x, b_y)$, $\vec{c} = (c_x, c_y)$ とおくと

$$\vec{b} + \vec{c} = (b_x, b_y) + (c_x, c_y) = (b_x + c_x, b_y + c_y)$$

よって

$$\vec{a}\cdot(\vec{b}+\vec{c}) = (a_x, a_y)\begin{pmatrix} b_x+c_x \\ b_y+c_y \end{pmatrix} = a_x(b_x+c_x) + a_y(b_y+c_y)$$

$$= a_x b_x + a_x c_x + a_y b_y + a_y c_y = a_x b_x + a_y b_y + a_x c_x + a_y c_y = \vec{a}\cdot\vec{b} + \vec{a}\cdot\vec{c}$$

となって分配法則が成立することが分かる。

2.3.2. ベクトルの外積

　ベクトルの内積はスカラーである。ところで、スカラーは 1 個の数字で表現されるのに対し、ベクトルは複数の数字で表現されるから、それだけ情報量も多いという説明をした。とすれば、ベクトルの方が上位概念と考えられる。にもかかわらず、ベクトルどうしのかけ算がスカラーにしかならないというのは何か違和感がある。

　実は、ベクトルどうしのかけ算でも、その結果がベクトルになるものがある。それが**外積** (outer product) である。しかし、はじめて外積を習うと、ほとんどのひとは、いったいこんなものを定義して何の役に立つのかという印象を受けるのではないだろうか。外積は

$$\vec{a}\times\vec{b} = \vec{c}$$

と書いて、ベクトル $\vec{c}$ で与えられる。このようにベクトルの外積では、その結果がベクトルとして与えられるので、**ベクトル積** (vector product) とも呼ばれる。ベクトル $\vec{a}, \vec{b}$ のなす角を θ とすると、その大きさは

$$|\vec{c}| = |\vec{a}||\vec{b}|\sin\theta$$

で与えられる。図2-7に示すように、この大きさは $\vec{a}, \vec{b}$ がつくる**平行四辺形**(parallelogram) の面積に相当する。

$$|\vec{c}| = |\vec{a}||\vec{b}|\sin\theta$$

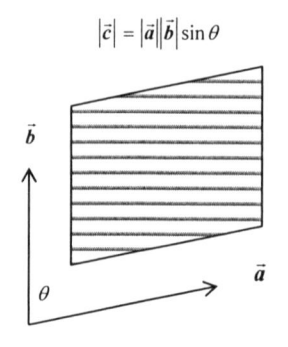

図 2-7

　また、外積ベクトル ($\vec{c}$) の向きは、ベクトル $\vec{a}, \vec{b}$ のそれぞれに直交する方向（つまりベクトル $\vec{a}, \vec{b}$ がつくる面に対して垂直方向）である。よって、$\vec{a}, \vec{b}$ が xy 平面にあるとすると、$\vec{c}$ の方向は z 軸方向ということになる。（この事実は、外積は 3 次元ベクトルでしか定義できないことを示している。）

　さらに、その正負の向きは、ベクトルのかけ算の順序によって変わり、**右ねじの法則** (right-handed screw rule) あるいは**右手系** (right-handed system) と呼ばれる約束に従う。例えば、$\vec{a} \times \vec{b}$ の場合には $\vec{a}$ から $\vec{b}$ の方向に右ねじを回したときに、ねじが進む方向がベクトル $\vec{c}$ の正の向きとなる。あるいは、右手の親指、人さし指、中指をたてて、親指が $\vec{a}$ の向き、人さし指が $\vec{b}$ の向きとすると、中指の方向がベクトル $\vec{c}$ の正の方向となる。（普通の 3 次元空間の xyz 座標が、この順序になっている）。図 2-8 に示したベクトル $\vec{a}, \vec{b}$ の場合には、$\vec{c}$ の正の向きは図に書いた方向になる。

　よって、外積ではかけるベクトルの順序を変えると、符号が反転する。つまり

$$\vec{a} \times \vec{b} \neq \vec{b} \times \vec{a} \ \ \text{であり} \ \vec{b} \times \vec{a} = -\vec{c}$$
$$(\vec{a} \times \vec{b} = -\vec{b} \times \vec{a})$$

となる。ここで、内積と比較すると、内積はふたつのベクトルが平行の場合に、その値がもっとも大きくなるが、外積は、その逆で平行の場合には 0 となり、ふたつのベクトルが直交している場合にもっとも大きくなる。

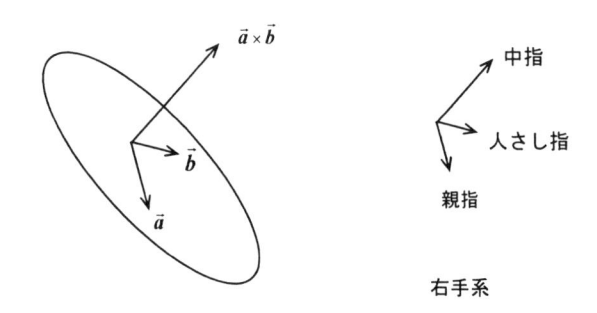

図 2-8 外積ベクトルの方向。ふたつのベクトルの外積 $\vec{a} \times \vec{b}$ は、これらベクトルを含む平面に対して垂直な方向であり、いわゆる右手系 (right handed system) 呼ばれる法則に従う。右手の親指の方向を $\vec{a}$、人さし指の方向に $\vec{b}$ をとると、外積は中指の指す方向になる。

　定義に従えば、以上のことが分かるが、一体全体、どうしてベクトルの積としてこのようなものが必要なのであろうか。最初にベクトルの外積を習うときには、この定義を聞いただけで終わってしまうため、高いところにむりやり上げられて、はしごをはずされたような気分になる。
　ところが、専門課程に進むと、いろいろな場面でベクトルの外積に出会う。理屈で説明することはできないが、多くの自然現象において、ベクトルの外積が重要な物理量を表現するのに役立っているのである。特に、**電磁気学** (electromagnetism) においてはベクトル積が主役となる。例えば、**磁場** (magnetic field) があるところで**電流** (electric current) を流すと**電磁力** (electromagnetic force) が働く。これら諸量はすべてベクトルである。磁場ベクトルを $\vec{B}$、電流ベクトルを $\vec{I}$、電磁力ベクトルを $\vec{F}$ とすると

$$\vec{F} = \vec{I} \times \vec{B}$$

という関係が与えられる。これは、発電やモータの特性を支配する基本公式である。しかし、考えればこの現象は不思議である。磁場や電流の向きとは関係のない方向に力が働くというのである。自然現象がそうなっているから、受け入れざるを得ないが、これが電磁気学を分かりにくくしている一因である。

$$\vec{F} = -q\vec{v} \times \vec{B}$$

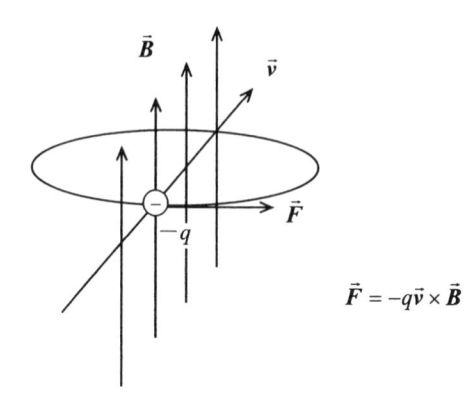

図 2-9 運動している荷電粒子に磁場が及ぼす力の方向は、ベクトルの外積の方向である。つまり、磁場は荷電粒子を加速することはできない。どうして、こんな変な関係が成立するかは誰にも分からない。しかし、それを外積という数学の言葉で表現することはできる。電磁気学が分かりにくいのは、この直感では理解しにくい外積という関係が自然界に存在するという事実に集約される。

ところで、この関係は外積であるから、右手系に従う。つまり、電流を親指、磁場を人さし指とすると、力は中指の方向である[1]。

また、電流は、**電荷** (electric charge) の流れであり、電荷を q とし、その速度ベクトルを $\vec{v}$ とすると

$$\vec{I} = q\vec{v}$$

であるから、最初の式は

$$\vec{F} = q\vec{v} \times \vec{B}$$

となるが、これは**荷電粒子** (charged particle) が磁場中で運動するときの基本式となる（図 2-9 参照）。この式から、荷電粒子が磁場からうける力は、

---

[1] 一般には、フレミングの左手の法則 (Fleming's left-had rule) として知られているが、これは混乱を与える。この場合は、電流が中指、磁場が人差し指、親指が力となって、逆行しているので左手になる。外積のルールに従えば、混乱は起きない。実際に、アメリカの物理の授業では、右手系で習った記憶がある。

その運動に対して垂直であるので、磁場を使って荷電粒子を加速することができないことも分かる。(素粒子の研究に使われる加速器には強力磁石が使われているが、それは電子などの荷電粒子を加速するためではなく、その軌道を円形に保つために使われている。)

このように自然界において、電気と磁気などの相互作用を解析する場合、ベクトル積で表現されるケースが多く、ベクトル積が重宝される理由となっている。(ただし、自然現象を解析した結果こういう規則性が得られるということは経験的に分かっているが、肝心の、なぜベクトル積のような変な関係になるかは誰にも説明できていない。)

ベクトルの外積の場合も、内積と同様に成分表示をすることができる。ただし、当然のことながら外積は3次元空間でしか定義できない。2次元でも4次元でもだめである。(ほとんどの物理現象は3次元空間で生じるから、これでも汎用性は高い。)

いま、2つの3次元ベクトルを成分で示して

$$\vec{a} = \begin{pmatrix} a_x \\ a_y \\ a_z \end{pmatrix} \quad \vec{b} = \begin{pmatrix} b_x \\ b_y \\ b_z \end{pmatrix}$$

と列ベクトルで表記すると、その外積は

$$\vec{c} = \vec{a} \times \vec{b} = \begin{pmatrix} a_y b_z - a_z b_y \\ a_z b_x - a_x b_z \\ a_x b_y - a_y b_x \end{pmatrix}$$

の成分を有する3次元ベクトルで与えられる。(ただし、3次元空間の図面を使ってこの計算をしようとすると大変な苦労をするので、つぎの基本ベクトルの項で、この外積が正しいことは証明する。)

2.4. 基本ベクトル

ここで、ベクトルを取り扱う場合に重要な概念として**基本ベクトル** (fundamental vector)と呼ばれるものがある。いま、xy 平面に、図 2-10 のように互いに平行ではないベクトル $\vec{a}, \vec{b}$ があるとする。このようなベクトルを専門的には**線形独立**[2] (linearly independent) と呼んでいる。

すると、xy 平面上にあるベクトルはすべて適当な実数 m, n を使うことで、つぎのように表せる。

$$\vec{p} = m\vec{a} + n\vec{b}$$

このような結合を**線形結合**（あるいは 1 次結合）(linear combination) と呼ぶ。また、2 次元平面は、このようなベクトルの線形結合ですべて網羅できるので**線形空間** (linear space)と呼ばれる。あるいは**ベクトル空間** (vector space)と呼ぶこともある。

この関係は、すぐに 3 次元にも拡張できて、互いに線形独立なベクトルが 3 つあれば、xyz 空間上にあるベクトルは、すべて適当な実数、m, n, k を使うことで

$$\vec{q} = m\vec{a} + n\vec{b} + k\vec{c}$$

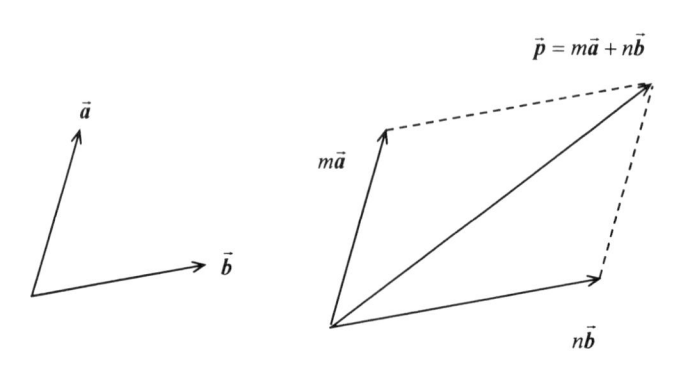

図 2-10

---

[2] 正式な定義は $m\vec{a} + n\vec{b} = \vec{0}$ が成立する条件が $m = 0$ かつ $n = 0$ であるとき、これらベクトルは線形独立であるという。

の線形結合で網羅することができる。頭の中だけの世界になるが、実は、同様の考えはルールさえ守れば、4次元、5次元、さらには無限次元 (infinite dimension) へと拡張できる。これについては、おいおい説明していく。

このように、2次元平面は2個のベクトルで、3次元空間は3個のベクトルの線形結合で網羅できるならば、そのベクトルとして基本的なものをうまく採用すれば、その解析が簡単になる（と予想される）。

そこで、この基本ベクトルとしては、図 2-11 に示すような x, y, z 軸に沿った大きさが1のベクトル：**単位ベクトル**（unit vector）を採用する。

単位ベクトルを、列ベクトルで表記すると、2次元の場合には

$$\vec{e}_x = \begin{pmatrix} 1 \\ 0 \end{pmatrix} \quad \vec{e}_y = \begin{pmatrix} 0 \\ 1 \end{pmatrix}$$

また、3次元の場合には

$$\vec{e}_x = \begin{pmatrix} 1 \\ 0 \\ 0 \end{pmatrix} \quad \vec{e}_y = \begin{pmatrix} 0 \\ 1 \\ 0 \end{pmatrix} \quad \vec{e}_z = \begin{pmatrix} 0 \\ 0 \\ 1 \end{pmatrix}$$

となる。このような単位ベクトルを使うと、座標の点を位置ベクトルとすると、座標がそのまま、これら単位ベクトルの係数となる。このようなベクトルを**基本ベクトル**（fundamental vector）あるいは**基底**（basis）と呼ぶ。例えば

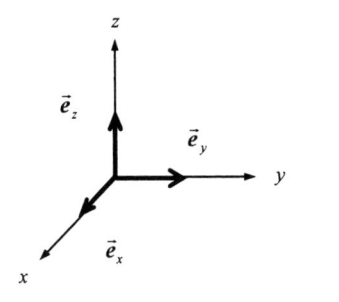

図 2-11

$$\vec{a} = \begin{pmatrix} a_x \\ a_y \end{pmatrix}$$

というベクトルは

$$\vec{a} = a_x \begin{pmatrix} 1 \\ 0 \end{pmatrix} + a_y \begin{pmatrix} 0 \\ 1 \end{pmatrix} \qquad \vec{a} = a_x \vec{e}_x + a_y \vec{e}_y$$

のように、基本ベクトルの線形結合で書くことができる。まったく同様にして3次元ベクトル

$$\vec{a} = \begin{pmatrix} a_x \\ a_y \\ a_z \end{pmatrix}$$

は

$$\vec{a} = a_x \begin{pmatrix} 1 \\ 0 \\ 0 \end{pmatrix} + a_y \begin{pmatrix} 0 \\ 1 \\ 0 \end{pmatrix} + a_z \begin{pmatrix} 0 \\ 0 \\ 1 \end{pmatrix} \qquad \vec{a} = a_x \vec{e}_x + a_y \vec{e}_y + a_z \vec{e}_z$$

と基本ベクトルの線形結合で表現できる。さらに、この表記が便利であるのは、例えば、内積に関しては

$$\vec{e}_x \cdot \vec{e}_x = 1 \quad \vec{e}_x \cdot \vec{e}_y = 0 \quad \vec{e}_x \cdot \vec{e}_z = 0$$

という簡単な関係が、また、外積に対しては

$$\vec{e}_x \times \vec{e}_y = \vec{e}_z \quad \vec{e}_y \times \vec{e}_z = \vec{e}_x \quad \vec{e}_z \times \vec{e}_x = \vec{e}_y$$

という基本的な関係が成立するからである。以上の関係を使って、内積と外積の計算が可能となる。例として

第 2 章　ベクトルの演算

$$\vec{a} = \begin{pmatrix} a_x \\ a_y \end{pmatrix} \qquad \vec{b} = \begin{pmatrix} b_x \\ b_y \end{pmatrix}$$

の内積を単位ベクトルを利用して計算してみよう。これらベクトルは

$$\vec{a} = a_x \vec{e}_x + a_y \vec{e}_y \qquad \vec{b} = b_x \vec{e}_x + b_y \vec{e}_y$$

と表すことができる。すると内積は

$$\vec{a} \cdot \vec{b} = (a_x \vec{e}_x + a_y \vec{e}_y) \cdot (b_x \vec{e}_x + b_y \vec{e}_y)$$

これを計算すると

$$\begin{aligned}\vec{a} \cdot \vec{b} &= a_x b_x \vec{e}_x \cdot \vec{e}_x + a_x b_y \vec{e}_x \cdot \vec{e}_y + a_y b_x \vec{e}_y \cdot \vec{e}_x + a_y b_y \vec{e}_y \cdot \vec{e}_y \\ &= a_x b_x \times 1 + a_x b_y \times 0 + a_y b_x \times 0 + a_y b_y \times 1 \\ &= a_x b_x + a_y b_y \end{aligned}$$

となって、確かに先ほど求めた内積の成分表示が得られる。さらに、任意のベクトル $\vec{a}$ と単位ベクトルの内積をとると、そのベクトルの成分を求めることができる。たとえば

$$\vec{a} \cdot \vec{e}_x = \begin{pmatrix} a_x \\ a_y \end{pmatrix} \begin{pmatrix} 1 & 0 \end{pmatrix} = a_x \cdot 1 + a_y \cdot 0 = a_x$$
$$\vec{a} \cdot \vec{e}_y = \begin{pmatrix} a_x \\ a_y \end{pmatrix} \begin{pmatrix} 0 & 1 \end{pmatrix} = a_x \cdot 0 + a_y \cdot 1 = a_y$$

となって、基本ベクトルとの内積は、その成分となる。
　つぎに、直接 3 次元空間の図を利用して計算することをしなかった外積についても、基本ベクトルを使って計算してみよう。外積の場合は 3 次元

ベクトルが対象となるから、つぎの 2 つのベクトルを考える。

$$\vec{a} = \begin{pmatrix} a_x \\ a_y \\ a_z \end{pmatrix} \qquad \vec{b} = \begin{pmatrix} b_x \\ b_y \\ b_z \end{pmatrix}$$

すると、これらベクトルは基本ベクトルを使うと

$$\vec{a} = a_x\vec{e}_x + a_y\vec{e}_y + a_z\vec{e}_z \qquad \vec{b} = b_x\vec{e}_x + b_y\vec{e}_y + b_z\vec{e}_z$$

と表すことができる。ここで、これらベクトルの外積は

$$\vec{a} \times \vec{b} = (a_x\vec{e}_x + a_y\vec{e}_y + a_z\vec{e}_z) \times (b_x\vec{e}_x + b_y\vec{e}_y + b_z\vec{e}_z)$$

$$= a_xb_x(\vec{e}_x \times \vec{e}_x) + a_xb_y(\vec{e}_x \times \vec{e}_y) + a_xb_z(\vec{e}_x \times \vec{e}_z)$$

$$+ a_yb_x(\vec{e}_y \times \vec{e}_x) + a_yb_y(\vec{e}_y \times \vec{e}_y) + a_yb_z(\vec{e}_y \times \vec{e}_z)$$

$$+ a_zb_x(\vec{e}_z \times \vec{e}_x) + a_zb_y(\vec{e}_z \times \vec{e}_y) + a_zb_z(\vec{e}_z \times \vec{e}_z)$$

と整理できる。ここで、それぞれの項ごとにベクトル積を計算すると

$$\vec{a} \times \vec{b} = a_xb_x \times 0 + a_xb_y\vec{e}_z - a_xb_z\vec{e}_y - a_yb_x\vec{e}_z + a_yb_y \times 0 + a_yb_z\vec{e}_x$$

$$+ a_zb_x\vec{e}_y - a_zb_y\vec{e}_x + a_zb_z \times 0$$

$$= (a_yb_z - a_zb_y)\vec{e}_x + (a_zb_x - a_xb_z)\vec{e}_y + (a_xb_y - a_yb_x)\vec{e}_z$$

という結果が得られる。これを列ベクトルに書き直すと

第 2 章　ベクトルの演算

$$\vec{a} \times \vec{b} = \begin{pmatrix} a_y b_z - a_z b_y \\ a_z b_x - a_x b_z \\ a_x b_y - a_y b_x \end{pmatrix}$$

となる。

あるいは、**行列式**（determinant）（**補遺 2 参照**）を使って外積を表現すると

$$\vec{a} \times \vec{b} = \begin{vmatrix} \vec{e}_x & \vec{e}_y & \vec{e}_z \\ a_x & a_y & a_z \\ b_x & b_y & b_z \end{vmatrix}$$

となる。

この行列式を、第 1 行の成分で**余因子**（co-factor）分解すると

$$\vec{a} \times \vec{b} = \begin{vmatrix} a_y & a_z \\ b_y & b_z \end{vmatrix} \vec{e}_x - \begin{vmatrix} a_x & a_z \\ b_x & b_z \end{vmatrix} \vec{e}_y + \begin{vmatrix} a_x & a_y \\ b_x & b_y \end{vmatrix} \vec{e}_z$$

となる。これを計算すると

$$\vec{a} \times \vec{b} = (a_y b_z - a_z b_y)\vec{e}_x + (a_z b_x - a_x b_z)\vec{e}_y + (a_x b_y - a_y b_x)\vec{e}_z$$

となって、確かに外積を与える。

演習 2-7　3 次元ベクトルの外積において、つぎの分配法則

$$\vec{a} \times (\vec{b} + \vec{c}) = \vec{a} \times \vec{b} + \vec{a} \times \vec{c}$$

が成立することを示せ。

解) ベクトルの外積の一般式は

$$\vec{a} \times \vec{b} = \begin{pmatrix} a_y b_z - a_z b_y \\ a_z b_x - a_x b_z \\ a_x b_y - a_y b_x \end{pmatrix}$$

である。これを利用すると

$$\vec{a} \times (\vec{b} + \vec{c}) = \begin{pmatrix} a_y(b_z + c_z) - a_z(b_y + c_y) \\ a_z(b_x + c_x) - a_x(b_z + c_z) \\ a_x(b_y + c_y) - a_y(b_x + c_x) \end{pmatrix}$$

さらに分解して整理すると

$$\vec{a} \times (\vec{b} + \vec{c}) = \begin{pmatrix} a_y b_z - a_z b_y \\ a_z b_x - a_x b_z \\ a_x b_y - a_y b_x \end{pmatrix} + \begin{pmatrix} a_y c_z - a_z c_y \\ a_z c_x - a_x c_z \\ a_x c_y - a_y c_x \end{pmatrix} = \vec{a} \times \vec{b} + \vec{a} \times \vec{c}$$

となって分配法則が成立することが分かる。

第 3 章　図形とベクトル

　ベクトルには、2 次元平面あるいは 3 次元空間において、その位置を指定する**位置ベクトル** (position vector) としての働きがある。よって、ベクトルを利用すると図形をうまく表現することができる場合がある。この時、位置ベクトルであれば、その始点は常に**原点** (0, 0) (the origin) にあることに注意する。ただし、直線の傾きを示すベクトルのように、図形といっても、すべてが位置ベクトルではない。

3.1.　2 次元平面の直線の方程式

　点 $\vec{a}(a_1, a_2)$ を通り、ベクトル $\vec{b}$ に平行な直線を考えてみよう。この直線上の点の位置ベクトル $\vec{r}$ は

$$\vec{r} = k\vec{b} + \vec{a}$$

で与えられる。これを**直線のベクトル方程式** (vector equation of a line) と呼んでいる。ただし、k は適当な実数であり、$\vec{b}$ は方向（直線の傾き）を決めるベクトルである。これを図示すると図 3-1 のようになる。
　直線のベクトル方程式を成分で示すと

$$\begin{pmatrix} x \\ y \end{pmatrix} = k \begin{pmatrix} b_1 \\ b_2 \end{pmatrix} + \begin{pmatrix} a_1 \\ a_2 \end{pmatrix}$$

となる。よって成分ごとにまとめると

$$x = kb_1 + a_1 \qquad y = kb_2 + a_2$$

(a)

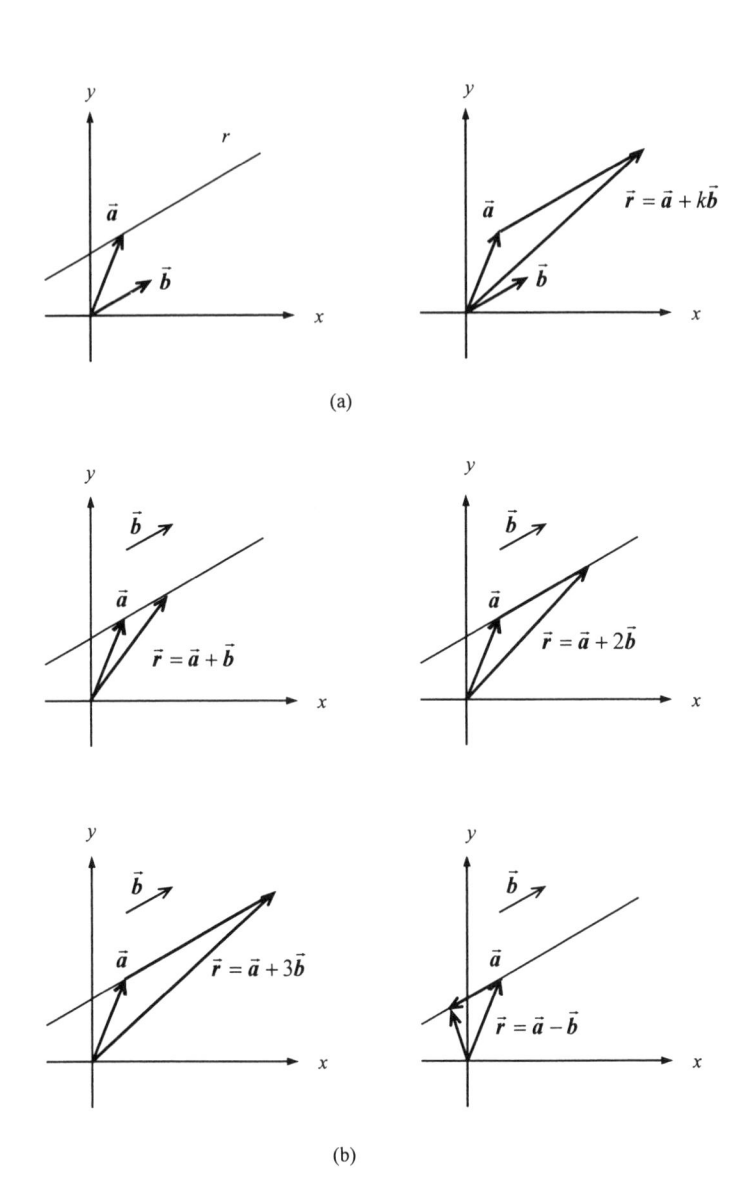

(b)

図 3-1 直線のベクトル方程式の図示。k の値を変えたときの位置ベクトルの変化。確かに直線上にあることが分かる（図 3-1(b)）。

となり、2式より任意係数 k を消去すると

$$\frac{y-a_2}{b_2} = \frac{x-a_1}{b_1} \quad \text{あるいは} \quad y = \frac{b_2}{b_1}(x-a_1) + a_2$$

となり、確かに点 $\vec{a}(a_1, a_2)$ を通り、その傾きがベクトル $\vec{b}$ に平行な直線の方程式となっている。

演習 3-1 2次元平面上の2点 $m(x_1, y_1)$ と $n(x_2, y_2)$ を通る直線の方程式を求めよ。

解) これら2点を位置ベクトルで表示すると

$$\vec{m} = \begin{pmatrix} x_1 \\ y_1 \end{pmatrix} \quad \vec{n} = \begin{pmatrix} x_2 \\ y_2 \end{pmatrix}$$

これら2点を通る直線はベクトル $\vec{m} - \vec{n}$ に平行であるから、この直線のベクトル方程式は、適当な実数 k を用いて

$$\vec{r} = k(\vec{m} - \vec{n}) + \vec{m}$$

で与えられる。

ここで成分表示すると

$$\begin{pmatrix} x \\ y \end{pmatrix} = k \begin{pmatrix} x_1 - x_2 \\ y_1 - y_2 \end{pmatrix} + \begin{pmatrix} x_1 \\ y_1 \end{pmatrix}$$

これを変形すると

$$\begin{pmatrix} x - x_1 \\ y - y_1 \end{pmatrix} = k \begin{pmatrix} x_1 - x_2 \\ y_1 - y_2 \end{pmatrix}$$

よって、成分ごとに整理すると

$$x - x_1 = k(x_1 - x_2) \qquad y - y_1 = k(y_1 - y_2)$$

となり、求める方程式は

$$\frac{y - y_1}{y_1 - y_2} = \frac{x - x_1}{x_1 - x_2}$$

と与えられる。

　もちろん、直線のベクトル方程式は、点 n も通るので、$\vec{r} = k(\vec{m} - \vec{n}) + \vec{n}$ と書くことができる。この場合の直線の方程式は

$$\frac{y - y_2}{y_1 - y_2} = \frac{x - x_2}{x_1 - x_2}$$

と与えられる。

　当然のことながら、これら 2 式は同じ直線に対応しているので、変形すれば同じかたちになるはずである。それを確かめてみよう。まず演習の方の式を y についてまとめると

$$y = \frac{y_1 - y_2}{x_1 - x_2} x - \frac{y_1 - y_2}{x_1 - x_2} x_1 + y_1 = \frac{y_1 - y_2}{x_1 - x_2} x + \frac{x_1 y_2 - x_2 y_1}{x_1 - x_2}$$

となる。一方、点 n を通るとして求めた方程式は

$$y = \frac{y_1 - y_2}{x_1 - x_2} x - \frac{y_1 - y_2}{x_1 - x_2} x_2 + y_2 = \frac{y_1 - y_2}{x_1 - x_2} x + \frac{x_1 y_2 - x_2 y_1}{x_1 - x_2}$$

となって、確かに同じ式になることが分かる。

3.2. 円の方程式

円の中心が xy 座標で (a_1, a_2) という点である時、その位置ベクトルは

$$\vec{a} = \begin{pmatrix} a_1 \\ a_2 \end{pmatrix}$$

となる。ここで、円の半径を b とし、円上の点を

$$\vec{r} = \begin{pmatrix} x \\ y \end{pmatrix}$$

というベクトルで表現すると、円の方程式はベクトル表示では

$$|\vec{r} - \vec{a}| = b$$

となる。これは、図3-2に示すように、ベクトル $\vec{r}$ とベクトル $\vec{a}$ の互いの終点の間の距離が b ということを表している。両辺を平方すると

$$|\vec{r} - \vec{a}|^2 = b^2$$

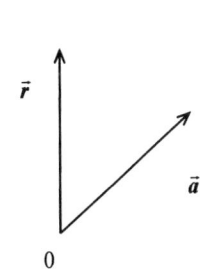

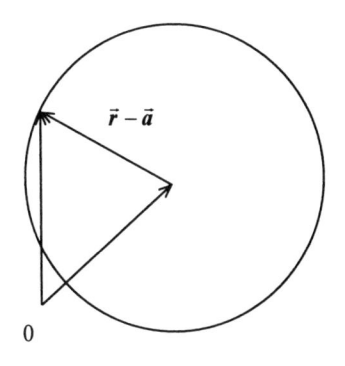

図 3-2

となり、これを xy 座標で表すと

$$\left| \begin{pmatrix} x-a_1 \\ y-a_2 \end{pmatrix} \right|^2 = b^2 \qquad (x-a_1)^2 + (y-a_2)^2 = b^2$$

となって確かに円の方程式となっている。また、$|\vec{r}-\vec{a}|^2 = b^2$ であるから、円の方程式は

$$(\vec{r}-\vec{a}) \cdot (\vec{r}-\vec{a}) = b^2$$

のように、内積を使っても表現できる。

演習 3-2 (a_1, a_2) および (b_1, b_2) の 2 点を直径の両端とする円の方程式を求めよ。

解) ベクトルを使って解法する。それぞれの点を位置ベクトルで表現すると

$$\vec{a} = \begin{pmatrix} a_1 \\ a_2 \end{pmatrix} \qquad \vec{b} = \begin{pmatrix} b_1 \\ b_2 \end{pmatrix}$$

となる。よって、その中点は位置ベクトルで表現すると

$$\frac{\vec{a}+\vec{b}}{2} = \begin{pmatrix} \dfrac{a_1+b_1}{2} \\ \dfrac{a_2+b_2}{2} \end{pmatrix}$$

となる。また、この円の半径は $\dfrac{|\vec{a}-\vec{b}|}{2}$ であるから、円上の点を位置ベクトル

$\vec{r} = (x, y)$ とすると、円の方程式は

$$\left|\vec{r} - \frac{\vec{a}+\vec{b}}{2}\right| = \frac{|\vec{a}-\vec{b}|}{2}$$

となる。よって

$$\left|\vec{r} - \frac{\vec{a}+\vec{b}}{2}\right|^2 = \frac{|\vec{a}-\vec{b}|^2}{4}$$

内積で書くと

$$\left(\vec{r} - \frac{\vec{a}+\vec{b}}{2}\right) \cdot \left(\vec{r} - \frac{\vec{a}+\vec{b}}{2}\right) = \frac{(\vec{a}-\vec{b}) \cdot (\vec{a}-\vec{b})}{4}$$

となる。これを計算すると

$$\vec{r} \cdot \vec{r} - (\vec{a}+\vec{b}) \cdot \vec{r} + \frac{(\vec{a}+\vec{b}) \cdot (\vec{a}+\vec{b})}{4} = \frac{(\vec{a}-\vec{b}) \cdot (\vec{a}-\vec{b})}{4}$$

$$\vec{r} \cdot \vec{r} - (\vec{a}+\vec{b}) \cdot \vec{r} + \frac{\vec{a} \cdot \vec{a} + 2\vec{a} \cdot \vec{b} + \vec{b} \cdot \vec{b}}{4} = \frac{\vec{a} \cdot \vec{a} - 2\vec{a} \cdot \vec{b} + \vec{b} \cdot \vec{b}}{4}$$

$$\vec{r} \cdot \vec{r} - (\vec{a}+\vec{b}) \cdot \vec{r} + \vec{a} \cdot \vec{b} = 0$$

これをまとめると

$$(\vec{r}-\vec{a}) \cdot (\vec{r}-\vec{b}) = 0$$

となる。成分に書きなおすと

$$(x-a_1, y-a_2)\begin{pmatrix} x-b_1 \\ y-b_2 \end{pmatrix} = (x-a_1)(x-b_1) + (y-a_2)(y-b_2) = 0$$

となり、これが求める円の方程式となる。

ところで、この演習から $(\vec{r}-\vec{a})\cdot(\vec{r}-\vec{b})=0$ という関係が得られたが、内積がゼロということは、これらベクトルが直交することを示している。

これは図 3-3 のように、直径の両端と円上の点を結ぶ 2 つの直線が直交するというよく知られた関係に対応する。

あるいは、ベクトル $\vec{r}-\vec{a}$ と $\vec{r}-\vec{b}$ が直交するという関係を知っていれば、いきなりこの方程式 $(\vec{r}-\vec{a})\cdot(\vec{r}-\vec{b})=0$ を導くこともできる。

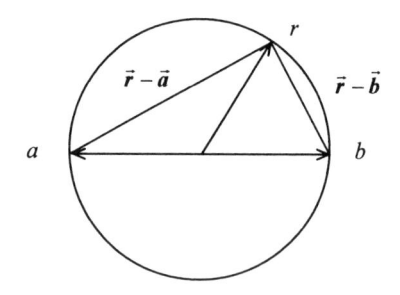

図 3-3

3.3. 円の接線の方程式

それでは、つぎに円の接線の方程式を考えてみよう。まず、円の方程式を

$$(\vec{r}-\vec{a})\cdot(\vec{r}-\vec{a}) = b^2$$

とする。図 3-4 のような円上の点 r_1 で円に接する直線を考える。この時、r_1 の位置ベクトルを $\vec{r}_1$ とすると、円の中心から r_1 に向かうベクトルは

第3章 図形とベクトル

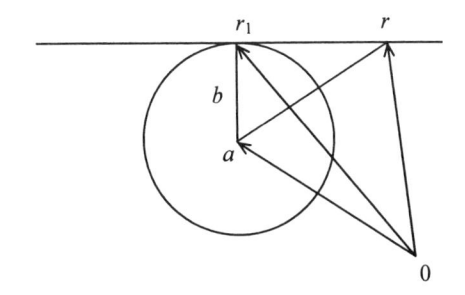

図3-4

$$\vec{r}_1 - \vec{a}$$

で与えられる。

接線は、このベクトルに直交するベクトルに平行である。このベクトルを $\vec{p}$ とすると

$$\vec{p} \cdot (\vec{r}_1 - \vec{a}) = 0$$

となる。接線は点 r_1 を通り、このベクトル $\vec{p}$ に平行であるから、そのベクトル方程式は、k を適当な実数として

$$\vec{r} = k\vec{p} + \vec{r}_1$$

と与えられる。ここで、両辺のベクトルとベクトル $\vec{r}_1 - \vec{a}$ の内積をとると

$$\vec{r} \cdot (\vec{r}_1 - \vec{a}) = k\vec{p} \cdot (\vec{r}_1 - \vec{a}) + \vec{r}_1 \cdot (\vec{r}_1 - \vec{a}) = \vec{r}_1 \cdot (\vec{r}_1 - \vec{a})$$

となる。両辺から $\vec{a} \cdot (\vec{r}_1 - \vec{a})$ を引くと

$$\vec{r} \cdot (\vec{r}_1 - \vec{a}) - \vec{a} \cdot (\vec{r}_1 - \vec{a}) = \vec{r}_1 \cdot (\vec{r}_1 - \vec{a}) - \vec{a} \cdot (\vec{r}_1 - \vec{a})$$

整理すると

$$(\vec{r} - \vec{a}) \cdot (\vec{r}_1 - \vec{a}) = (\vec{r}_1 - \vec{a}) \cdot (\vec{r}_1 - \vec{a})$$

ここで r_1 は円上の点であるから

$$(\vec{r}_1 - \vec{a}) \cdot (\vec{r}_1 - \vec{a}) = b^2$$

を満足する。よって

$$(\vec{r} - \vec{a}) \cdot (\vec{r}_1 - \vec{a}) = b^2$$

が接線を与えるベクトル方程式となる。

演習 3-3 接線の方程式 $(\vec{r} - \vec{a}) \cdot (\vec{r}_1 - \vec{a}) = b^2$ を xy 座標で表現せよ。

解) ベクトルの成分表示をする。ただし $\vec{a} = (a_x, a_y)$、$\vec{r}_1 = (r_x, r_y)$ と置く。すると

$$(x - a_x, y - a_y) \begin{pmatrix} r_x - a_x \\ r_y - a_y \end{pmatrix} = b^2$$

となる。内積を計算すると

$$(x - a_x)(r_x - a_x) + (y - a_y)(r_y - a_y) = b^2$$

これが接線の方程式である。

演習 3-4 円の方程式が

$$(\vec{r} - \vec{a}) \cdot (\vec{r} - \vec{a}) = b^2$$

と与えられている。この円上の点 r_1 を通る法線を与える方程式を求めよ。

解) 法線はベクトル $\vec{r}_1 - \vec{a}$ に平行で、$\vec{a}$ を通るから、適当な実数 k を使って

$$\vec{r} = k(\vec{r}_1 - \vec{a}) + \vec{a}$$

と与えられる。

このままでもよいが、この方程式をさらに変形してみよう。ここで、$\vec{a} = (a_x, a_y)$, $\vec{r}_1 = (r_x, r_y)$ という成分表示を行うと

$$\begin{pmatrix} x \\ y \end{pmatrix} = k \begin{pmatrix} r_x - a_x \\ r_y - a_y \end{pmatrix} + \begin{pmatrix} a_x \\ a_y \end{pmatrix}$$

成分ごとにまとめると

$$x = k(r_x - a_x) + a_x \qquad y = k(r_y - a_y) + a_y$$

よって

$$\frac{y - a_y}{r_y - a_y} = \frac{x - a_x}{r_x - a_x}$$

というかたちに整理できる。
さらに変形して

$$y = \frac{r_y - a_y}{r_x - a_x}(x - a_x) + a_y = \frac{r_y - a_y}{r_x - a_x} x + \frac{r_x a_y - r_y a_x}{r_x - a_x}$$

というかたちにすることもできる。

3.4. 三角形の余弦定理

三角形の辺と角度の関係を示す定理に**余弦定理** (cosine rule) がある。これを図 3-5 に示した辺と角度の関係で示す。頂点 A, B, C に対応した角度を

そのまま A, B, C とし、それぞれの頂点に対向した辺の長さを a, b, c とする。
　すると余弦定理とは

$$a^2 = b^2 + c^2 - 2bc\cos A$$
$$b^2 = c^2 + a^2 - 2ca\cos B$$
$$c^2 = a^2 + b^2 - 2ab\cos C$$

のように、辺の長さと角度を余弦すなわちコサイン (cosine) で結びつける法則である。
　実は、ベクトルを利用すれば、余弦定理を比較的簡単に証明することができる。それを確かめてみよう。
　図 3-6 のように、三角形の各辺をベクトルとみなすと

$$\vec{a} = \vec{b} + \vec{c}$$

のように、各辺は他の辺のベクトルを足したものとなる。
　ここで、両辺の自分自身の内積をとると

$$\vec{a} \cdot \vec{a} = (\vec{b} + \vec{c}) \cdot (\vec{b} + \vec{c}) = \vec{b} \cdot \vec{b} + 2\vec{b} \cdot \vec{c} + \vec{c} \cdot \vec{c}$$

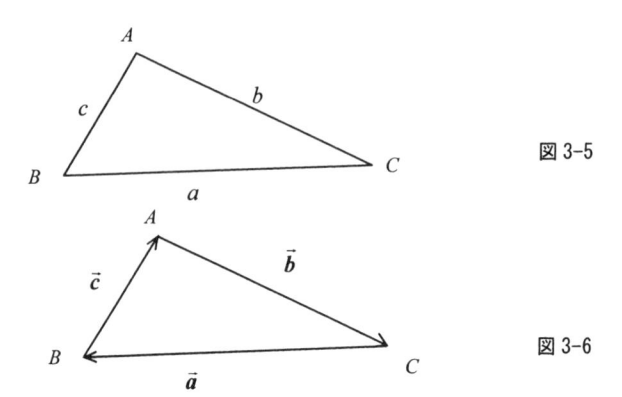

となる。整理すると

$$a^2 = b^2 + 2\vec{b} \cdot \vec{c} + c^2$$

図 3-5

図 3-6

ここで
$$\vec{b} \cdot \vec{c} = bc\cos(\pi - A) = -bc\cos A$$
であるから
$$a^2 = b^2 + c^2 - 2bc\cos A$$
となって、余弦定理が得られる。他の辺についてもまったく同様である。

これをベクトルを使わずに証明するにはどうしたら良いであろうか。この場合、図 3-7 のような補助線を引いて考える。すると
$$a = c\cos B + b\cos C$$
のように、辺 a の長さを他の 2 辺の長さを使って表現できる。同様にして
$$b = c\cos A + a\cos C$$
$$c = a\cos B + b\cos A$$
という関係にある。ここで、それぞれの両辺に、a, b, c をかけると
$$a^2 = ac\cos B + ab\cos C$$
$$b^2 = bc\cos A + ab\cos C$$
$$c^2 = ac\cos B + bc\cos A$$
となる。よって

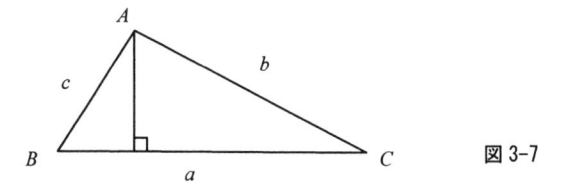

図 3-7

$$a^2 - b^2 - c^2 = ac\cos B + ab\cos C - (bc\cos A + ab\cos C) - (ac\cos B + bc\cos A)$$
$$a^2 - b^2 - c^2 = -2bc\cos A$$
$$a^2 = b^2 + c^2 - 2bc\cos A$$

となって、余弦定理が成立することが分かる。

3.5. 3次元空間における直線のベクトル方程式

前節までは、2次元平面におけるベクトル方程式を紹介したが、もちろん3次元空間においてもベクトル方程式を利用することができる。むしろ、3次元空間の図形を普通の方程式で表現しようとすると複雑な場合が多いので、ベクトル方程式が活躍する。

まず、3次元空間における直線のベクトル方程式を考えてみよう。点 $a\,(a_x, a_y, a_z)$ を通り、ベクトル $\vec{b} = (b_x, b_y, b_z)$ に平行な直線を考える。すると、2次元平面の場合と同様に、k を任意の実数として

$$\vec{r} = k\vec{b} + \vec{a}$$

と表すことができる。これをベクトルの成分で示すと

$$\begin{pmatrix} x \\ y \\ z \end{pmatrix} = k \begin{pmatrix} b_x \\ b_y \\ b_z \end{pmatrix} + \begin{pmatrix} a_x \\ a_y \\ a_z \end{pmatrix}$$

となる。成分ごとに示せば

$$x = kb_x + a_x \qquad y = kb_y + a_y \qquad z = kb_z + a_z$$

となる。k について、整理しなおすと

$$k = \frac{x - a_x}{b_x} \qquad k = \frac{y - a_y}{b_y} \qquad k = \frac{z - a_z}{b_z}$$

よって、媒介係数の k を消去すれば

$$\frac{x - a_x}{b_x} = \frac{y - a_y}{b_y} = \frac{z - a_z}{b_z}$$

と書くことができる。

演習 3-5 3次元空間内の 2 点 $m(x_1, y_1, z_1)$ と $n(x_2, y_2, z_2)$ を通る直線の方程式を求めよ。

解) 図 3-8 のように 2 点を位置ベクトルで表示すると

$$\vec{m} = \begin{pmatrix} x_1 \\ y_1 \\ z_1 \end{pmatrix} \qquad \vec{n} = \begin{pmatrix} x_2 \\ y_2 \\ z_2 \end{pmatrix}$$

これら 2 点を通る直線はベクトル $\vec{m} - \vec{n}$ に平行であるから、この直線のベクトル方程式は、適当な実数 k を用いて

$$\vec{r} = k(\vec{m} - \vec{n}) + \vec{m}$$

で与えられる。

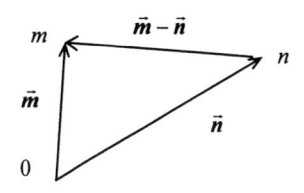

図 3-8

ここで成分表示すると

$$\begin{pmatrix} x \\ y \\ z \end{pmatrix} = k \begin{pmatrix} x_1 - x_2 \\ y_1 - y_2 \\ z_1 - z_2 \end{pmatrix} + \begin{pmatrix} x_1 \\ y_1 \\ z_1 \end{pmatrix}$$

これを変形すると

$$\begin{pmatrix} x - x_1 \\ y - y_1 \\ z - z_1 \end{pmatrix} = k \begin{pmatrix} x_1 - x_2 \\ y_1 - y_2 \\ z_1 - z_2 \end{pmatrix}$$

よって、成分ごとに整理すると

$$x - x_1 = k(x_1 - x_2) \qquad y - y_1 = k(y_1 - y_2) \qquad z - z_1 = k(z_1 - z_2)$$

よって求める方程式は

$$\frac{x - x_1}{x_1 - x_2} = \frac{y - y_1}{y_1 - y_2} = \frac{z - z_1}{z_1 - z_2}$$

となる。

3.6. 平面の方程式

3次元空間においては、任意の平面を考えることができるが、条件さえ与えられれば、平面のベクトル方程式を導くことも可能となる。まず、2つの直線を含む平面を考えてみよう。2直線を適当な実数 k, l を用いて

$$\vec{r} = k\vec{b}_1 + \vec{a}_1 \qquad \vec{r} = l\vec{b}_2 + \vec{a}_2$$

とベクトル表示する。

これら直線が平面上にあるならば、図3-9に示すように、必ずある点で交差する。この点の位置ベクトルを $\vec{a}$ とすると

第3章　図形とベクトル

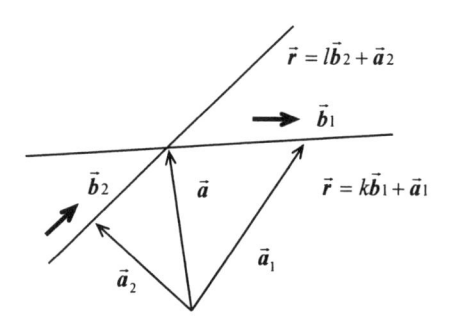

図 3-9

$$\vec{r} = k\vec{b}_1 + \vec{a} \qquad \vec{r} = l\vec{b}_2 + \vec{a}$$

こうすると、この平面上の点は、交点 $\vec{a}$ を中心にして、ベクトル $\vec{b}_1$ と $\vec{b}_2$ で張ることができるから

$$\vec{r} = k\vec{b}_1 + l\vec{b}_2 + \vec{a}$$

と書くことができる。
　これが、平面のベクトル方程式となる。ここで

$$\vec{c} = \vec{b}_1 \times \vec{b}_2$$

という外積を考えると、このベクトルはベクトル $\vec{b}_1$ および $\vec{b}_2$ に直交するから、両辺との内積をとって

$$\vec{r} \cdot (\vec{b}_1 \times \vec{b}_2) = (k\vec{b}_1 + l\vec{b}_2 + \vec{a}) \cdot (\vec{b}_1 \times \vec{b}_2)$$
$$= \vec{a} \cdot (\vec{b}_1 \times \vec{b}_2)$$

となって、任意係数を取り除くことができる。あるいは

$$(\vec{r} - \vec{a}) \cdot (\vec{b}_1 \times \vec{b}_2) = 0 \qquad (\vec{r} - \vec{a}) \cdot \vec{c} = 0$$

と書くこともできる。これは、点 a を含み $\vec{b}_1$ および $\vec{b}_2$ で張ることができる平面は、ベクトル $\vec{c}$ に直交する平面と解釈することもできる。ここで

$$\vec{r} = \begin{pmatrix} x \\ y \\ z \end{pmatrix} \qquad \vec{a} = \begin{pmatrix} a_x \\ a_y \\ a_z \end{pmatrix} \qquad \vec{c} = \begin{pmatrix} c_x \\ c_y \\ c_z \end{pmatrix}$$

とすると

$$(x - a_x)c_x + (y - a_y)c_y + (z - a_z)c_z = 0$$

よって

$$c_x x + c_y y + c_z z - a_x c_x - a_y c_y - a_z c_z = 0$$

定数項をまとめて d と置くと

$$c_x x + c_y y + c_z z + d = 0$$

となって、見慣れた平面の方程式となる。

演習 3-6 平行な 2 直線

$$\vec{r} = k\vec{b} + \vec{a}_1 \qquad \vec{r} = l\vec{b} + \vec{a}_2$$

を含む平面の方程式を求めよ。

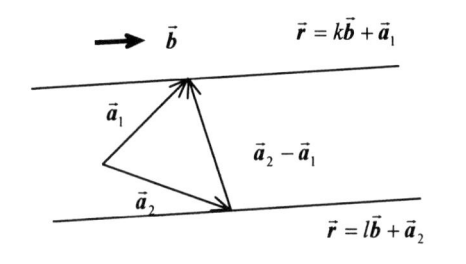

図 3-10

解） この場合、両方ともベクトル $\vec{b}$ に平行であるから、平面を張るためには、別なベクトルを探す必要がある。図 3-10 のように、この場合

$$\vec{a}_2 - \vec{a}_1$$

がベクトル $\vec{b}$ に平行ではなく、平面内に存在するベクトルとなる。

よって、平面の方程式としては適当な実数 k, m を用いて

$$\vec{r} = k\vec{b} + m(\vec{a}_2 - \vec{a}_1) + \vec{a}_1$$

任意係数を消すためには

$$\vec{c} = \vec{b} \times (\vec{a}_2 - \vec{a}_1)$$

という外積ベクトルとの内積を取ればよい。すると

$$\vec{r} \cdot \vec{c} = \vec{a}_1 \cdot \vec{c} \qquad (\vec{r} - \vec{a}_1) \cdot \vec{c} = 0$$

という方程式が得られる。

演習 3-7 位置ベクトル $\vec{a}_1, \vec{a}_2, \vec{a}_3$ に対応した 3 点を含む平面の方程式を求めよ。

解） この場合、平面を張るベクトルとして

$$\vec{a}_2 - \vec{a}_1 \qquad \vec{a}_3 - \vec{a}_1$$

を考えることができる。

よって、平面の方程式としては適当な実数 k, l を用いて

$$\vec{r} = k(\vec{a}_2 - \vec{a}_1) + l(\vec{a}_3 - \vec{a}_1) + \vec{a}_1$$

任意係数を消すためには

$$\vec{c} = (\vec{a}_2 - \vec{a}_1) \times (\vec{a}_3 - \vec{a}_1)$$

という外積ベクトルとの内積を取ればよい。すると

$$\vec{r} \cdot \vec{c} = \vec{a}_1 \cdot \vec{c} \qquad (\vec{r} - \vec{a}_1) \cdot \vec{c} = 0$$

という方程式が得られる。

3.7. 球の方程式

つぎに、3次元空間における球の方程式を考えてみよう。図3-11に示した点 $\vec{a}$ を中心として、半径が b の球のベクトル方程式は

$$|\vec{r} - \vec{a}| = b$$

となって、2次元平面の円の方程式とまったく同じかたちをしている。

両辺を平方して

$$|\vec{r} - \vec{a}|^2 = b^2$$

となるが、内積表示では

$$(\vec{r} - \vec{a}) \cdot (\vec{r} - \vec{a}) = b^2$$

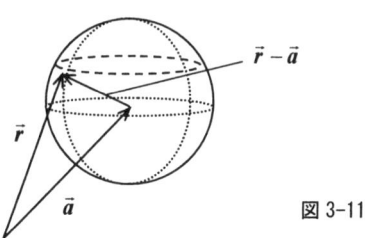

図3-11

となる。

> **演習 3-8** 球のベクトル方程式を成分表示に変換せよ。

解) 球のベクトル方程式は

$$(\vec{r} - \vec{a}) \cdot (\vec{r} - \vec{a}) = b^2$$

である。ここで成分では

$$\vec{r} = \begin{pmatrix} x \\ y \\ z \end{pmatrix} \quad \vec{a} = \begin{pmatrix} a_x \\ a_y \\ a_z \end{pmatrix} \quad \text{より} \quad \vec{r} - \vec{a} = \begin{pmatrix} x - a_x \\ y - a_y \\ z - a_z \end{pmatrix}$$

よって

$$(x - a_x)^2 + (y - a_y)^2 + (z - a_z)^2 = b^2$$

となる。

> **演習 3-9** 中心点の位置ベクトルが $\vec{a}$ で半径が b の球と、その球面上の点 $\vec{r}_1$ で接する平面の方程式を求めよ。

解) この平面は、ベクトル $\vec{r}_1 - \vec{a}$ に垂直で、点 $\vec{r}_1$ を通るから

$$(\vec{r} - \vec{r}_1) \cdot (\vec{r}_1 - \vec{a}) = 0$$

と与えられる。

この式をさらに変形してみよう。すると

$$(\vec{r} - \vec{a} - \vec{r}_1 + \vec{a}) \cdot (\vec{r}_1 - \vec{a}) = 0$$
$$(\vec{r} - \vec{a}) \cdot (\vec{r}_1 - \vec{a}) - (\vec{r}_1 - \vec{a}) \cdot (\vec{r}_1 - \vec{a}) = 0 \quad (\vec{r} - \vec{a}) \cdot (\vec{r}_1 - \vec{a}) = (\vec{r}_1 - \vec{a}) \cdot (\vec{r}_1 - \vec{a})$$
$$(\vec{r} - \vec{a}) \cdot (\vec{r}_1 - \vec{a}) = b^2$$

となる。

　以上のように、ベクトルをうまく利用すると2次元平面や3次元空間の図形や、その関係をうまく表現することができる。

　ベクトルの効用は、2変数および3変数の情報を運ぶ性質があるため、空間における位置や方向をたった1個で表現することができるからである。時には、ベクトルを利用すると位置座標を使って計算する場合よりも、はるかに簡単に結果が得られることがあり、それがベクトルの効用のように強調されることもある。しかし、ベクトルを利用した解析手法が重要であるのは、より本質的な理由がある。

　すでに紹介したように、物理現象は3次元空間で生じる。よって、それを正しく記述するためには、3変数が必要となる。複雑さを避けるために、x, y, z方向で1次元問題に還元して解析したり、位置座標を使って表現することも可能であるが、3次元空間で生じる物理現象を記述するには、3次元ベクトルを使ったほうが、便利な場合が多い。このため、ベクトルを使って物理現象を表現することが重要となる。ベクトル解析を勉強する意義がここにある。

　ここで、最後に3次元空間における一般の曲線および曲面の方程式について簡単に触れておく。

3.8.　空間曲線

　3次元空間における一般の曲線の方程式は、曲線上の点を位置ベクトルで表すと

$$\vec{r} = \begin{pmatrix} x(t) \\ y(t) \\ z(t) \end{pmatrix}$$

のように、たった1個の**パラメータ** (parameter) t で、すべての座標を表現することができる。これを**パラメータ表示** (parameterization) と呼んでいる。具体例で見てみよう。いま

$$x(t) = t, \quad y(t) = t, \quad z(t) = t^2$$

という位置ベクトルで表される曲線を考えてみよう。すると、これは、すぐに xy 平面への投影図が $y = x$ という直線となる**放物線** (parabola) であることが分かる。$t = x$ の場合には

$$\vec{r} = \begin{pmatrix} x \\ y(x) \\ z(x) \end{pmatrix}$$

となり、yz 平面内の曲線となる。このように、曲線であれば1個のパラメータで位置ベクトルを表現できるので

$$\vec{r}(t) = \begin{pmatrix} x(t) \\ y(t) \\ z(t) \end{pmatrix}$$

のように位置ベクトルのつぎにカッコでパラメータが t であることを表記する。これは、曲線の場合には自由度が1個しかないことに対応している。

3.9. 任意の曲面

3.9.1. 任意の曲面上の点の位置ベクトル

3次元空間における曲面（平面も含めて）の方程式は

$$f(x,y,z) = C \quad (C:\text{constant})$$

で与えられる。例えば、球の方程式は

$$f(x,y,z) = x^2 + y^2 + z^2 = r^2 = C$$

となる。また

$$z = x^2 + y^2$$

は原点で xy 平面に接する**放物面** (paraboloid) であるが、この場合は

$$f(x,y,z) = x^2 + y^2 - z = 0$$

と書くことができる。それでは、ある任意の曲面上の点を位置ベクトル

$$\vec{r} = \begin{pmatrix} x \\ y \\ z \end{pmatrix}$$

で表現するには、どうしたらよいであろうか。実は、答えは簡単でもし、曲面の方程式が

$$z = f(x,y)$$

というかたちに書けるとすると

$$\vec{r} = \begin{pmatrix} x \\ y \\ z \end{pmatrix} = \begin{pmatrix} x \\ y \\ f(x,y) \end{pmatrix}$$

が、この曲面上の点の位置ベクトルとなる。例えば、先ほどの放物面上の点は

$$\vec{r} = \begin{pmatrix} x \\ y \\ z \end{pmatrix} = \begin{pmatrix} x \\ y \\ x^2 + y^2 \end{pmatrix}$$

となる。これは、少し考えれば当たり前で、3次元空間の曲面は、xとyの2個の自由度があり、これら座標を指定すればzが定まり曲面上の点を指定できるからである。例えば、$x=1, y=2$ と指定すると $z=5$ が定まり

$$\vec{r} = \begin{pmatrix} x \\ y \\ x^2 + y^2 \end{pmatrix} = \begin{pmatrix} 1 \\ 2 \\ 5 \end{pmatrix}$$

という位置ベクトルが指定できる。この点は $z = x^2 + y^2$ という曲面上に位置している。

演習 3-10 3次元空間で、原点を中心にして半径が1の球面の位置ベクトルを示せ。

解) 中心が原点で半径1の球の方程式は

$$x^2 + y^2 + z^2 = 1$$

である。よって

$$z = \pm\sqrt{1 - x^2 - y^2}$$

となるから位置ベクトルは、上半球と下半球でそれぞれ

$$\vec{r} = \begin{pmatrix} x \\ y \\ \sqrt{1-x^2-y^2} \end{pmatrix} \qquad \vec{r} = \begin{pmatrix} x \\ y \\ -\sqrt{1-x^2-y^2} \end{pmatrix}$$

となる。

3.9.2. 曲面のパラメータ表示

前節では、x, y, z の直交座標をそのまま用いたが、曲線と同様に曲面の場合も適当なパラメータを使って位置ベクトルを表現することができる。むしろ、こちらの方が汎用性が高い。復習すると、3次元空間における任意の曲線上の点の位置ベクトルは

$$\vec{r}(t) = \begin{pmatrix} x(t) \\ y(t) \\ z(t) \end{pmatrix}$$

のように1個のパラメータ t で表現することができた。これは線であるから、1個の自由度しかないことに対応している。それでは面の場合はどうであろうか。この場合は、2個の自由度があるので

$$\vec{r}(u,v) = \begin{pmatrix} x(u,v) \\ y(u,v) \\ z(u,v) \end{pmatrix}$$

のように、u と v の2個のパラメータを使う必要がある。実は、前節で紹介した曲面の位置ベクトルは、たまたまパラメータ u, v として直交座標の x, y を採用した場合とみなすこともできる。つまり

$$\vec{r}(x,y) = \begin{pmatrix} x(x,y) \\ y(x,y) \\ z(x,y) \end{pmatrix} = \begin{pmatrix} x \\ y \\ z(x,y) \end{pmatrix}$$

となる。3次元空間の位置ベクトルであるにもかかわらず、あたかも x, y だけの関数であるような表記で誤解を招きやすいが、曲面を表現するためには2個のパラメータが必要であり、それが、たまたま x, y という観点でみればよいのである。よって半径1の球面の上半球の位置ベクトルは

$$\vec{r}(x,y) = \begin{pmatrix} x \\ y \\ \sqrt{1-x^2-y^2} \end{pmatrix} \quad \text{あるいは} \quad \vec{r}(u,v) = \begin{pmatrix} u \\ v \\ \sqrt{1-u^2-v^2} \end{pmatrix}$$

となる。ところで、パラメータ表示は一通りではない。例えば、半径1の球の上半球の場合には

$$\vec{r}(u,v) = \begin{pmatrix} u\cos v \\ u\sin v \\ \sqrt{1-u^2} \end{pmatrix}$$

のようなパラメータ表示をすることも可能である。この事実だけでも、パラメータ表示の汎用性が高いことが理解できよう。

第 4 章　ベクトルの内積と外積の演算

　ベクトル計算においては、内積と外積を自由に組み合わせることができる。教科書を開くと、内積と外積が複雑にからみあったベクトル演算式が出てきて困惑するひとも多かろう。

　原理的には 100 個でも 1000 個でも、異なるベクトルの外積や内積を計算することが可能であるし、その外積と、別なベクトルの内積をとることも可能である。問題は、そのような演算が理工系への応用において意味があるかどうかであろう。ここでは、ベクトル解析において重要となる代表的なものを紹介する。

4.1.　スカラー3重積

　3 個の 3 次元ベクトルがある時

$$\vec{a} \cdot (\vec{b} \times \vec{c})$$

を**スカラー3重積** (scalar triple product) と呼んでいる。図形への応用においては、この絶対値がこれら 3 個のベクトルを辺とする平行六面体の体積を与える。この結果を得るために、まず図 4-1 で外積の意味を考えてみよう。

　前章の外積の項で説明したように

$$\vec{b} \times \vec{c}$$

という外積ベクトルの大きさ、つまり絶対値

第4章 ベクトルの内積と外積の演算

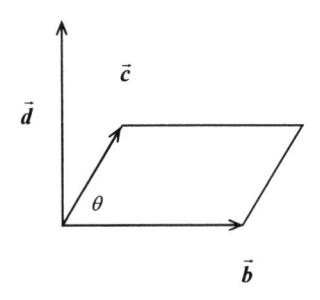

図 4-1

$$\left|\vec{b}\times\vec{c}\right|$$

は、ベクトル $\vec{b}$ とベクトル $\vec{c}$ を 2 辺とする平行四辺形の面積を与える。

いま $\vec{d}=\vec{b}\times\vec{c}$ と置くと、ベクトル $\vec{d}$ の方向は、ベクトル $\vec{b}$ とベクトル $\vec{c}$ を含む平面に対して垂直の方向となる。ここで、ベクトル $\vec{b}$ とベクトル $\vec{c}$ が張る平面を xy 平面とすると

$$\vec{b}=\begin{pmatrix}b_x\\b_y\\0\end{pmatrix}\quad \vec{c}=\begin{pmatrix}c_x\\c_y\\0\end{pmatrix}\quad \vec{b}\times\vec{c}=\begin{pmatrix}b_yc_z-b_zc_y\\b_zc_x-b_xc_z\\b_xc_y-b_yc_x\end{pmatrix}=\begin{pmatrix}0\\0\\b_xc_y-b_yc_x\end{pmatrix}$$

と置くことができる[1]。

$$\vec{d}=\vec{b}\times\vec{c}=\left|\vec{d}\right|\vec{e}_z=\left|b_xc_y-b_yc_x\right|\vec{e}_z$$

ただし

$$\left|\vec{d}\right|=\left|b_xc_y-b_yc_x\right|$$

---

[1] このような条件を課しても一般性は失われない。

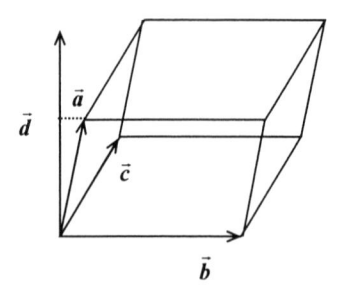

図 4-2

は平行四辺形の面積である。ここで

$$\vec{a} \cdot (\vec{b} \times \vec{c}) = \vec{a} \cdot \vec{d} = \vec{a} \cdot |\vec{d}|\vec{e}_z = |\vec{d}|\vec{a} \cdot \vec{e}_z = |\vec{d}|a_z$$

となり、平行四辺形の面積に、ベクトル $\vec{a}$ の z 成分、つまり平行六面体の高さをかけたものとなる。これは、図 4-2 のような平行六面体の体積となる。ただし、a_z が正とは限らないので、正しくは、その絶対値をとる必要がある。

それでは、つぎにその値を計算してみよう。このため、外積の行列表示を思い出してみよう。それは

$$\vec{b} \times \vec{c} = \begin{vmatrix} \vec{e}_x & \vec{e}_y & \vec{e}_z \\ b_x & b_y & b_z \\ c_x & c_y & c_z \end{vmatrix} = \vec{e}_x \begin{vmatrix} b_y & b_z \\ c_y & c_z \end{vmatrix} - \vec{e}_y \begin{vmatrix} b_x & b_z \\ c_x & c_z \end{vmatrix} + \vec{e}_z \begin{vmatrix} b_x & b_y \\ c_x & c_y \end{vmatrix}$$

であった。これと対比させて

$$\begin{vmatrix} a_x & a_y & a_z \\ b_x & b_y & b_z \\ c_x & c_y & c_z \end{vmatrix} = a_x \begin{vmatrix} b_y & b_z \\ c_y & c_z \end{vmatrix} - a_y \begin{vmatrix} b_x & b_z \\ c_x & c_z \end{vmatrix} + a_z \begin{vmatrix} b_x & b_y \\ c_x & c_y \end{vmatrix}$$

という行列式を並べてみよう。下の行列式になるためには、上のベクトル

第4章　ベクトルの内積と外積の演算

とベクトル $\vec{a}$ の内積をとればよい。つまり

$$\vec{a} \cdot (\vec{b} \times \vec{c}) = (a_x \vec{e}_x + a_y \vec{e}_y + a_z \vec{e}_z) \cdot \left(\vec{e}_x \begin{vmatrix} b_y & b_z \\ c_y & c_z \end{vmatrix} - \vec{e}_y \begin{vmatrix} b_x & b_z \\ c_x & c_z \end{vmatrix} + \vec{e}_z \begin{vmatrix} b_x & b_y \\ c_x & c_y \end{vmatrix} \right)$$

$$= a_x \begin{vmatrix} b_y & b_z \\ c_y & c_z \end{vmatrix} - a_y \begin{vmatrix} b_x & b_z \\ c_x & c_z \end{vmatrix} + a_z \begin{vmatrix} b_x & b_y \\ c_x & c_y \end{vmatrix}$$

と計算できる。よって

$$\vec{a} \cdot (\vec{b} \times \vec{c}) = \begin{vmatrix} a_x & a_y & a_z \\ b_x & b_y & b_z \\ c_x & c_y & c_z \end{vmatrix}$$

という関係にある。これを計算すれば

$$\vec{a} \cdot (\vec{b} \times \vec{c}) = \begin{vmatrix} a_x & a_y & a_z \\ b_x & b_y & b_z \\ c_x & c_y & c_z \end{vmatrix} = a_x \begin{vmatrix} b_y & b_z \\ c_y & c_z \end{vmatrix} - a_y \begin{vmatrix} b_x & b_z \\ c_x & c_z \end{vmatrix} + a_z \begin{vmatrix} b_x & b_y \\ c_x & c_y \end{vmatrix}$$

$$= a_x (b_y c_z - b_z c_y) - a_y (b_x c_z - b_z c_x) + a_z (b_x c_y - b_y c_x)$$

$$= a_x b_y c_z + a_y b_z c_x + a_z b_x c_y - a_x b_z c_y - a_y b_x c_z - a_z b_y c_x$$

となる。これがスカラー3重積の成分による表示である。ここで、スカラー3重積は、厳密な意味ではスカラー積ではないことに注意する。なぜなら

$$\vec{a} \cdot (\vec{c} \times \vec{b}) = \begin{vmatrix} a_x & a_y & a_z \\ c_x & c_y & c_z \\ b_x & b_y & b_z \end{vmatrix} = - \begin{vmatrix} a_x & a_y & a_z \\ b_x & b_y & b_z \\ c_x & c_y & c_z \end{vmatrix} = -\vec{a} \cdot (\vec{b} \times \vec{c})$$

となって、ベクトル積の順番を入れ換えると符号が反転するからである。よって、平行六面体の体積を与えるためには、すでに説明したように

$$\left|\vec{a} \cdot (\vec{b} \times \vec{c})\right|$$

のように3重積の絶対値をとる必要がある。

演習 4-1 3個のベクトル $\vec{a}(2, 3, 4)$, $\vec{b}(2, 0, 1)$, $\vec{c}(1, 2, 0)$ によって作られる平行六面体の体積を求めよ。

解) これらベクトルのスカラー3重積を計算し、その絶対値をとればよい。よって

$$\vec{a} \cdot (\vec{b} \times \vec{c}) = \begin{vmatrix} a_x & a_y & a_z \\ b_x & b_y & b_z \\ c_x & c_y & c_z \end{vmatrix} = \begin{vmatrix} 2 & 3 & 4 \\ 2 & 0 & 1 \\ 1 & 2 & 0 \end{vmatrix} = 2\begin{vmatrix} 0 & 1 \\ 2 & 0 \end{vmatrix} - 3\begin{vmatrix} 2 & 1 \\ 1 & 0 \end{vmatrix} + 4\begin{vmatrix} 2 & 0 \\ 1 & 2 \end{vmatrix}$$
$$= 2(0-2) - 3(0-1) + 4(4-0) = -4 + 3 + 16 = 15$$

となり、平行六面体の体積は15となる。

演習 4-2 3個のベクトル $\vec{a}(2, 0, 0)$, $\vec{b}(0, 3, 0)$, $\vec{c}(0, 0, 4)$ によって作られる平行六面体の体積を求めよ。

解) これらベクトルのスカラー3重積を計算し、その絶対値をとればよい。よって

$$\vec{a} \cdot (\vec{b} \times \vec{c}) = \begin{vmatrix} a_x & a_y & a_z \\ b_x & b_y & b_z \\ c_x & c_y & c_z \end{vmatrix} = \begin{vmatrix} 2 & 0 & 0 \\ 0 & 3 & 0 \\ 0 & 0 & 4 \end{vmatrix} = 2\begin{vmatrix} 3 & 0 \\ 0 & 4 \end{vmatrix} = 2 \times 12 = 24$$

となり、平行六面体の体積は24となる。

もちろん、この場合は辺の長さが 2, 3, 4 の直方体であるから、ベクトル演算をしなくとも、その体積が $2 \times 3 \times 4 = 24$ となることは自明である。

演習 4-3 $(\vec{a} \times \vec{b}) \cdot \vec{c}$ の値を求めよ。

解) 外積を行列式で表示すると

$$\vec{a} \times \vec{b} = \begin{vmatrix} \vec{e}_x & \vec{e}_y & \vec{e}_z \\ a_x & a_y & a_z \\ b_x & b_y & b_z \end{vmatrix} = \vec{e}_x \begin{vmatrix} a_y & a_z \\ b_y & b_z \end{vmatrix} - \vec{e}_y \begin{vmatrix} a_x & a_z \\ b_x & b_z \end{vmatrix} + \vec{e}_z \begin{vmatrix} a_x & a_y \\ b_x & b_y \end{vmatrix}$$

であるから

$$(\vec{a} \times \vec{b}) \cdot \vec{c} = c_x \begin{vmatrix} a_y & a_z \\ b_y & b_z \end{vmatrix} - c_y \begin{vmatrix} a_x & a_z \\ b_x & b_z \end{vmatrix} + c_z \begin{vmatrix} a_x & a_y \\ b_x & b_y \end{vmatrix} = \begin{vmatrix} c_x & c_y & c_z \\ a_x & a_y & a_z \\ b_x & b_y & b_z \end{vmatrix}$$

となる。ここで行列式においては、行の入れ換えで符号は反転するので

$$(\vec{a} \times \vec{b}) \cdot \vec{c} = \begin{vmatrix} c_x & c_y & c_z \\ a_x & a_y & a_z \\ b_x & b_y & b_z \end{vmatrix} = -\begin{vmatrix} b_x & b_y & b_z \\ a_x & a_y & a_z \\ c_x & c_y & c_z \end{vmatrix} = \begin{vmatrix} a_x & a_y & a_z \\ b_x & b_y & b_z \\ c_x & c_y & c_z \end{vmatrix} = \vec{a} \cdot (\vec{b} \times \vec{c})$$

となる。

演習 4-4 つぎの関係が成立することを確かめよ。

$$\vec{a} \cdot (\vec{b} \times \vec{c}) = \vec{b} \cdot (\vec{c} \times \vec{a}) = \vec{c} \cdot (\vec{a} \times \vec{b})$$

解）

$$\vec{a}\cdot(\vec{b}\times\vec{c}) = \begin{vmatrix} a_x & a_y & a_z \\ b_x & b_y & b_z \\ c_x & c_y & c_z \end{vmatrix}$$

であった。よって

$$\vec{b}\cdot(\vec{c}\times\vec{a}) = \begin{vmatrix} b_x & b_y & b_z \\ c_x & c_y & c_z \\ a_x & a_y & a_z \end{vmatrix} \qquad \vec{c}\cdot(\vec{a}\times\vec{b}) = \begin{vmatrix} c_x & c_y & c_z \\ a_x & a_y & a_z \\ b_x & b_y & b_z \end{vmatrix}$$

となるが、いずれの行列式も**演習 4-3** と同様に 2 回の行の入れ替えで $\vec{a}\cdot(\vec{b}\times\vec{c})$ の行列式と同じかたちになる。よって、すべて同じ値を与えることが分かる。

4.2. ベクトル3重積

この章の冒頭で紹介したように、ある 2 つのベクトルの外積と、さらに別のベクトルの外積をとることが可能である。このベクトルの数はいくらでも増やすことができる。そこで、もっとも簡単な、外積ベクトルと新たなベクトルとの外積

$$\vec{a}\times(\vec{b}\times\vec{c})$$

を考えてみよう。これはスカラー3重積に対して、**ベクトル3重積**（vector triple product）と呼ばれている。この計算は

$$\vec{d} = \vec{b}\times\vec{c}$$

という外積ベクトル $\vec{d} = \vec{b}\times\vec{c}$ と、ベクトル $\vec{a}$ との外積をとればよいので、地道に計算すれば値を求めることができる。成分で書けば

第4章　ベクトルの内積と外積の演算

$$\vec{a} \times \vec{d} = \begin{pmatrix} a_y d_z - a_z d_y \\ a_z d_x - a_x d_z \\ a_x d_y - a_y d_x \end{pmatrix}$$

ここで

$$\vec{d} = \begin{pmatrix} d_x \\ d_y \\ d_z \end{pmatrix} \qquad \vec{d} = \vec{b} \times \vec{c} = \begin{pmatrix} b_y c_z - b_z c_y \\ b_z c_x - b_x c_z \\ b_x c_y - b_y c_x \end{pmatrix}$$

であるから、少々煩雑ではあるが成分で示せば

$$\vec{a} \times (\vec{b} \times \vec{c}) = \begin{pmatrix} a_y(b_x c_y - b_y c_x) - a_z(b_z c_x - b_x c_z) \\ a_z(b_y c_z - b_z c_y) - a_x(b_x c_y - b_y c_x) \\ a_x(b_z c_x - b_x c_z) - a_y(b_y c_z - b_z c_y) \end{pmatrix}$$

となる。これで計算は終わりであるが、ベクトル 3 重積に関しては、内積をつかって表現できることが知られているので、それを紹介しておこう。

$$\vec{a} \cdot \vec{c} = a_x c_x + a_y c_y + a_z c_z$$

$$\vec{a} \cdot \vec{b} = a_x b_x + a_y b_y + a_z b_z$$

であるから

$$(\vec{a} \cdot \vec{c})\vec{b} = (a_x c_x + a_y c_y + a_z c_z)\begin{pmatrix} b_x \\ b_y \\ b_z \end{pmatrix}$$

$$(\vec{a} \cdot \vec{b})\vec{c} = (a_x b_x + a_y b_y + a_z b_z)\begin{pmatrix} c_x \\ c_y \\ c_z \end{pmatrix}$$

というベクトルで

$$(\vec{a} \cdot \vec{c})\vec{b} - (\vec{a} \cdot \vec{b})\vec{c}$$

を計算してみよう。

この x 成分は

$$a_x b_x c_x + a_y b_x c_y + a_z b_x c_z - (a_x b_x c_x + a_y b_y c_x + a_z b_z c_x)$$
$$= a_y(b_x c_y - b_y c_x) + a_z(b_x c_z - b_z c_x)$$

となり、y 成分は

$$a_x b_y c_x + a_y b_y c_y + a_z b_y c_z - (a_x b_x c_y + a_y b_y c_y + a_z b_z c_y)$$
$$= a_x(b_y c_x - b_x c_y) + a_z(b_y c_z - b_z c_y)$$

z 成分は

$$a_x b_z c_x + a_y b_z c_y + a_z b_z c_z - (a_x b_x c_z + a_y b_y c_z + a_z b_z c_z)$$
$$= a_x(b_z c_x - b_x c_z) + a_y(b_z c_y - b_y c_z)$$

よって整理すると

$$(\vec{a} \cdot \vec{c})\vec{b} - (\vec{a} \cdot \vec{b})\vec{c} = \begin{pmatrix} a_y(b_x c_y - b_y c_x) - a_z(b_z c_x - b_x c_z) \\ a_z(b_y c_z - b_z c_y) - a_x(b_x c_y - b_y c_x) \\ a_x(b_z c_x - b_x c_z) - a_y(b_y c_z - b_z c_y) \end{pmatrix}$$

これを先ほどの $\vec{a} \times (\vec{b} \times \vec{c})$ の計算結果と比較すると、まったく同じベクトルであることが分かる。よって

$$\vec{a} \times (\vec{b} \times \vec{c}) = (\vec{a} \cdot \vec{c})\vec{b} - (\vec{a} \cdot \vec{b})\vec{c}$$

という関係が成立することが分かる。

ここで、この公式を別の視点で捉えてみよう。まず、右辺はベクトル $\vec{b}$ とベクトル $\vec{c}$ の線形結合（$x\vec{b} + y\vec{c}$）となっている。つまり、図 4-3 に示すように、このベクトルは、これらベクトルが張る平面内に位置することにな

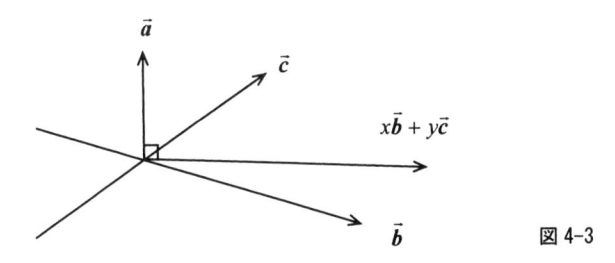

第4章　ベクトルの内積と外積の演算

図4-3

る。これは、ベクトル $\vec{b} \times \vec{c}$ の外積は、このベクトルに直交するという条件から出てくる。

一方、右辺のベクトルは、ベクトル $\vec{a}$ の外積でもあるから、これらベクトルは直交することになる。つまり

$$\vec{a} \perp (x\vec{b} + y\vec{c})$$

となるが、この関係を内積を使って表現すれば

$$\vec{a} \cdot (x\vec{b} + y\vec{c}) = 0$$

となる。よって

$$x(\vec{a} \cdot \vec{b}) + y(\vec{a} \cdot \vec{c}) = 0$$

これより、x と y は

$$\frac{x}{(\vec{a} \cdot \vec{c})} = -\frac{y}{(\vec{a} \cdot \vec{b})}$$

という関係を満足する。この式を満足する x, y は無数にあるが、上の等式が成立するのは

$$x = (\vec{a} \cdot \vec{c}) \qquad y = -(\vec{a} \cdot \vec{b})$$

である。よって
$$\vec{a} \times (\vec{b} \times \vec{c}) = x\vec{b} + y\vec{c} = (\vec{a} \cdot \vec{c})\vec{b} - (\vec{a} \cdot \vec{b})\vec{c}$$
となる。

演習 4-5 つぎの外積の演算
$$(\vec{a} \times \vec{b}) \times \vec{c}$$
を内積を使って表現せよ。

解) $\vec{a} \times (\vec{b} \times \vec{c}) = (\vec{a} \cdot \vec{c})\vec{b} - (\vec{a} \cdot \vec{b})\vec{c}$ という関係式を利用してみよう。外積の性質から
$$(\vec{a} \times \vec{b}) \times \vec{c} = -\vec{c} \times (\vec{a} \times \vec{b})$$
である。ここで
$$\vec{c} \times (\vec{a} \times \vec{b}) = \vec{a}(\vec{c} \cdot \vec{b}) - \vec{b}(\vec{c} \cdot \vec{a})$$
という関係にあるから
$$(\vec{a} \times \vec{b}) \times \vec{c} = -\vec{c} \times (\vec{a} \times \vec{b}) = \vec{b}(\vec{c} \cdot \vec{a}) - \vec{a}(\vec{c} \cdot \vec{b})$$
整理すると
$$(\vec{a} \times \vec{b}) \times \vec{c} = \vec{b}(\vec{a} \cdot \vec{c}) - \vec{a}(\vec{b} \cdot \vec{c})$$
となる。

演習 4-6 つぎの外積ベクトルの和
$$\vec{a} \times (\vec{b} \times \vec{c}) + \vec{b} \times (\vec{c} \times \vec{a}) + \vec{c} \times (\vec{a} \times \vec{b})$$
を計算せよ。

第4章　ベクトルの内積と外積の演算

解）　$\vec{a}\times(\vec{b}\times\vec{c}) = \vec{b}(\vec{a}\cdot\vec{c}) - \vec{c}(\vec{a}\cdot\vec{b})$ という関係式を利用してみよう。すると

$$\vec{a}\times(\vec{b}\times\vec{c}) = \vec{b}(\vec{a}\cdot\vec{c}) - \vec{c}(\vec{a}\cdot\vec{b})$$
$$\vec{b}\times(\vec{c}\times\vec{a}) = \vec{c}(\vec{b}\cdot\vec{a}) - \vec{a}(\vec{b}\cdot\vec{c})$$
$$\vec{c}\times(\vec{a}\times\vec{b}) = \vec{a}(\vec{c}\cdot\vec{b}) - \vec{b}(\vec{c}\cdot\vec{a})$$

よって

$$\vec{a}\times(\vec{b}\times\vec{c}) + \vec{b}\times(\vec{c}\times\vec{a}) + \vec{c}\times(\vec{a}\times\vec{b})$$
$$= \vec{a}\{(\vec{c}\cdot\vec{b}) - (\vec{b}\cdot\vec{c})\} + \vec{b}\{(\vec{a}\cdot\vec{c}) - (\vec{c}\cdot\vec{a})\} + \vec{c}\{(\vec{b}\cdot\vec{a}) - (\vec{a}\cdot\vec{b})\} = 0\vec{a} + 0\vec{b} + 0\vec{c} = \vec{0}$$

となりゼロベクトルとなる。

演習 4-7　3個のベクトル $\vec{a}(2, 3, 4)$，$\vec{b}(2, 0, 1)$，$\vec{c}(1, 2, 0)$ のベクトル3重積 $\vec{a}\times(\vec{b}\times\vec{c})$ を求めよ。

解）　$\vec{a}\times(\vec{b}\times\vec{c}) = \vec{b}(\vec{a}\cdot\vec{c}) - \vec{c}(\vec{a}\cdot\vec{b})$ という関係式を利用すると

$$(\vec{a}\cdot\vec{c}) = (2\ \ 3\ \ 4)\begin{pmatrix}1\\2\\0\end{pmatrix} = 2+6+0 = 8 \qquad (\vec{a}\cdot\vec{b}) = (2\ \ 3\ \ 4)\begin{pmatrix}2\\0\\1\end{pmatrix} = 4+0+4 = 8$$

であるから

$$\vec{a}\times(\vec{b}\times\vec{c}) = \vec{b}(\vec{a}\cdot\vec{c}) - \vec{c}(\vec{a}\cdot\vec{b}) = 8\vec{b} - 8\vec{c} = \begin{pmatrix}16\\0\\8\end{pmatrix} - \begin{pmatrix}8\\16\\0\end{pmatrix} = \begin{pmatrix}8\\-16\\8\end{pmatrix} = 8\begin{pmatrix}1\\-2\\1\end{pmatrix}$$

となる。

検算の意味で、内積を使わずに、外積演算だけで、直接、この値を求め

てみよう。$\vec{a}(2, 3, 4)$，$\vec{b}(2, 0, 1)$，$\vec{c}(1, 2, 0)$ において

$$\vec{b} \times \vec{c} = \begin{pmatrix} 0 \times 0 - 1 \times 2 \\ 1 \times 1 - 2 \times 0 \\ 2 \times 2 - 0 \times 1 \end{pmatrix} = \begin{pmatrix} -2 \\ 1 \\ 4 \end{pmatrix}$$

$$\vec{a} \times (\vec{b} \times \vec{c}) = \begin{pmatrix} 3 \times 4 - 4 \times 1 \\ 4 \times (-2) - 2 \times 4 \\ 2 \times 1 - 3 \times (-2) \end{pmatrix} = \begin{pmatrix} 8 \\ -16 \\ 8 \end{pmatrix} = 8 \begin{pmatrix} 1 \\ -2 \\ 1 \end{pmatrix}$$

となって確かに同じ答えが得られる。

4.3. 外積どうしの内積

つぎに、外積と外積の内積を計算してみよう。

$$(\vec{a} \times \vec{b}) \cdot (\vec{c} \times \vec{d})$$

外積はベクトルであるが、ベクトルどうしの内積はスカラーになるので、この値はスカラーとなることにまず注意する。

外積を成分で表示すると

$$\vec{a} \times \vec{b} = \begin{pmatrix} a_y b_z - a_z b_y \\ a_z b_x - a_x b_z \\ a_x b_y - a_y b_x \end{pmatrix} \qquad \vec{c} \times \vec{d} = \begin{pmatrix} c_y d_z - c_z d_y \\ c_z d_x - c_x d_z \\ c_x d_y - c_y d_x \end{pmatrix}$$

となる。よって、その内積は

$$(\vec{a} \times \vec{b}) \cdot (\vec{c} \times \vec{d}) = (a_y b_z - a_z b_y)(c_y d_z - c_z d_y)$$
$$+ (a_z b_x - a_x b_z)(c_z d_x - c_x d_z) + (a_x b_y - a_y b_x)(c_x d_y - c_y d_x)$$

第4章 ベクトルの内積と外積の演算

ここで、内積として

$$\vec{a}\cdot\vec{c} = a_x c_x + a_y c_y + a_z c_z \qquad \vec{b}\cdot\vec{d} = b_x d_x + b_y d_y + b_z d_z$$
$$\vec{a}\cdot\vec{d} = a_x d_x + a_y d_y + a_z d_z \qquad \vec{b}\cdot\vec{c} = b_x c_x + b_y c_y + b_z c_z$$

を選び、つぎの積を計算してみる。

$$(\vec{a}\cdot\vec{c})(\vec{b}\cdot\vec{d}) = (a_x c_x + a_y c_y + a_z c_z)(b_x d_x + b_y d_y + b_z d_z)$$
$$(\vec{a}\cdot\vec{d})(\vec{b}\cdot\vec{c}) = (a_x d_x + a_y d_y + a_z d_z)(b_x c_x + b_y c_y + b_z c_z)$$

少々時間はかかるが、上の内積から、下の内積を引くと

$$(\vec{a}\cdot\vec{c})(\vec{b}\cdot\vec{d}) - (\vec{a}\cdot\vec{d})(\vec{b}\cdot\vec{c}) = (a_y b_z - a_z b_y)(c_y d_z - c_z d_y)$$
$$+ (a_z b_x - a_x b_z)(c_z d_x - c_x d_z) + (a_x b_y - a_y b_x)(c_x d_y - c_y d_x)$$

となり

$$\boxed{(\vec{a}\times\vec{b})\cdot(\vec{c}\times\vec{d}) = (\vec{a}\cdot\vec{c})(\vec{b}\cdot\vec{d}) - (\vec{a}\cdot\vec{d})(\vec{b}\cdot\vec{c})}$$

という関係が成立することが分かる。この関係を**ラグランジュの恒等式** (Lagrange's identity) と呼んでいる。このように、成分ごとの地道な計算をすることで、ベクトル演算の公式を確かめるのも重要である。

ここでは、別な証明方法も紹介しておこう。演習4-4より

$$\vec{a}\cdot(\vec{b}\times\vec{c}) = \vec{b}\cdot(\vec{c}\times\vec{a})$$

という関係が成立している。これを今の式に適用すると

$$(\vec{a} \times \vec{b}) \cdot (\vec{c} \times \vec{d}) = \vec{c} \cdot (\vec{d} \times (\vec{a} \times \vec{b}))$$

と変形できる。

つぎに前節の結果を利用する。すると

$$\vec{d} \times (\vec{a} \times \vec{b}) = \vec{a}(\vec{d} \cdot \vec{b}) - \vec{b}(\vec{d} \cdot \vec{a})$$

であるから、これを右辺に代入する。

$$(\vec{a} \times \vec{b}) \cdot (\vec{c} \times \vec{d}) = \vec{c} \cdot (\vec{d} \times (\vec{a} \times \vec{b})) = \vec{c} \cdot [\vec{a}(\vec{d} \cdot \vec{b}) - \vec{b}(\vec{d} \cdot \vec{a})]$$

これを計算すれば

$$(\vec{a} \times \vec{b}) \cdot (\vec{c} \times \vec{d}) = (\vec{c} \cdot \vec{a})(\vec{d} \cdot \vec{b}) - (\vec{c} \cdot \vec{b})(\vec{d} \cdot \vec{a})$$

となるが、内積の順番は自由に変えられるから

$$(\vec{a} \times \vec{b}) \cdot (\vec{c} \times \vec{d}) = (\vec{a} \cdot \vec{c})(\vec{b} \cdot \vec{d}) - (\vec{a} \cdot \vec{d})(\vec{b} \cdot \vec{c})$$

となり、成分計算では大変な労力を必要としたが、いとも簡単に答えを出すことができる。ただし、ベクトル演算では、公式に公式を重ねて結果を導くことが多いので、途中で何をしているのか分からなくなって、自分を見失うことがあるので注意を要する。

演習 4-8 外積ベクトル自身の内積 $(\vec{a} \times \vec{b})^2$ を計算せよ。

解)

$$(\vec{a} \times \vec{b}) \cdot (\vec{c} \times \vec{d}) = (\vec{a} \cdot \vec{c})(\vec{b} \cdot \vec{d}) - (\vec{a} \cdot \vec{d})(\vec{b} \cdot \vec{c})$$

であるから

$$(\vec{a}\times\vec{b})^2 = (\vec{a}\times\vec{b})\cdot(\vec{a}\times\vec{b}) = (\vec{a}\cdot\vec{a})(\vec{b}\cdot\vec{b}) - (\vec{a}\cdot\vec{b})(\vec{b}\cdot\vec{a})$$

$$= |\vec{a}|^2|\vec{b}|^2 - (\vec{a}\cdot\vec{b})^2$$

となる。

ついでに、この式をさらに変形してみよう。

$$(\vec{a}\cdot\vec{b}) = |\vec{a}||\vec{b}|\cos\theta$$

であるから

$$(\vec{a}\times\vec{b})^2 = |\vec{a}|^2|\vec{b}|^2 - (\vec{a}\cdot\vec{b})^2 = |\vec{a}|^2|\vec{b}|^2 - |\vec{a}|^2|\vec{b}|^2\cos^2\theta = |\vec{a}|^2|\vec{b}|^2(1-\cos^2\theta)$$

$$= |\vec{a}|^2|\vec{b}|^2\sin^2\theta$$

よって

$$(\vec{a}\times\vec{b})^2 = |\vec{a}|^2|\vec{b}|^2\sin^2\theta \qquad |\vec{a}\times\vec{b}| = |\vec{a}||\vec{b}|\sin\theta \qquad (0\leq\theta\leq\pi)$$

となることが分かる。これは、第2章で紹介したように、外積の大きさが、ふたつのベクトルがつくる平行四辺形の面積に相当することを示している。

演習 4-9 4個のベクトル $\vec{a}(2,3,4)$, $\vec{b}(2,0,1)$, $\vec{c}(1,2,0)$, $\vec{d}(1,1,1)$ のベクトルにおいて
$$(\vec{a}\times\vec{b})\cdot(\vec{c}\times\vec{d})$$
を求めよ。

解) $(\vec{a}\times\vec{b})\cdot(\vec{c}\times\vec{d}) = (\vec{a}\cdot\vec{c})(\vec{b}\cdot\vec{d}) - (\vec{a}\cdot\vec{d})(\vec{b}\cdot\vec{c})$ を利用する。

$$(\vec{a}\cdot\vec{c}) = (2\quad 3\quad 4)\begin{pmatrix}1\\2\\0\end{pmatrix} = 2+6+0 = 8 \qquad (\vec{b}\cdot\vec{d}) = (2\quad 0\quad 1)\begin{pmatrix}1\\1\\1\end{pmatrix} = 2+0+1 = 3$$

$$(\vec{a}\cdot\vec{d}) = (2\quad 3\quad 4)\begin{pmatrix}1\\1\\1\end{pmatrix} = 2+3+4 = 9 \qquad (\vec{b}\cdot\vec{c}) = (2\quad 0\quad 1)\begin{pmatrix}1\\2\\0\end{pmatrix} = 2+0+0 = 2$$

よって

$$(\vec{a}\times\vec{b})\cdot(\vec{c}\times\vec{d}) = (\vec{a}\cdot\vec{c})(\vec{b}\cdot\vec{d}) - (\vec{a}\cdot\vec{d})(\vec{b}\cdot\vec{c}) = 8\times 3 - 9\times 2 = 6$$

となる。

ここで検算の意味で、直接外積を計算してみよう。すると $\vec{a}(2,3,4)$，$\vec{b}(2,0,1)$，$\vec{c}(1,2,0)$，$\vec{d}(1,1,1)$ において

$$\vec{a}\times\vec{b} = \begin{pmatrix}3\times 1 - 4\times 0\\ 4\times 2 - 2\times 1\\ 2\times 0 - 3\times 2\end{pmatrix} = \begin{pmatrix}3\\6\\-6\end{pmatrix} \qquad \vec{c}\times\vec{d} = \begin{pmatrix}2\times 1 - 0\times 1\\ 0\times 1 - 1\times 1\\ 1\times 1 - 2\times 1\end{pmatrix} = \begin{pmatrix}2\\-1\\-1\end{pmatrix}$$

よって

$$(\vec{a}\times\vec{b})\cdot(\vec{c}\times\vec{d}) = (3\quad 6\quad -6)\begin{pmatrix}2\\-1\\-1\end{pmatrix} = 6-6+6 = 6$$

となって、確かに同じ答えが得られる。

以上で、ベクトルの内積と外積の代表的な演算はすべて説明した。もちろん、この他にも、さらに複雑なベクトル演算は可能であるが、本章で紹介した基礎演算を利用すれば、原理的にはすべてのベクトル計算が可能となる。

第5章　ベクトルの微分

　ベクトルが、2次元平面や3次元空間において、力や速度などの物理量を表現するのに使われるという話をした。とすれば、ベクトルの**微分** (differentiation) や**積分** (integration) はどうなるのであろうか。
　もちろん、ベクトルの**微積分** (calculus) は自由に行うことができる。もともと、速度ベクトル ($\vec{v}$) 自体が位置ベクトル ($\vec{r}$) の時間微分である。

5.1. ベクトルの微分

ここで微分の定義を思い出すと、ある関数 $f(x)$ の微分とは

$$\frac{df(x)}{dx} = \lim_{\Delta x \to 0} \frac{f(x+\Delta x) - f(x)}{\Delta x}$$

であった。例えば

$$f(x) = x^2$$

とすると

$$\frac{df(x)}{dx} = \lim_{\Delta x \to 0} \frac{f(x+\Delta x) - f(x)}{\Delta x} = \lim_{\Delta x \to 0} \frac{(x+\Delta x)^2 - x^2}{\Delta x}$$

$$= \lim_{\Delta x \to 0} \frac{2x\Delta x + (\Delta x)^2}{\Delta x} = \lim_{\Delta x \to 0} (2x + \Delta x) = 2x$$

となる。関数の微分は幾何学的には、この曲線の傾きを与える。
　この考え方を、そのまま速度ベクトルにあてはめると

$$\vec{v} = \frac{d\vec{r}(t)}{dt} = \lim_{\Delta t \to 0} \frac{\vec{r}(t+\Delta t) - \vec{r}(t)}{\Delta t}$$

となる。ここで、ベクトルの微分は、図 5-1 に示すように、成分ごとに分けて考えればよい。

すなわち $\vec{v} = \begin{pmatrix} v_x \\ v_y \end{pmatrix}$, $\vec{r} = \begin{pmatrix} r_x \\ r_y \end{pmatrix}$ とすると

$$v_x = \frac{dr_x(t)}{dt} = \lim_{\Delta t \to 0} \frac{r_x(t+\Delta t) - r_x(t)}{\Delta t}$$

$$v_y = \frac{dr_y(t)}{dt} = \lim_{\Delta t \to 0} \frac{r_y(t+\Delta t) - r_y(t)}{\Delta t}$$

のように成分ごとの微分で与えられる。3次元ベクトルにおいても、まったく同様である。ここで

$$\vec{A} = \begin{pmatrix} A_x \\ A_y \\ A_z \end{pmatrix} \quad \text{とすると} \quad \frac{d\vec{A}}{dt} = \begin{pmatrix} dA_x/dt \\ dA_y/dt \\ dA_z/dt \end{pmatrix}$$

あるいは、ベクトルを単位ベクトルで表示して

$$\vec{A} = A_x \vec{e}_x + A_y \vec{e}_y + A_z \vec{e}_z$$

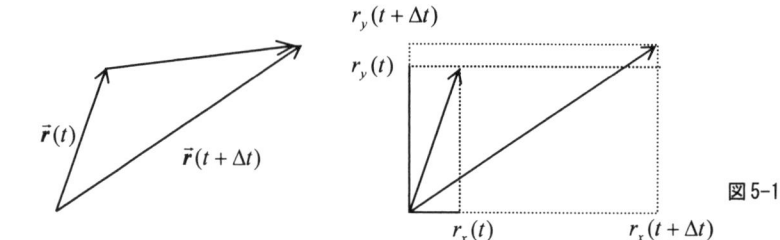

図 5-1

と書くと、その微分は

$$\frac{d\vec{A}}{dt} = \frac{dA_x}{dt}\vec{e}_x + \frac{dA_y}{dt}\vec{e}_y + \frac{dA_z}{dt}\vec{e}_z$$

となる。

演習 5-1 ある物体の位置ベクトルが次のような時間(t) の関数で与えられているとき、このベクトルの微分を求めよ。

$$\vec{r}(t) = \begin{pmatrix} a_x t^2 \\ v_y t \\ v_z t + b \end{pmatrix}$$

解) 成分ごとに微分を求めればよいので

$$\frac{d\vec{r}(t)}{dt} = \begin{pmatrix} 2a_x t \\ v_y \\ v_z \end{pmatrix} \qquad \frac{d^2\vec{r}(t)}{dt^2} = \begin{pmatrix} 2a_x \\ 0 \\ 0 \end{pmatrix}$$

となる。

5.2. 空間曲線の接線ベクトル

第3章で紹介したように、3次元空間における一般の曲線の方程式は、曲線上の点を位置ベクトルで表すと

$$\vec{r} = \begin{pmatrix} x(t) \\ y(t) \\ z(t) \end{pmatrix}$$

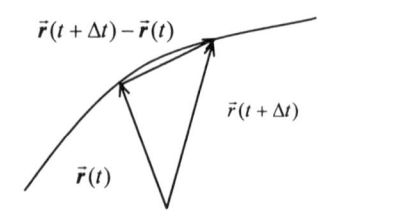

図 5-2

のように、たった 1 個のパラメータ t で、すべての座標を表現することができる。これをパラメータ表示と呼んでいる。この位置からわずかに Δt だけずらした点の位置ベクトルは

$$\vec{r}(t+\Delta t) = \begin{pmatrix} x(t+\Delta t) \\ y(t+\Delta t) \\ z(t+\Delta t) \end{pmatrix}$$

となる。

ここで、これら点を結ぶベクトルは、図 5-2 に示したようにそれぞれのベクトルの引き算を行って

$$\vec{r}(t+\Delta t) - \vec{r}(t) = \begin{pmatrix} x(t+\Delta t) - x(t) \\ y(t+\Delta t) - y(t) \\ z(t+\Delta t) - z(t) \end{pmatrix}$$

と与えられる。ここで、微分を求める計算で行った次のかたちのベクトルを考えてみよう。

$$\frac{\vec{r}(t+\Delta t) - \vec{r}(t)}{\Delta t} = \begin{pmatrix} \dfrac{x(t+\Delta t) - x(t)}{\Delta t} \\ \dfrac{y(t+\Delta t) - y(t)}{\Delta t} \\ \dfrac{z(t+\Delta t) - z(t)}{\Delta t} \end{pmatrix}$$

これは、いまのベクトルに平行なベクトルである。これは、関数の微分を

第5章 ベクトルの微分

計算するときに見慣れた式で、おのおの $\Delta t \to 0$ の極限をとれば

$$\lim_{\Delta t \to 0} \frac{\vec{r}(t+\Delta t)-\vec{r}(t)}{\Delta t} = \frac{d\vec{r}(t)}{dt} = \begin{pmatrix} \lim_{\Delta t \to 0} \dfrac{x(t+\Delta t)-x(t)}{\Delta t} \\ \lim_{\Delta t \to 0} \dfrac{y(t+\Delta t)-y(t)}{\Delta t} \\ \lim_{\Delta t \to 0} \dfrac{z(t+\Delta t)-z(t)}{\Delta t} \end{pmatrix} = \begin{pmatrix} dx/dt \\ dy/dt \\ dz/dt \end{pmatrix}$$

となる。整理すると

$$\frac{d\vec{r}(t)}{dt} = \begin{pmatrix} dx/dt \\ dy/dt \\ dz/dt \end{pmatrix}$$

となって、成分がパラメータ t に関する微分となる。これを導関数と同じように、**導ベクトル** (the derivative of vector) と呼ぶ。あるいは

$$d\vec{r} = \begin{pmatrix} dx \\ dy \\ dz \end{pmatrix}$$

のようにパラメータをとって書くこともある。

これは、ある関数 $f(x)$ の導関数 $df(x)/dx$ が、その関数に対応した曲線の傾きを与えると同様に、図 5-3 に示すように 3 次元空間において、この曲線への**接線ベクトル** (tangent vector) を与えることになる。

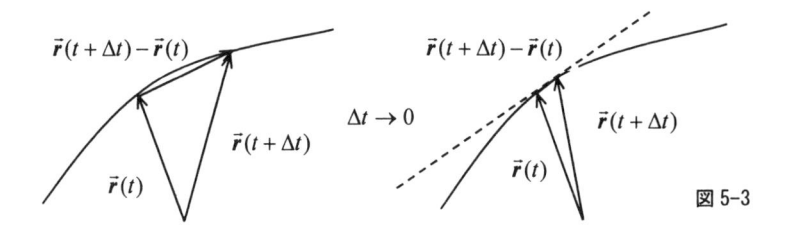

図 5-3

演習 5-2 つぎの位置ベクトルで表現できる曲線の $t = \pi/2$ における単位接線ベクトルを求めよ。

$$\vec{r}(t) = \begin{pmatrix} \cos t \\ \sin t \\ t \end{pmatrix} \quad (0 \leq t \leq \pi)$$

解） これはらせん曲線 (spiral) に対応した位置ベクトルである。ここで、任意の点 t に対応した接線ベクトルは

$$\frac{d\vec{r}(t)}{dt} = \begin{pmatrix} -\sin t \\ \cos t \\ 1 \end{pmatrix}$$

となる。単位ベクトルは、その絶対値で割ればよいので

$$\frac{1}{\sqrt{(-\sin t)^2 + \cos^2 t + 1}} \begin{pmatrix} -\sin t \\ \cos t \\ 1 \end{pmatrix} = \frac{1}{\sqrt{2}} \begin{pmatrix} -\sin t \\ \cos t \\ 1 \end{pmatrix}$$

となる。いま $t = \pi/2$ であるから、求める単位接線ベクトルは

$$\frac{1}{\sqrt{2}} \begin{pmatrix} -\sin t \\ \cos t \\ 1 \end{pmatrix} = \frac{1}{\sqrt{2}} \begin{pmatrix} -\sin(\pi/2) \\ \cos(\pi/2) \\ 1 \end{pmatrix} = \frac{1}{\sqrt{2}} \begin{pmatrix} -1 \\ 0 \\ 1 \end{pmatrix}$$

となる。

つぎに、単位接線ベクトルの便利な表式を紹介しておこう。接線ベクトルは

第 5 章　ベクトルの微分

$$\frac{d\vec{r}(t)}{dt} = \begin{pmatrix} dx/dt \\ dy/dt \\ dz/dt \end{pmatrix}$$

で与えられる。単位ベクトルにするには、この大きさで割れば良いので、単位接線ベクトル $\vec{t}$ は

$$\vec{t} = \frac{\dfrac{d\vec{r}(t)}{dt}}{\left|\dfrac{d\vec{r}(t)}{dt}\right|}$$

となるが、曲線の長さを s とすると

$$|d\vec{r}| = \sqrt{(dx)^2 + (dy)^2 + (dz)^2} = ds$$

という関係にある。よって

$$\vec{t} = \frac{\dfrac{d\vec{r}(t)}{dt}}{\left|\dfrac{d\vec{r}(t)}{dt}\right|} = \frac{d\vec{r}}{dt}\frac{dt}{ds} = \frac{d\vec{r}}{ds}$$

となって、曲線の長さをパラメータとすると、s に関する位置ベクトル $\vec{r}$ の微分が、単位接線ベクトルとなる。

5.3. 曲面の接平面

　これも第 3 章ですでに紹介したように、曲線と同様に曲面の場合も適当なパラメータを使って位置ベクトルを表現することができる。むしろ、こちらの方が汎用性が高い。復習すると、3 次元空間における任意の曲線上の点の位置ベクトルは

$$\vec{r}(t) = \begin{pmatrix} x(t) \\ y(t) \\ z(t) \end{pmatrix}$$

のように1個のパラメータ t で表現することができた。これは線であるから、1個の自由度しかないことに対応している。それでは面の場合はどうであろうか。この場合は、2個の自由度があるので

$$\vec{r}(u,v) = \begin{pmatrix} x(u,v) \\ y(u,v) \\ z(u,v) \end{pmatrix}$$

のように、u と v の2個のパラメータを使う必要がある。パラメータ u, v として直交座標の x, y を採用すると

$$\vec{r}(x,y) = \begin{pmatrix} x(x,y) \\ y(x,y) \\ z(x,y) \end{pmatrix} = \begin{pmatrix} x \\ y \\ z(x,y) \end{pmatrix}$$

となる。よって半径1の球面の上半球の位置ベクトルは

$$\vec{r}(x,y) = \begin{pmatrix} x \\ y \\ \sqrt{1-x^2-y^2} \end{pmatrix} \quad \text{あるいは} \quad \vec{r}(u,v) = \begin{pmatrix} u \\ v \\ \sqrt{1-u^2-v^2} \end{pmatrix}$$

となる。パラメータ表示は一通りではなく、半径1の球の上半球の場合には

$$\vec{r}(u,v) = \begin{pmatrix} u\cos v \\ u\sin v \\ \sqrt{1-u^2} \end{pmatrix}$$

のようなパラメータ表示をすることも可能である。

任意の曲面の位置ベクトルは(x, y)表示では

$$\vec{r}(x,y) = \begin{pmatrix} x \\ y \\ z \end{pmatrix} = \begin{pmatrix} x \\ y \\ g(x,y) \end{pmatrix}$$

で与えられる。

それでは、この曲面上の任意の点における接線および接平面はどのように与えられるであろうか。そこで、曲面上の点 $P(x, y, z)$ から x 方向にわずかに Δx だけ動かしたとしよう。すると、この点の位置ベクトルは

$$\vec{r}(x+\Delta x, y) = \begin{pmatrix} x+\Delta x \\ y \\ g(x+\Delta x, y) \end{pmatrix}$$

となる。ここで y を固定したままで、x をわずかに移動した点を $Q(x+\Delta x, y, z)$ とすると、ベクトル $\overrightarrow{PQ}$ は

$$\overrightarrow{PQ} = \frac{\vec{r}(x+\Delta x, y) - \vec{r}(x,y)}{\Delta x} = \begin{pmatrix} \dfrac{x+\Delta x - x}{\Delta x} \\ 0 \\ \dfrac{g(x+\Delta x, y) - g(x,y)}{\Delta x} \end{pmatrix} = \begin{pmatrix} 1 \\ 0 \\ \dfrac{g(x+\Delta x, y) - g(x,y)}{\Delta x} \end{pmatrix}$$

となる。曲線の項でも示したように、このベクトルは、この曲面への接線ベクトルとなるが、曲面の場合は接線ベクトルは無数にある。この場合は、図 5-4 に示すように、曲面を xz 平面に平行な面で切った時にできる曲線に対する接線ベクトルとなる。

この極限をとると

図 5-4

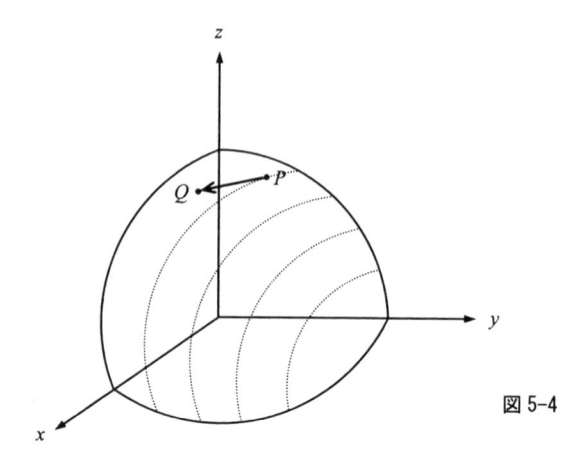

$$\lim_{\Delta x \to 0} \frac{\vec{r}(x+\Delta x, y) - \vec{r}(x,y)}{\Delta x} = \frac{\partial \vec{r}(x,y)}{\partial x} = \begin{pmatrix} 1 \\ 0 \\ \lim_{\Delta x \to 0} \frac{g(x+\Delta x, y) - g(x,y)}{\Delta x} \end{pmatrix} = \begin{pmatrix} 1 \\ 0 \\ \frac{\partial g(x,y)}{\partial x} \end{pmatrix}$$

まとめると

$$\frac{\partial \vec{r}(x,y)}{\partial x} = \begin{pmatrix} 1 \\ 0 \\ \partial g(x,y)/\partial x \end{pmatrix}$$

となる。このように偏微分になることに注意する。同様にして、y方向の接線ベクトルは

$$\frac{\partial \vec{r}(x,y)}{\partial y} = \begin{pmatrix} 0 \\ 1 \\ \partial g(x,y)/\partial y \end{pmatrix}$$

と与えられる。よって、この2つのベクトルによって張られる面は

第5章 ベクトルの微分

$$a\frac{\partial \vec{r}(x,y)}{\partial x} + b\frac{\partial \vec{r}(x,y)}{\partial y} = \begin{pmatrix} a \\ 0 \\ a\frac{\partial g(x,y)}{\partial x} \end{pmatrix} + \begin{pmatrix} 0 \\ b \\ b\frac{\partial g(x,y)}{\partial y} \end{pmatrix}$$

となる。これが、この曲面の**接平面** (tangent plane) を与える式となる。

ところで、a と b は任意であるが、それぞれ dx, dy とすると

$$\frac{\partial \vec{r}(x,y)dx}{\partial x} + \frac{\partial \vec{r}(x,y)dy}{\partial y} = \begin{pmatrix} dx \\ 0 \\ \frac{\partial g(x,y)dx}{\partial x} \end{pmatrix} + \begin{pmatrix} 0 \\ dy \\ \frac{\partial g(x,y)dy}{\partial y} \end{pmatrix} = \begin{pmatrix} dx \\ dy \\ \frac{\partial g(x,y)dx}{\partial x} + \frac{\partial g(x,y)dy}{\partial y} \end{pmatrix}$$

よく見ると、左辺は 2 変数関数ベクトルの**全微分** (exact derivative; total derivative) のかたちとなっており、ベクトルの z 成分も、2 変数関数 $g(x,y)$ の全微分となっている。よって、この式は

$$d\vec{r} = \begin{pmatrix} dx \\ dy \\ dz \end{pmatrix}$$

という簡単なかたちに書くことができる。この位置ベクトルが曲面の任意の点 $P(x,y,z)$ で

$$曲面 \vec{r} = \begin{pmatrix} x \\ y \\ z(x,y) \end{pmatrix} に接する接平面を与える位置ベクトル$$

となる。面白いことに、曲線の場合の接線ベクトルを思い出すと、まったく同じ形になっていることが分かる。

ただし、パラメータ表示では次のように異なることにも注意する。つまり曲線の場合の位置ベクトルと接線ベクトルは

$$\vec{r}(t) = \begin{pmatrix} x(t) \\ y(t) \\ z(t) \end{pmatrix} \qquad \frac{d\vec{r}(t)}{dt} = \begin{pmatrix} dx(t)/dt \\ dy(t)/dt \\ dz(t)/dt \end{pmatrix}$$

と与えられるのに対し、曲面と接平面の場合には

$$\vec{r}(u,v) = \begin{pmatrix} x(u,v) \\ y(u,v) \\ z(u,v) \end{pmatrix} \qquad d\vec{r}(u,v) = \begin{pmatrix} \frac{\partial x(u,v)}{\partial u}du + \frac{\partial x(u,v)}{\partial v}dv \\ \frac{\partial y(u,v)}{\partial u}du + \frac{\partial y(u,v)}{\partial v}dv \\ \frac{\partial z(u,v)}{\partial u}du + \frac{\partial z(u,v)}{\partial v}dv \end{pmatrix}$$

となる。

　以上の関係はベクトル解析における積分公式を理解するときに重要となるが、それは後ほど紹介する。また、曲面に対する法線ベクトルの導出方法は grad という演算子を使うと簡単に得られるので、次章で紹介する。

5.4. ベクトルの内積の微分

　第 2 章で紹介したように、物理量があるふたつのベクトルの内積で表示される場合がある。例えば、仕事は

$$W = \vec{F} \cdot \vec{s}$$

のように、力ベクトル $\vec{F}$ と、力が働く方向と大きさを表すベクトル $\vec{s}$ の内積として与えられる。当然、仕事は時間とともに変化したり、あるいは場所によって変化するので、これらの関数であり、これら変数に関して微分することができる。いま、仕事が

$$W(t) = \vec{F}(t) \cdot \vec{s}(t)$$

第5章　ベクトルの微分

のような時間の関数とする。すると

$$\frac{dW(t)}{dt} = \frac{d[\vec{F}(t) \cdot \vec{s}(t)]}{dt}$$

となる。成分で書けば

$$\frac{dW(t)}{dt} = \frac{d[F_x s_x + F_y s_y + F_z s_z]}{dt}$$

ただし、t の関数であるから $F_x(t)$ や $s_x(t)$ と表記すべきであるが、煩雑となるので、単に F_x、s_x と表記している。これを計算すると

$$\frac{dW(t)}{dt} = \frac{dF_x}{dt}s_x + F_x\frac{ds_x}{dt} + \frac{dF_y}{dt}s_y + F_y\frac{ds_y}{dt} + \frac{dF_z}{dt}s_z + F_z\frac{ds_z}{dt}$$

となる。整理すると

$$\frac{dW(t)}{dt} = \left(F_x\frac{ds_x}{dt} + F_y\frac{ds_y}{dt} + F_z\frac{ds_z}{dt}\right) + \left(\frac{dF_x}{dt}s_x + \frac{dF_y}{dt}s_y + \frac{dF_z}{dt}s_z\right)$$

となる。これらの式をよく見ると

第1項はベクトル $\vec{F}$ とベクトル $\dfrac{d\vec{s}}{dt}$ との内積

第2項はベクトル $\dfrac{d\vec{F}}{dt}$ とベクトル $\vec{s}$ との内積

となっている。よって

$$\frac{dW(t)}{dt} = \vec{F} \cdot \frac{d\vec{s}}{dt} + \frac{d\vec{F}}{dt} \cdot \vec{s}$$

と与えられる。これは、ベクトルの内積すべてに適用できる。よって、一般式として

$$\frac{d}{dt}(\vec{a}\cdot\vec{b}) = \vec{a}\cdot\frac{d\vec{b}}{dt} + \frac{d\vec{a}}{dt}\cdot\vec{b}$$

という関係が得られる。これは、関数の積の微分公式

$$\frac{d}{dt}(f(t)g(t)) = f(t)\frac{dg(t)}{dt} + \frac{df(t)}{dt}g(t)$$

と同じかたちをしている。

演習 5-3 ベクトル $\vec{a} = (a_x, a_y, a_z)$ 自身の内積の微分を求めよ。

解) $\dfrac{d}{dt}(\vec{a}\cdot\vec{b}) = \vec{a}\cdot\dfrac{d\vec{b}}{dt} + \dfrac{d\vec{a}}{dt}\cdot\vec{b}$ という関係を利用する。すると

$$\frac{d}{dt}(\vec{a}\cdot\vec{a}) = \vec{a}\cdot\frac{d\vec{a}}{dt} + \frac{d\vec{a}}{dt}\cdot\vec{a} = 2\vec{a}\cdot\frac{d\vec{a}}{dt}$$

成分表示をすれば

$$\frac{d}{dt}(\vec{a}\cdot\vec{a}) = 2\vec{a}\cdot\frac{d\vec{a}}{dt} = 2\left(a_x\frac{da_x}{dt} + a_y\frac{da_y}{dt} + a_z\frac{da_z}{dt}\right)$$

となる。

もちろん、ベクトル自身の内積は

$$(\vec{a} \cdot \vec{a}) = a_x^2 + a_y^2 + a_z^2$$

であるから

$$\frac{d}{dt}(\vec{a} \cdot \vec{a}) = \frac{d}{dt}(a_x^2 + a_y^2 + a_z^2) = 2a_x \frac{da_x}{dt} + 2a_y \frac{da_y}{dt} + 2a_z \frac{da_z}{dt}$$

と計算することもできる。

演習 5-4 ベクトル $\vec{a}$ の大きさが一定のとき

$$\vec{a} \cdot \frac{d\vec{a}}{dt}$$

という内積の値を計算せよ。

解) 演習 5-3 の

$$\frac{d}{dt}(\vec{a} \cdot \vec{a}) = \vec{a} \cdot \frac{d\vec{a}}{dt} + \frac{d\vec{a}}{dt} \cdot \vec{a} = 2\vec{a} \cdot \frac{d\vec{a}}{dt}$$

という関係を利用する。

ベクトル $\vec{a}$ の大きさが一定であるから

$$\vec{a} \cdot \vec{a} = |\vec{a}|^2 = \text{const}$$

つまり

$$\frac{d}{dt}(\vec{a} \cdot \vec{a}) = 0$$

となる。よって

$$\vec{a} \cdot \frac{d\vec{a}}{dt} = 0$$

となる。

　この演習で得られた結果は重要である。つまり、大きさが一定のベクトルでは、その微分と、もとのベクトルが常に直交することを示しているからである。それでは、どのような場合が考えられるであろうか。例として

$$\vec{v} = \begin{pmatrix} \cos t \\ \sin t \\ 0 \end{pmatrix}$$

という速度ベクトルで運動している物体を考えよう。この場合

$$\vec{v} \cdot \vec{v} = (\cos t, \sin t, 0) \begin{pmatrix} \cos t \\ \sin t \\ 0 \end{pmatrix} = \cos^2 t + \sin^2 t = 1$$

となって、その大きさは常に一定である。これは、等速で円運動している物体の運動に対応する。ここで、この運動の加速度ベクトルは

$$\vec{a} = \frac{d\vec{v}}{dt} = \begin{pmatrix} -\sin t \\ \cos t \\ 0 \end{pmatrix}$$

である。ここで

$$\vec{v} \cdot \vec{a} = \vec{v} \cdot \frac{d\vec{v}}{dt} = (\cos t, \sin t, 0) \begin{pmatrix} -\sin t \\ \cos t \\ 0 \end{pmatrix} = -\cos t \sin t + \sin t \cos t = 0$$

となり、大きさが一定のベクトルの特徴を有している。

　これは、等速円運動では、その速度ベクトルと加速度ベクトルが常に直交しているという物理的な意味を有しているのである。

5.5. ベクトルの外積の微分

　ベクトルの内積と同様に、ベクトルの外積で表現される物理量も数多く存在する。よって、当然のことながら、その微分も考えることができる。

　外積を成分で表現すると

$$\vec{a} \times \vec{b} = \begin{pmatrix} a_y b_z - a_z b_y \\ a_z b_x - a_x b_z \\ a_x b_y - a_y b_x \end{pmatrix}$$

であった。

　この外積ベクトルの微分は、各成分ごとに微分を行い

$$\frac{d}{dt}(\vec{a} \times \vec{b}) = \begin{pmatrix} \dfrac{d(a_y b_z - a_z b_y)}{dt} \\ \dfrac{d(a_z b_x - a_x b_z)}{dt} \\ \dfrac{d(a_x b_y - a_y b_x)}{dt} \end{pmatrix}$$

と与えられる。ここで、x 成分は

$$\frac{d(a_y b_z - a_z b_y)}{dt} = \left(\frac{da_y}{dt} b_z + a_y \frac{db_z}{dt} \right) - \left(\frac{da_z}{dt} b_y + a_z \frac{db_y}{dt} \right)$$

となり、整理しなおすと

$$\frac{d(a_y b_z - a_z b_y)}{dt} = \left(\frac{da_y}{dt} b_z - \frac{da_z}{dt} b_y \right) + \left(a_y \frac{db_z}{dt} - a_z \frac{db_y}{dt} \right)$$

同様にして y 成分は

$$\frac{d(a_zb_x - a_xb_z)}{dt} = \left(\frac{da_z}{dt}b_x - \frac{da_x}{dt}b_z\right) + \left(a_z\frac{db_x}{dt} - a_x\frac{db_z}{dt}\right)$$

また、z 成分は

$$\frac{d(a_xb_y - a_yb_x)}{dt} = \left(\frac{da_x}{dt}b_y - \frac{da_y}{dt}b_x\right) + \left(a_x\frac{db_y}{dt} - a_y\frac{db_x}{dt}\right)$$

となる。以上をまとめると

$$\frac{d(\vec{a}\times\vec{b})}{dt} = \begin{pmatrix}\frac{da_y}{dt}b_z - \frac{da_z}{dt}b_y \\ \frac{da_z}{dt}b_x - \frac{da_x}{dt}b_z \\ \frac{da_x}{dt}b_y - \frac{da_y}{dt}b_x\end{pmatrix} + \begin{pmatrix}a_y\frac{db_z}{dt} - a_z\frac{db_y}{dt} \\ a_z\frac{db_x}{dt} - a_x\frac{db_z}{dt} \\ a_x\frac{db_y}{dt} - a_y\frac{db_x}{dt}\end{pmatrix}$$

と与えられる。ここで、再び外積の定義を思い出してみよう。それは

$$\vec{a}\times\vec{b} = \begin{pmatrix}a_yb_z - a_zb_y \\ a_zb_x - a_xb_z \\ a_xb_y - a_yb_x\end{pmatrix}$$

であった。よって

$$\frac{d\vec{a}}{dt}\times\vec{b} = \begin{pmatrix}\frac{da_y}{dt}b_z - \frac{da_z}{dt}b_y \\ \frac{da_z}{dt}b_x - \frac{da_x}{dt}b_z \\ \frac{da_x}{dt}b_y - \frac{da_y}{dt}b_x\end{pmatrix}$$

となるが、これは第1項そのものである。また

$$\vec{a} \times \frac{d\vec{b}}{dt} = \begin{pmatrix} a_y \dfrac{db_z}{dt} - a_z \dfrac{db_y}{dt} \\ a_z \dfrac{db_x}{dt} - a_x \dfrac{db_z}{dt} \\ a_x \dfrac{db_y}{dt} - a_y \dfrac{db_x}{dt} \end{pmatrix}$$

である。これは第2項である。結局、外積の微分は

$$\frac{d(\vec{a} \times \vec{b})}{dt} = \vec{a} \times \frac{d\vec{b}}{dt} + \frac{d\vec{a}}{dt} \times \vec{b}$$

と与えられることになる。面白いことに、内積の場合と同様に、外積の場合も、関数の積の微分公式

$$\frac{d}{dt}(f(t)g(t)) = f(t)\frac{dg(t)}{dt} + \frac{df(t)}{dt}g(t)$$

と同じかたちをしている。

ただし、内積や関数の積の微分公式では

$$\frac{d}{dt}(g(t)f(t)) = g(t)\frac{df(t)}{dt} + \frac{dg(t)}{dt}f(t) = \frac{d}{dt}(f(t)g(t))$$

$$\frac{d}{dt}(\vec{b} \cdot \vec{a}) = \vec{b} \cdot \frac{d\vec{a}}{dt} + \frac{d\vec{b}}{dt} \cdot \vec{a} = \frac{d}{dt}(\vec{a} \cdot \vec{b})$$

のように順序を入れ換えても同じ値となるが、外積の場合は

$$\frac{d(\vec{a}\times\vec{b})}{dt} \neq \frac{d(\vec{b}\times\vec{a})}{dt}$$

となることに注意する必要がある。

演習 5-5 つぎのベクトルの外積の時間微分を求めよ。

$$\vec{a} = \begin{pmatrix} 2t \\ 3 \\ -t \end{pmatrix} \qquad \vec{b} = \begin{pmatrix} 2 \\ t \\ 2t \end{pmatrix}$$

解) まず外積を計算すると

$$\vec{a}\times\vec{b} = \begin{vmatrix} \vec{e}_x & \vec{e}_y & \vec{e}_z \\ 2t & 3 & -t \\ 2 & t & 2t \end{vmatrix} = \vec{e}_x \begin{vmatrix} 3 & -t \\ t & 2t \end{vmatrix} - \vec{e}_y \begin{vmatrix} 2t & -t \\ 2 & 2t \end{vmatrix} + \vec{e}_z \begin{vmatrix} 2t & 3 \\ 2 & t \end{vmatrix}$$

$$= (6t+t^2)\vec{e}_x - (4t^2+2t)\vec{e}_y + (2t^2-6)\vec{e}_z = \begin{pmatrix} 6t+t^2 \\ -4t^2-2t \\ 2t^2-6 \end{pmatrix}$$

つぎにこの微分を計算すると

$$\frac{d(\vec{a}\times\vec{b})}{dt} = \begin{pmatrix} 6+2t \\ -2-8t \\ 4t \end{pmatrix}$$

となる。

ところで外積の微分は

第5章 ベクトルの微分

$$\frac{d(\vec{a}\times\vec{b})}{dt} = \frac{d\vec{a}}{dt}\times\vec{b} + \vec{a}\times\frac{d\vec{b}}{dt}$$

で与えられる。ここで

$$\vec{a} = \begin{pmatrix} 2t \\ 3 \\ -t \end{pmatrix} \quad \text{より} \quad \frac{d\vec{a}}{dt} = \begin{pmatrix} 2 \\ 0 \\ -1 \end{pmatrix} \qquad \vec{b} = \begin{pmatrix} 2 \\ t \\ 2t \end{pmatrix} \quad \text{より} \quad \frac{d\vec{b}}{dt} = \begin{pmatrix} 0 \\ 1 \\ 2 \end{pmatrix}$$

であるから

$$\frac{d(\vec{a}\times\vec{b})}{dt} = \begin{vmatrix} \vec{e}_x & \vec{e}_y & \vec{e}_z \\ 2 & 0 & -1 \\ 2 & t & 2t \end{vmatrix} + \begin{vmatrix} \vec{e}_x & \vec{e}_y & \vec{e}_z \\ 2t & 3 & -t \\ 0 & 1 & 2 \end{vmatrix}$$

$$= \vec{e}_x \begin{vmatrix} 0 & -1 \\ t & 2t \end{vmatrix} - \vec{e}_y \begin{vmatrix} 2 & -1 \\ 2 & 2t \end{vmatrix} + \vec{e}_z \begin{vmatrix} 2 & 0 \\ 2 & t \end{vmatrix} + \vec{e}_x \begin{vmatrix} 3 & -t \\ 1 & 2 \end{vmatrix} - \vec{e}_y \begin{vmatrix} 2t & -t \\ 0 & 2 \end{vmatrix} + \vec{e}_z \begin{vmatrix} 2t & 3 \\ 0 & 1 \end{vmatrix}$$

$$= t\vec{e}_x - (4t+2)\vec{e}_y + 2t\vec{e}_z + (6+t)\vec{e}_x - 4t\vec{e}_y + 2t\vec{e}_z$$

$$= (6+2t)\vec{e}_x - (2+8t)\vec{e}_y + 4t\vec{e}_z$$

よって

$$\frac{d(\vec{a}\times\vec{b})}{dt} = \begin{pmatrix} 6+2t \\ -2-8t \\ 4t \end{pmatrix}$$

となり、確かに同じ答えが得られる。

ついでに $\vec{b}\times\vec{a}$ の微分も求めてみよう。すると

$$\vec{b}\times\vec{a} = \begin{vmatrix} \vec{e}_x & \vec{e}_y & \vec{e}_z \\ 2 & t & 2t \\ 2t & 3 & -t \end{vmatrix} = \vec{e}_x \begin{vmatrix} t & 2t \\ 3 & -t \end{vmatrix} - \vec{e}_y \begin{vmatrix} 2 & 2t \\ 2t & -t \end{vmatrix} + \vec{e}_z \begin{vmatrix} 2 & t \\ 2t & 3 \end{vmatrix}$$

$$= (-t^2 - 6t)\vec{e}_x - (-2t - 4t^2)\vec{e}_y + (6 - 2t^2)\vec{e}_z = \begin{pmatrix} -t^2 - 6t \\ 4t^2 + 2t \\ 6 - 2t^2 \end{pmatrix}$$

つぎにこの微分を計算すると

$$\frac{d(\vec{b} \times \vec{a})}{dt} = \begin{pmatrix} -2t - 6 \\ 8t + 2 \\ -4t \end{pmatrix} = -\frac{d(\vec{a} \times \vec{b})}{dt}$$

となって、当たり前ではあるが符号が反転する。

5.6. スカラー3重積の微分

　当然、ベクトルが時間 t などの関数であればスカラー3重積も、t の関数であるので、微分を考えることができる。ここでベクトルのスカラー3重積は

$$\vec{a} \cdot (\vec{b} \times \vec{c})$$

と与えられる。いま

$$\vec{d} = \vec{b} \times \vec{c}$$

と置くと、ベクトルのスカラー3重積の微分は、ベクトルの内積の微分とみなすことができるので

$$\frac{d}{dt}[\vec{a} \cdot (\vec{b} \times \vec{c})] = \frac{d}{dt}(\vec{a} \cdot \vec{d}) = \frac{d\vec{a}}{dt} \cdot \vec{d} + \vec{a} \cdot \frac{d\vec{d}}{dt}$$

と変形できる。つぎに、ベクトルの外積の微分を使うと

$$\frac{d\vec{d}}{dt} = \frac{d}{dt}(\vec{b} \times \vec{c}) = \frac{d\vec{b}}{dt} \times \vec{c} + \vec{b} \times \frac{d\vec{c}}{dt}$$

と与えられるので

$$\frac{d}{dt}[\vec{a} \cdot (\vec{b} \times \vec{c})] = \frac{d\vec{a}}{dt} \cdot \vec{d} + \vec{a} \cdot \frac{d\vec{d}}{dt} = \frac{d\vec{a}}{dt} \cdot (\vec{b} \times \vec{c}) + \vec{a} \cdot \left(\frac{d\vec{b}}{dt} \times \vec{c} + \vec{b} \times \frac{d\vec{c}}{dt}\right)$$

となる。整理すると、ベクトルのスカラー3重積の微分は

$$\frac{d}{dt}[\vec{a} \cdot (\vec{b} \times \vec{c})] = \frac{d\vec{a}}{dt} \cdot (\vec{b} \times \vec{c}) + \vec{a} \cdot \left(\frac{d\vec{b}}{dt} \times \vec{c}\right) + \vec{a} \cdot \left(\vec{b} \times \frac{d\vec{c}}{dt}\right)$$

と与えられる。

第6章 grad とナブラ

　電磁気学や解析力学などの理工系学問へのベクトル解析の応用を考えると、複雑なベクトル場の微分計算が数多く登場する。この時、ベクトル演算や電磁気学を分かりにくくしている原因に、意味のよく分からない**演算子** (operator) の多用がある。本来、演算子には、その数式としての表記方法があるのであるが、数式のままで書き出していくと、式が長くなりすぎるので演算子表記で済ませてしまう傾向にある。例えば、第8章で紹介するが

$$\nabla \times (\nabla \times \vec{A}) = \nabla(\nabla \cdot \vec{A}) - \Delta\vec{A}$$

などという公式が出てくる。よほど慣れたひとでない限り、この式の意味を理解することは難しい。このような抽象的な公式が数多く出てくるのがベクトル解析の難点である。少し我慢すれば、このようなベクトル計算にも味が出てくるうえ、電磁気学の物理的な解釈の場になると、その具体的な意味が分かってくるのであるが、とにかく演算子の意味がよく分からないまま、このような式に出会うと、いっきにやる気が失せてしまうのも事実であろう。
　そこで、ベクトルの微分に関係した演算子の意味を基礎において、ベクトル解析に登場する演算子を本章では紹介する。

6.1. grad 演算子

　ベクトル演算では grad という**演算子** (operator) あるいは作用素がある。これは、英語の gradient の略で、gradient は勾配つまり傾きという意味であ

る。この演算子は、スカラーからベクトルをつくり出す。

6.1.1. 2次元の grad 演算子

grad は、スカラーに作用して 2 次元ベクトルおよび 3 次元ベクトルをつくる演算子である。それを実際に見てみよう。いま、3 次元空間で、つぎの図形を考えてみよう。

$$z = f(x, y) = x^2 + y^2$$

この関数を図示すると、図 6-1 に示すように原点で xy 平面と接する**放物面** (paraboloid plane) となる。

ここで

$$\frac{\partial z}{\partial x} = \frac{\partial f(x,y)}{\partial x} = \lim_{\Delta x \to 0} \frac{f(x+\Delta x, y) - f(x, y)}{\Delta x}$$

という**偏微分** (partial differentiation) を考えてみる。これは、y は固定したままで、x 方向にわずかに Δx だけ動いたときに z がどのように変化するかを示す指標である。同様にして

$$\frac{\partial z}{\partial y} = \frac{\partial f(x,y)}{\partial y} = \lim_{\Delta y \to 0} \frac{f(x, y+\Delta y) - f(x, y)}{\Delta y}$$

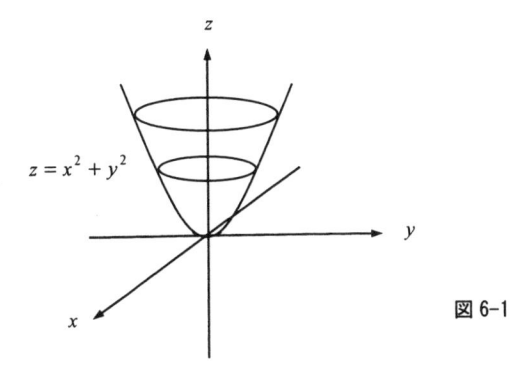

図 6-1

は、x は固定したままで、y 方向にわずかに Δy だけ動いたときに z がどのように変化するかを示す指標である。ここで

$$\begin{pmatrix} \partial z/\partial x \\ \partial z/\partial y \end{pmatrix} = \begin{pmatrix} \partial f(x,y)/\partial x \\ \partial f(x,y)/\partial y \end{pmatrix}$$

というベクトルを考えると、これは、図 6-1 に示した曲面の、ある点における x 方向と y 方向の**勾配**（gradient）を与えるものである。これを

$$\mathrm{grad}\, z = \begin{pmatrix} \partial z/\partial x \\ \partial z/\partial y \end{pmatrix}$$

のように定義する。あるいは、単位ベクトルを使えば

$$\mathrm{grad}\, z = \vec{e}_x \frac{\partial z}{\partial x} + \vec{e}_y \frac{\partial z}{\partial y}$$

と書くこともできる。

　ここで z はスカラー量であるが、$\mathrm{grad}\, z$ は、z という値が x 軸方向と、y 軸方向でどのように変化するかを示すベクトル量となっている。図 6-1 に示した図形では

$$z = f(x,y) = x^2 + y^2$$

であるから

$$\frac{\partial z}{\partial x} = 2x \qquad \frac{\partial z}{\partial y} = 2y$$

となって、結局

$$\mathrm{grad}\, z = \mathrm{grad} f(x,y) = \begin{pmatrix} 2x \\ 2y \end{pmatrix}$$

となる。よって、原点 $(x, y) = (0, 0)$ では

$$\mathrm{grad}\, f(0, 0) = \begin{pmatrix} 0 \\ 0 \end{pmatrix}$$

となって、勾配はゼロベクトルとなる。つまり、原点では、この曲面は xy 平面と接することを示している。つぎに $(x, y) = (1, 0)$ という点での曲線の勾配は

$$\mathrm{grad}\, f(1, 0) = \begin{pmatrix} 2 \\ 0 \end{pmatrix}$$

と言うことが分かる。つまり、この点では x 方向には勾配 2 で z が増加するが、y 方向では z が増加しないことを示している。このように、grad とは、ある点における x 方向および y 方向の傾きを与えるものである。

ただし、ここで注意すべき点がある。それは

$$\mathrm{grad}\, f(x, y) = \vec{e}_x \frac{\partial f(x, y)}{\partial x} + \vec{e}_y \frac{\partial f(x, y)}{\partial y}$$

という 2 次元ベクトルそのものが、この曲面の接線ベクトルではないという事実である。もともと、3 次元空間のベクトルであれば 3 成分が必要であるから 2 次元ベクトルで表現できないのは自明であるが、よく混同するので注意する必要がある。それではグラディエントは何なのであろうか。

そこで、整理すると、2 次元の場合グラディエントベクトルの x 成分は、それが x の正方向に進んだ時に $z = f(x, y)$ がどの程度増加するかという勾配 $(\partial f(x, y)/\partial x)$ を、グラディエントベクトルの y 成分は、それが y の正方向に進んだ時に $z = f(x, y)$ がどの程度増加するかという勾配 $(\partial f(x, y)/\partial y)$ を与えるものである。

それでは、ある任意の方向に進んだ時に $z = f(x, y)$ がどの程度増加するかという勾配はどのようにして求めればよいのであろうか。この場合、任意の方向の単位ベクトルを

$$\vec{a} = \begin{pmatrix} a_x \\ a_y \end{pmatrix} = a_x \vec{e}_x + a_y \vec{e}_y \qquad a_x^2 + a_y^2 = 1$$

とすると

$$\mathrm{grad}\, f(x, y) \cdot \vec{a}$$

という内積で与えられる。これを**方向微分係数** (directional differential coefficient) と呼んでいる。例えば、x 方向の単位ベクトルは

$$\vec{a}_{(1,0)} = \begin{pmatrix} 1 \\ 0 \end{pmatrix}$$

であるから、この方向の方向微分係数、すなわち傾きは

$$\mathrm{grad}\, f(x, y) \cdot \vec{a}_{(1,0)} = \begin{pmatrix} \dfrac{\partial f(x, y)}{\partial x} & \dfrac{\partial f(x, y)}{\partial y} \end{pmatrix} \begin{pmatrix} 1 \\ 0 \end{pmatrix} = \dfrac{\partial f(x, y)}{\partial x}$$

となって、確かに x 方向の勾配($\partial f(x, y)/\partial x$)となる。このように、グラディエントベクトルだけでは実際の勾配を得ることはできず、ある方向の単位ベクトルとの内積

$$\mathrm{grad}\, f(x, y) \cdot \vec{a} = \begin{pmatrix} \dfrac{\partial f(x, y)}{\partial x} & \dfrac{\partial f(x, y)}{\partial y} \end{pmatrix} \begin{pmatrix} a_x \\ a_y \end{pmatrix} = a_x \dfrac{\partial f(x, y)}{\partial x} + a_y \dfrac{\partial f(x, y)}{\partial y}$$

すなわち方向微分係数を求めることで、はじめて勾配の値が得られるのである。この方向微分係数の考え方は 3 次元ベクトルの場合にも、そのまま適用できる。

第6章 grad とナブラ

演習 6-1　つぎの曲面上の任意の点における勾配を求めよ。

$$x^2 + y^2 + z^2 = 1$$

解）　これは、3次元空間において、中心に原点があり半径1の球である。勾配を求めよといわれても、x, y, z のどちらの方向を中心に考えるかで、勾配の定義は変わってくるが、ここでは

$$z = f(x, y)$$

のように、z が x と y の関数と考えて、その勾配、つまり z の値がどのように変化するかを求めよう。すると

$$z^2 = 1 - x^2 - y^2 \qquad z = f(x, y) = \pm\sqrt{1 - x^2 - y^2}$$

となって、ひとつの xy 座標に対して、2個の z の値が得られる。ここでは、z が正の領域を考えると

$$z = \sqrt{1 - x^2 - y^2} = (1 - x^2 - y^2)^{\frac{1}{2}}$$

であり

$$\frac{\partial z}{\partial x} = \frac{1}{2}(1 - x^2 - y^2)^{-\frac{1}{2}} \cdot (-2x) = -\frac{x}{\sqrt{1 - x^2 - y^2}}$$

同様にして

$$\frac{\partial z}{\partial y} = -\frac{y}{\sqrt{1 - x^2 - y^2}}$$

よって、そのグラディエントベクトルは

$$\operatorname{grad} z = \begin{pmatrix} -\dfrac{x}{\sqrt{1-x^2-y^2}} \\ -\dfrac{y}{\sqrt{1-x^2-y^2}} \end{pmatrix}$$

と与えられる。z が負の領域では、符号が反転するだけである。

演習 6-2 つぎの曲面の$(1, 1)$方向における z の変化率（勾配）を求めよ。

$$x^2 + y^2 + z^2 = 1$$

解） 演習 6-1 より

$$\operatorname{grad} z = \operatorname{grad} f(x, y) = \begin{pmatrix} -\dfrac{x}{\sqrt{1-x^2-y^2}} \\ -\dfrac{y}{\sqrt{1-x^2-y^2}} \end{pmatrix}$$

と与えられる。

ここで $(1, 1)$方向の単位ベクトルは

$$\vec{a}_{(1,1)} = \frac{1}{\sqrt{2}} \begin{pmatrix} 1 \\ 1 \end{pmatrix}$$

である。よって、この方向での勾配は

$$\operatorname{grad} f(x, y) \cdot \vec{a}_{(1,1)} = \frac{1}{\sqrt{2}} \begin{pmatrix} -\dfrac{x}{\sqrt{1-x^2-y^2}} & -\dfrac{y}{\sqrt{1-x^2-y^2}} \end{pmatrix} \begin{pmatrix} 1 \\ 1 \end{pmatrix} = -\dfrac{x+y}{\sqrt{2(1-x^2-y^2)}}$$

で与えられる。

第6章　gradとナブラ

例えば、具体的な点として (1/2, 1/2) という点を考えると

$$\mathrm{grad}\, f(1/2, 1/2) \cdot \vec{a} = -\cfrac{1}{\sqrt{2\left(1 - \cfrac{1}{4} - \cfrac{1}{4}\right)}} = -1$$

となって、勾配が -1 ということが分かる。また、$x \geq 1$ および $y \geq 1$ では、分母の根号内が負となり実数値を求めることができないが、この領域は球の外であるから、値が得られないのは当然である。

ここで grad の表記方法を少し考えてみる。grad を作用させるスカラー量を ϕ とすると

$$\mathrm{grad}\phi = \begin{pmatrix} \partial\phi/\partial x \\ \partial\phi/\partial y \end{pmatrix}$$

となる。そこで、これらを分離して

$$\mathrm{grad}\phi = \begin{pmatrix} \partial/\partial x \\ \partial/\partial y \end{pmatrix}\phi$$

としてしまう。つまり、ベクトルとスカラー量のかけ算と考えるのである。よって、grad ベクトルの

　　x 成分 $\partial/\partial x$ とスカラー量の ϕ をかけたものが $\partial\phi/\partial x$

という偏微分になり、これが新たなベクトルの x 成分になると約束するのである。少し違和感はあるが、このように定義してしまえば、後はすべてのベクトル演算を矛盾なく展開することができる。このように考えると、grad という演算子は、単位ベクトルを使うと

$$\mathrm{grad} = \vec{e}_x \frac{\partial}{\partial x} + \vec{e}_y \frac{\partial}{\partial y}$$

というベクトルとみなすこともできる。

　実は、ベクトル解析を複雑にしている理由のひとつとなっているのであるが、grad と同じ働きをする演算子として**ナブラ** (Nabla) あるいは**デル**（Del）と呼ばれるものがあって

$$\nabla = \vec{e}_x \frac{\partial}{\partial x} + \vec{e}_y \frac{\partial}{\partial y}$$

のように、Δを逆さにした記号を使って表記する。よって

$$\mathrm{grad}\phi \equiv \nabla \phi$$

となる。つまり、grad と∇は同じ演算子である。また、すでに紹介したように、ナブラ演算子はベクトルであるということを強調するために

$$\vec{\nabla} = \vec{e}_x \frac{\partial}{\partial x} + \vec{e}_y \frac{\partial}{\partial y}$$

というようにナブラ（∇）の頭にベクトル記号である→を表記する場合もある。

　ベクトル解析をする場合には、ナブラ（∇）の方が grad と書くよりは楽であるし、外積や内積と組み合わせた場合の表記に便利であるという理由から、∇の方がよく使われる。ただし、その意味を誤解しないという観点では grad という表記の方が優れている。

6.1.2. 3次元の grad 演算子

　grad は、スカラー量に作用して3次元ベクトルをつくる演算子にもなる。その原理は2次元ベクトルの場合とまったく同様である。よって

第 6 章 grad とナブラ

$$\phi = f(x, y, z)$$

という、3 変数からなる関数を考えると、この x, y, z の 3 方向の勾配は grad という演算子を使うと

$$\mathrm{grad}\,\phi = \begin{pmatrix} \partial\phi/\partial x \\ \partial\phi/\partial y \\ \partial\phi/\partial z \end{pmatrix} \quad \text{あるいは} \quad \mathrm{grad}\,\phi = \vec{e}_x \frac{\partial\phi}{\partial x} + \vec{e}_y \frac{\partial\phi}{\partial y} + \vec{e}_z \frac{\partial\phi}{\partial z}$$

となる。3 次元ベクトルの場合も、ナブラ（∇）を使って

$$\nabla\phi = \begin{pmatrix} \partial\phi/\partial x \\ \partial\phi/\partial y \\ \partial\phi/\partial z \end{pmatrix} \quad \text{あるいは} \quad \nabla\phi = \vec{e}_x \frac{\partial\phi}{\partial x} + \vec{e}_y \frac{\partial\phi}{\partial y} + \vec{e}_z \frac{\partial\phi}{\partial z}$$

と書くことができる。

ただし、2 次元ベクトルの場合には、3 次元空間のある曲面上の点の勾配という明確な描像を描くことができたが、3 次元ベクトルでは、図を使った傾きという概念を簡単に思い描くことができない。もちろん、4 次元空間を使えば原理的には可能であるが、残念ながら 4 次元空間を目に見えるかたちで描くことは我々にはできない。

それでは、3 次元ベクトルの grad は意味がないのであろうか。実は、3 次元空間においても、grad は重要な演算子となっている。その意味を具体例で考えてみよう。

いま 3 次元空間の原点に匂いのもとがあったとしよう。この空間において、匂いの強さは、その距離 (r) の 2 乗に反比例して小さくなる。よって

$$f(r) = \frac{c}{r^2}$$

となる。c は比例定数である。これを直交座標で書くと

$$f(x,y,z) = \frac{c}{x^2 + y^2 + z^2}$$

のように 3 変数の関数となる。そこで、この grad を得るために、まず x 成分の偏微分を計算すると

$$\frac{\partial f(x,y,z)}{\partial x} = -\frac{2cx}{(x^2 + y^2 + z^2)^2}$$

となる。y, z 成分も同様にして計算できるので

$$\mathrm{grad}\, f(x,y,z) = \begin{pmatrix} -\dfrac{2cx}{(x^2 + y^2 + z^2)^2} \\ -\dfrac{2cy}{(x^2 + y^2 + z^2)^2} \\ -\dfrac{2cz}{(x^2 + y^2 + z^2)^2} \end{pmatrix}$$

となる。これは、いわば、この空間において、匂いの源から距離が離れるに従って、x, y, z 方向でどのように減っていくかを示す勾配となっているのである。

ただし、2 次元ベクトルの場合と同様に、3 次元ベクトルのグラディエントも、ベクトルとして勾配を示しているわけではない。ある方向で、このような勾配で匂いが減っていくかという指標は、その方向の単位ベクトルとの内積をとる必要がある。もちろん単位ベクトルとして $\vec{e}_x$ を選定すれば

$$\mathrm{grad}\, f(x,y,z) \cdot \vec{e}_x = -\frac{2cx}{(x^2 + y^2 + z^2)^2}$$

のようにグラディエントベクトルの x 成分が、その勾配となる。より一般的には

第6章 grad とナブラ

$$\vec{a} = a_x \vec{e}_x + a_y \vec{e}_y + a_z \vec{e}_z \qquad a_x{}^2 + a_y{}^2 + a_z{}^2 = 1$$

という単位ベクトルとの内積をとることで、任意の方向の勾配を得ることができる。この時

$$\mathrm{grad}\, f(x,y,z) \cdot \vec{a}$$

を2次元の場合と同様に**方向微分係数**と呼んでいる。例えば、(1, 1, 1)方向を例にとると、この方向の単位ベクトルは

$$\vec{a}_{(1,1,1)} = \frac{1}{\sqrt{3}} \begin{pmatrix} 1 \\ 1 \\ 1 \end{pmatrix}$$

であるから、その方向微分係数は

$$\mathrm{grad}\, f(x,y,z) \cdot \vec{a}_{(1,1,1)}$$
$$= \left(-\frac{2cx}{(x^2+y^2+z^2)^2}, -\frac{2cy}{(x^2+y^2+z^2)^2}, -\frac{2cz}{(x^2+y^2+z^2)^2} \right) \frac{1}{\sqrt{3}} \begin{pmatrix} 1 \\ 1 \\ 1 \end{pmatrix}$$
$$= -\frac{2c}{\sqrt{3}(x^2+y^2+z^2)^2}(x+y+z)$$

と与えられる。こうすると、(1, 0, 1) という点では (1, 1, 1) 方向には

$$-\frac{2c}{\sqrt{3}(x^2+y^2+z^2)^2}(x+y+z) = -\frac{4c}{4\sqrt{3}} = -\frac{c}{\sqrt{3}}$$

という勾配で匂いが減っていくということが分かる。

もちろん、匂いだけではなく、多くの物理量が3次元空間における位置の関数となっている。例えば、ふたつの電荷に働く力でも、匂いの場合と

同様の関係が得られるし、また、ふたつの物質の間に働く万有引力も同様の関係にある。

つまり、3次元空間において、何らかの物理量が場所の関数として変化している場合に、その grad は、この物理量が空間の中で、どのように変化しているかを示す指標となるのである。

演習6-3 3次元空間において、ある物質の密度が場所の関数として

$$f(x,y,z) = x^2 + xy^2 + z^3$$

という関数で与えられる時、この物質が、どのように空間内で変化しているかを求めよ。また、点(1,0,0) において(1,1,0) 方向へはどのような変化率で変化しているかを求めよ。

解) この関数の grad を求めればよい。ここで

$$\frac{\partial f(x,y,z)}{\partial x} = 2x + y^2 \qquad \frac{\partial f(x,y,z)}{\partial y} = 2xy \qquad \frac{\partial f(x,y,z)}{\partial z} = 3z^2$$

であるから

$$\mathrm{grad}\, f(x,y,z) = \begin{pmatrix} 2x + y^2 \\ 2xy \\ 3z^2 \end{pmatrix}$$

となる。

つぎに、(1,1,0)方向への変化の度合いは、この方向の方向微分係数を求めればよい。この時、この方向の単位ベクトルは

第6章　grad とナブラ

$$\vec{a}_{(1,1,0)} = \frac{1}{\sqrt{2}} \begin{pmatrix} 1 \\ 1 \\ 0 \end{pmatrix}$$

で与えられるので、その方向微分係数は

$$\operatorname{grad} f(x,y,z) \cdot \vec{a}_{(1,1,0)} = \frac{1}{\sqrt{2}}(2x+y^2, 2xy, 3z^2) \begin{pmatrix} 1 \\ 1 \\ 0 \end{pmatrix} = \frac{2x+2xy+y^2}{\sqrt{2}}$$

となる。よって点(1,0,0) では

$$\operatorname{grad} f(1,0,0) \cdot \vec{a}_{(1,1,0)} = \frac{2}{\sqrt{2}} = \sqrt{2}$$

となり、変化率は $\sqrt{2}$ で与えられる。

---

　3 変数からなる関数の変化量を、3 次元空間の中で思い描くことは難しい。ただし、本書でも紹介したように、ある物質の拡散という現象を考えれば、その濃度が薄まっていく度合という指標と考えることができる。あるいは、風船に息を吹き込んで膨らませているとき、ある点において、どの程度膨らむかという変化量とみなしてよい。ただし、演習 6-3 からも分かるように、その膨らみ具合は、場所によって変化するだけでなく、同じ場所でもどちらの方向を考えるかによって違っている。よって、その量を定量的に評価するには、その方向の方向微分係数を求めたうえで、位置を指定する必要がある。

6.1.3.　曲面の法線
3 次元空間において

$$f(x,y,z) = C$$

という式で表される曲面を考えてみよう。実は grad $f(x, y, z)$ というベクトルはこの曲面に対する**法線** (normal line) に平行なベクトル、つまり**法線ベクトル** (normal vector) となる。いままで grad が勾配であると説明してきて、ここで法線ベクトルになるというのは違和感があろうが、ベクトル解析において非常に重要な性質であり、今後もいろいろな場面でこの性質を利用することになるので、なぜ grad が、この曲面の法線ベクトルとなるかを確かめてみよう。

いま、この曲面上の任意の点 $P(x, y, z)$ の位置ベクトルを $\vec{r}$ とし

$$\vec{r} = \begin{pmatrix} x \\ y \\ z \end{pmatrix} = x\vec{e}_x + y\vec{e}_y + z\vec{e}_z$$

と表記する。この点 P における接平面は

$$d\vec{r} = \begin{pmatrix} dx \\ dy \\ dz \end{pmatrix} = dx\vec{e}_x + dy\vec{e}_y + dz\vec{e}_z$$

というベクトルに平行である。

つぎに、曲面上の点では

$$f(x, y, z) = C$$

であるから常に

$$df(x, y, z) = 0$$

という関係を満足する。この微分を成分ごとに示せば

$$df(x, y, z) = \frac{\partial f(x, y, z)}{\partial x}dx + \frac{\partial f(x, y, z)}{\partial y}dy + \frac{\partial f(x, y, z)}{\partial z}dz = 0$$

のように、3 方向の変化量の総和が 0 になるという関係にある。ところで、これら成分は

$$\frac{\partial f(x,y,z)}{\partial x}dx + \frac{\partial f(x,y,z)}{\partial y}dy + \frac{\partial f(x,y,z)}{\partial z}dz$$

$$= \left(\frac{\partial f(x,y,z)}{\partial x} \quad \frac{\partial f(x,y,z)}{\partial y} \quad \frac{\partial f(x,y,z)}{\partial z}\right)\begin{pmatrix}dx\\dy\\dz\end{pmatrix}$$

のように内積で表現できる。これは、まさに

$$\mathrm{grad}\, f(x,y,z) \cdot d\vec{r} = 0$$

ということを示しており、grad $f(x, y, z)$ というベクトルが、$f(x, y, z) = C$ という関数で表される曲面上の点 $P(x, y, z)$ における接平面と直交することを示している。つまり grad $f(x, y, z)$ というベクトルが法線ベクトルに平行となる。

演習 6-4　関数

$$f(x,y,z) = x^2 + xy^2 + z^3 = 6$$

で表される曲面上の点 (1, 2, 1) における法線ベクトルを求めよ。

解)　まず、この点が曲面上にあることを確かめてみよう。

$$f(x,y,z) = x^2 + xy^2 + z^3$$

に $(x, y, z) = (1, 2, 1)$ を代入すると

$$f(1,2,1) = 1 + 4 + 1 = 6$$

となって、確かに、この曲面上にある。

つぎに、この曲面上の任意の点 $P(x, y, z)$ における法線ベクトルは、関数 $f(x, y, z)$ の grad を求めると

$$\frac{\partial f(x,y,z)}{\partial x} = 2x + y^2 \qquad \frac{\partial f(x,y,z)}{\partial y} = 2xy \qquad \frac{\partial f(x,y,z)}{\partial z} = 3z^2$$

であるから

$$\mathrm{grad}\, f(x,y,z) = \begin{pmatrix} 2x + y^2 \\ 2xy \\ 3z^2 \end{pmatrix}$$

と与えられる。よって $(x, y, z) = (1, 2, 1)$ では

$$\mathrm{grad}\, f(1,2,1) = \begin{pmatrix} 6 \\ 4 \\ 3 \end{pmatrix}$$

となり、これが法線ベクトルである。

一般的には、単に法線に平行なベクトルではなく、この方向の**単位ベクトル** (unit vector) を求める。これを**単位法線ベクトル** (unit normal vector) と呼んでいる。単位ベクトルに直すには、その絶対値で割ればよいので

$$\vec{n} = \frac{1}{\sqrt{6^2 + 4^2 + 3^2}} \begin{pmatrix} 6 \\ 4 \\ 3 \end{pmatrix} = \frac{1}{\sqrt{61}} \begin{pmatrix} 6 \\ 4 \\ 3 \end{pmatrix}$$

となる。一般式では

第 6 章 grad とナブラ

$$\vec{n} = \frac{1}{\sqrt{(2x+y^2)^2 + (2xy)^2 + (3z^2)^2}} \begin{pmatrix} 2x+y^2 \\ 2xy \\ 3z^2 \end{pmatrix}$$

と与えられる。

ここで、どうして grad が法線ベクトルに平行になるかを、風船の例で考えてみよう。すでに紹介したように 3 変数からなる関数の勾配を、頭の中で思い描くためには 3 次元空間では不十分である。ただし、風船に息を吹き込んで膨らむ場合、それが膨らむ方向、すなわち変化する方向は、風船の面の法線方向である。これが grad の方向に対応しているのである。

演習 6-5 つぎの曲面上の任意の点 $P(x,y,z)$ における単位法線ベクトルを求めよ。

$$x^2 + y^2 + z^2 = r^2$$

解） これは、3 次元空間において、中心が原点にある半径 r の球である。法線ベクトルは

$$f(x,y,z) = x^2 + y^2 + z^2 = r^2$$

と置くと

$$\mathrm{grad}\, f(x,y,z)$$

が法線ベクトルである。よって

$$\mathrm{grad}\, f(x,y,z) = \begin{pmatrix} \partial f(x,y,z)/\partial x \\ \partial f(x,y,z)/\partial y \\ \partial f(x,y,z)/\partial z \end{pmatrix} = \begin{pmatrix} 2x \\ 2y \\ 2z \end{pmatrix}$$

が法線方向に平行となる。さらに単位ベクトルは

$$\vec{n} = \frac{1}{2\sqrt{x^2+y^2+z^2}} \begin{pmatrix} 2x \\ 2y \\ 2z \end{pmatrix} = \frac{1}{\sqrt{x^2+y^2+z^2}} \begin{pmatrix} x \\ y \\ z \end{pmatrix} = \frac{1}{r} \begin{pmatrix} x \\ y \\ z \end{pmatrix}$$

で与えられる。

6.2. ナブラ演算

grad は ∇ と同じ演算子である。前にも紹介したが、ベクトルの内積や外積との計算を進める場合には、grad と書くよりは、∇ と表記した方が簡単であるし、これら演算との相性もいいので、ベクトル演算では ∇ 記号をよく使う。そこで、いくつかの演算公式を紹介する。まず

$$\nabla(f+g) = \nabla f + \nabla g$$

のような分配の法則が成り立つ。これを確かめるのは簡単である。$f+g$ にナブラ演算子を作用させる。すると

$$\nabla(f+g) = \begin{pmatrix} \partial(f+g)/\partial x \\ \partial(f+g)/\partial y \\ \partial(f+g)/\partial z \end{pmatrix} = \begin{pmatrix} \frac{\partial f}{\partial x} + \frac{\partial g}{\partial x} \\ \frac{\partial f}{\partial y} + \frac{\partial g}{\partial y} \\ \frac{\partial f}{\partial z} + \frac{\partial g}{\partial z} \end{pmatrix} = \begin{pmatrix} \partial f/\partial x \\ \partial f/\partial y \\ \partial f/\partial z \end{pmatrix} + \begin{pmatrix} \partial g/\partial x \\ \partial g/\partial y \\ \partial g/\partial z \end{pmatrix} = \nabla f + \nabla g$$

となって、確かに分配の法則が成立することが分かる。

6.2.1. ナブラとベクトルの内積

ナブラ演算子は一種のベクトルと考えることができるので、他のベクトルとの内積をとることができる。つまり

というふたつのベクトルの内積を計算する。

∇の成分は、偏微分するという演算となっているが、そのままベクトルの内積のように、成分どうしの積をとると

$$\nabla \cdot \vec{a} = \begin{pmatrix} \dfrac{\partial}{\partial x} & \dfrac{\partial}{\partial y} & \dfrac{\partial}{\partial z} \end{pmatrix} \begin{pmatrix} a_x \\ a_y \\ a_z \end{pmatrix} = \dfrac{\partial a_x}{\partial x} + \dfrac{\partial a_y}{\partial y} + \dfrac{\partial a_z}{\partial z}$$

となる。ただし、ナブラベクトルの場合に注意すべき点がある。それは、通常のベクトルの内積では順序を変えても等価であるが、ナブラベクトルでは

$$\vec{a} \cdot \nabla = (a_x, a_y, a_z) \begin{pmatrix} \partial/\partial x \\ \partial/\partial y \\ \partial/\partial z \end{pmatrix} = a_x \dfrac{\partial}{\partial x} + a_y \dfrac{\partial}{\partial y} + a_z \dfrac{\partial}{\partial z}$$

のように順序を変えると内積の値が変わる。具体的には、関数 ϕ に、この演算を作用したかたちを見た方が分かりやすいであろう。

この時

$$\vec{a} \cdot \nabla \phi = (a_x, a_y, a_z) \begin{pmatrix} \partial \phi/\partial x \\ \partial \phi/\partial y \\ \partial \phi/\partial z \end{pmatrix} = a_x \dfrac{\partial \phi}{\partial x} + a_y \dfrac{\partial \phi}{\partial y} + a_z \dfrac{\partial \phi}{\partial z}$$

のようなかたちになる。

つまり

$$\nabla \cdot \vec{a} \neq \vec{a} \cdot \nabla$$

となる。

　つぎにナブラベクトルの内積の特徴をいくつか確認してみよう。まず

$$\nabla \cdot (\vec{a} + \vec{b}) = \begin{pmatrix} \dfrac{\partial}{\partial x} & \dfrac{\partial}{\partial y} & \dfrac{\partial}{\partial z} \end{pmatrix} \begin{pmatrix} a_x + b_x \\ a_y + b_y \\ a_z + b_z \end{pmatrix} = \dfrac{\partial (a_x + b_x)}{\partial x} + \dfrac{\partial (a_y + b_y)}{\partial y} + \dfrac{\partial (a_z + b_z)}{\partial z}$$

$$= \left(\dfrac{\partial a_x}{\partial x} + \dfrac{\partial a_y}{\partial y} + \dfrac{\partial a_z}{\partial z} \right) + \left(\dfrac{\partial b_x}{\partial x} + \dfrac{\partial b_y}{\partial y} + \dfrac{\partial b_z}{\partial z} \right) = \nabla \cdot \vec{a} + \nabla \cdot \vec{b}$$

となって、∇とベクトルの内積においても分配の法則が成立することが分かる。

　それでは、つぎに、kをスカラー量として

$$\nabla = \begin{pmatrix} \partial/\partial x \\ \partial/\partial y \\ \partial/\partial z \end{pmatrix} \qquad k\vec{a} = \begin{pmatrix} ka_x \\ ka_y \\ ka_z \end{pmatrix}$$

のふたつの内積をとってみよう。

$$\nabla \cdot (k\vec{a}) = \begin{pmatrix} \dfrac{\partial}{\partial x} & \dfrac{\partial}{\partial y} & \dfrac{\partial}{\partial z} \end{pmatrix} \begin{pmatrix} ka_x \\ ka_y \\ ka_z \end{pmatrix} = \dfrac{\partial (ka_x)}{\partial x} + \dfrac{\partial (ka_y)}{\partial y} + \dfrac{\partial (ka_z)}{\partial z}$$

ここで、kがx, y, zに関係のない定数とすれば、このままで良いが、もし位置の関数$k = k(x, y, z)$とすると

$$\nabla \cdot (k\vec{a}) = \dfrac{\partial k}{\partial x} a_x + \dfrac{\partial k}{\partial y} a_y + \dfrac{\partial k}{\partial z} a_z + k \dfrac{\partial a_x}{\partial x} + k \dfrac{\partial a_y}{\partial y} + k \dfrac{\partial a_z}{\partial z}$$

$$= (\nabla k) \cdot \vec{a} + k (\nabla \cdot \vec{a})$$

となる。

第6章　grad とナブラ

演習 6-6　ベクトルとして

$$\vec{A} = \begin{pmatrix} 2x+y \\ 3y^2+2z \\ 4z^3+6 \end{pmatrix}$$

が与えられているとき、$\nabla \cdot \vec{A}$ を計算せよ。

解）

$$\nabla \cdot \vec{A} = \begin{pmatrix} \dfrac{\partial}{\partial x} & \dfrac{\partial}{\partial y} & \dfrac{\partial}{\partial z} \end{pmatrix} \begin{pmatrix} 2x+y \\ 3y^2+2z \\ 4z^3+6 \end{pmatrix}$$

$$= \frac{\partial(2x+y)}{\partial x} + \frac{\partial(3y^2+2z)}{\partial y} + \frac{\partial(4z^3+6)}{\partial z} = 2 + 6y + 12z^2$$

となる。

演習 6-7　ベクトルとして

$$\vec{A} = \begin{pmatrix} 2x \\ 3y^2 \\ z^3 \end{pmatrix} \qquad k = 2x+y$$

が与えられているとき、$\nabla \cdot (k\vec{A})$ を計算せよ。

解）　この節で得られた計算結果を利用すると

$$\nabla \cdot (k\vec{A}) = (\nabla k) \cdot \vec{A} + k(\nabla \cdot \vec{A})$$

となる。まず

$$\nabla k = \begin{pmatrix} \dfrac{\partial(2x+y)}{\partial x} \\ \dfrac{\partial(2x+y)}{\partial y} \\ \dfrac{\partial(2x+y)}{\partial z} \end{pmatrix} = \begin{pmatrix} 2 \\ 1 \\ 0 \end{pmatrix} \quad \text{より} \quad (\nabla k)\cdot \vec{A} = (2,1,0)\begin{pmatrix} 2x \\ 3y^2 \\ z^3 \end{pmatrix} = 4x + 3y^2$$

つぎに

$$\nabla \cdot \vec{A} = \begin{pmatrix} \dfrac{\partial}{\partial x} & \dfrac{\partial}{\partial y} & \dfrac{\partial}{\partial z} \end{pmatrix}\begin{pmatrix} 2x \\ 3y^2 \\ z^3 \end{pmatrix} = \dfrac{\partial(2x)}{\partial x} + \dfrac{\partial(3y^2)}{\partial y} + \dfrac{\partial(z^3)}{\partial z} = 2 + 6y + 3z^2$$

であるから

$$k(\nabla \cdot \vec{A}) = (2x+y)(2+6y+3z^2) = 4x + 2y + 12xy + 6y^2 + 6xz^2 + 3yz^2$$

よって

$$\nabla \cdot k\vec{A} = (\nabla k)\cdot \vec{A} + k(\nabla \cdot \vec{A}) = 8x + 2y + 12xy + 9y^2 + 6xz^2 + 3yz^2$$

と与えられる。

もちろん、この場合は $k\vec{A}$ という 3 次元ベクトルの成分を求めたうえで、ナブラベクトルとの内積を計算すれば同じ答えが得られる。

6.2.2. ナブラとベクトルの外積

ナブラ演算子と他のベクトルとの外積をとることもできる。ベクトルの外積のように、計算すると

第6章 grad とナブラ

$$\nabla \times \vec{a} = \begin{pmatrix} \dfrac{\partial}{\partial x} & \dfrac{\partial}{\partial y} & \dfrac{\partial}{\partial z} \end{pmatrix} \times \begin{pmatrix} a_x \\ a_y \\ a_z \end{pmatrix} = \begin{pmatrix} \dfrac{\partial a_z}{\partial y} - \dfrac{\partial a_y}{\partial z} \\ \dfrac{\partial a_x}{\partial z} - \dfrac{\partial a_z}{\partial x} \\ \dfrac{\partial a_y}{\partial x} - \dfrac{\partial a_x}{\partial y} \end{pmatrix}$$

となる。

ここで、外積の行列式表示を思い出してみよう。それは

$$\vec{A} \times \vec{B} = \begin{vmatrix} \vec{e}_x & \vec{e}_y & \vec{e}_z \\ A_x & A_y & A_z \\ B_x & B_y & B_z \end{vmatrix}$$

というものであった。これを、∇ に適用すると

$$\nabla \times \vec{a} = \begin{vmatrix} \vec{e}_x & \vec{e}_y & \vec{e}_z \\ \partial/\partial x & \partial/\partial y & \partial/\partial z \\ a_x & a_y & a_z \end{vmatrix} = \vec{e}_x \begin{vmatrix} \partial/\partial y & \partial/\partial z \\ a_y & a_z \end{vmatrix} - \vec{e}_y \begin{vmatrix} \partial/\partial x & \partial/\partial z \\ a_x & a_z \end{vmatrix} + \vec{e}_z \begin{vmatrix} \partial/\partial x & \partial/\partial y \\ a_x & a_y \end{vmatrix}$$

$$= \left(\dfrac{\partial a_z}{\partial y} - \dfrac{\partial a_y}{\partial z} \right) \vec{e}_x - \left(\dfrac{\partial a_z}{\partial x} - \dfrac{\partial a_x}{\partial z} \right) \vec{e}_y + \left(\dfrac{\partial a_y}{\partial x} - \dfrac{\partial a_x}{\partial y} \right) \vec{e}_z$$

となって確かに同じ答えが得られる。つぎに

$$\nabla \times (\vec{a} + \vec{b})$$

は、行列表示では

$$\nabla \times (\vec{a} + \vec{b}) = \begin{vmatrix} \vec{e}_x & \vec{e}_y & \vec{e}_z \\ \partial/\partial x & \partial/\partial y & \partial/\partial z \\ a_x + b_x & a_y + b_y & a_z + b_z \end{vmatrix} = \begin{vmatrix} \vec{e}_x & \vec{e}_y & \vec{e}_z \\ \partial/\partial x & \partial/\partial y & \partial/\partial z \\ a_x & a_y & a_z \end{vmatrix} + \begin{vmatrix} \vec{e}_x & \vec{e}_y & \vec{e}_z \\ \partial/\partial x & \partial/\partial y & \partial/\partial z \\ b_x & b_y & b_z \end{vmatrix}$$

と分解できるから

$$\nabla \times (\vec{a} + \vec{b}) = \nabla \times \vec{a} + \nabla \times \vec{b}$$

のように、分配法則が成立することも分かる。

つぎに、k をスカラー量として $\nabla \times (k\vec{a})$ を計算すると

$$\nabla \times (k\vec{a}) = \begin{pmatrix} \dfrac{\partial}{\partial x} & \dfrac{\partial}{\partial y} & \dfrac{\partial}{\partial z} \end{pmatrix} \times \begin{pmatrix} ka_x \\ ka_y \\ ka_z \end{pmatrix} = \begin{pmatrix} \dfrac{\partial (ka_z)}{\partial y} - \dfrac{\partial (ka_y)}{\partial z} \\ \dfrac{\partial (ka_x)}{\partial z} - \dfrac{\partial (ka_z)}{\partial x} \\ \dfrac{\partial (ka_y)}{\partial x} - \dfrac{\partial (ka_x)}{\partial y} \end{pmatrix}$$

となるが、もし位置の関数 $k = k(x, y, z)$ とすると、ふたつの関数の積の微分公式は内積の場合と同様であるから

$$\nabla \times k\vec{a} = (\nabla k) \times \vec{a} + k(\nabla \times \vec{a})$$

となることが分かる。

つぎに、ベクトルのスカラー3重積に相当する

$$\nabla \cdot (\vec{a} \times \vec{b})$$

を計算してみよう。まず

$$\vec{a} \times \vec{b} = (a_y b_z - a_z b_y)\vec{e}_x + (a_z b_x - a_x b_z)\vec{e}_y + (a_x b_y - a_y b_x)\vec{e}_z$$

であるから

$$\nabla \cdot (\vec{a} \times \vec{b}) = \frac{\partial (a_y b_z - a_z b_y)}{\partial x} + \frac{\partial (a_z b_x - a_x b_z)}{\partial y} + \frac{\partial (a_x b_y - a_y b_x)}{\partial z}$$

となる。これを計算すると

第6章　grad とナブラ

$$\frac{\partial(a_y b_z - a_z b_y)}{\partial x} = \frac{\partial a_y}{\partial x} b_z + a_y \frac{\partial b_z}{\partial x} - \frac{\partial a_z}{\partial x} b_y - a_z \frac{\partial b_y}{\partial x}$$

$$\frac{\partial(a_z b_x - a_x b_z)}{\partial y} = \frac{\partial a_z}{\partial y} b_x + a_z \frac{\partial b_x}{\partial y} - \frac{\partial a_x}{\partial y} b_z - a_x \frac{\partial b_z}{\partial y}$$

$$\frac{\partial(a_x b_y - a_y b_x)}{\partial z} = \frac{\partial a_x}{\partial z} b_y + a_x \frac{\partial b_y}{\partial z} - \frac{\partial a_y}{\partial z} b_x - a_y \frac{\partial b_x}{\partial z}$$

となり、この和を整理すると

$$\nabla \cdot (\vec{a} \times \vec{b}) = \left(\frac{\partial a_z}{\partial y} - \frac{\partial a_y}{\partial z} \right) b_x + \left(\frac{\partial a_x}{\partial z} - \frac{\partial a_z}{\partial x} \right) b_y + \left(\frac{\partial a_y}{\partial x} - \frac{\partial a_x}{\partial y} \right) b_z$$
$$- \left(\frac{\partial b_z}{\partial y} - \frac{\partial b_y}{\partial z} \right) a_x - \left(\frac{\partial b_x}{\partial z} - \frac{\partial b_z}{\partial x} \right) a_y - \left(\frac{\partial b_y}{\partial x} - \frac{\partial b_x}{\partial y} \right) a_z$$

ここで、右辺のかっこ内は ∇ と各ベクトルの外積の成分となっている。それを分かるように整理しなおすと

$$\nabla \cdot (\vec{a} \times \vec{b}) = (\nabla \times \vec{a})_x b_x + (\nabla \times \vec{a})_y b_y + (\nabla \times \vec{a})_z b_z$$
$$- (\nabla \times \vec{b})_x a_x - (\nabla \times \vec{b})_y a_y - (\nabla \times \vec{b})_z a_z$$

となる。結局

$$\nabla \cdot (\vec{a} \times \vec{b}) = \vec{b} \cdot (\nabla \times \vec{a}) - \vec{a} \cdot (\nabla \times \vec{b})$$

という関係が得られる。

演習 6-8 ベクトル

$$\vec{A} = \begin{pmatrix} 2x + y \\ 3y^2 + 2z \\ 4z^3 + 6 \end{pmatrix}$$

が与えられている時 $\nabla \times \vec{A}$ を計算せよ。

解) ナブラベクトルとの外積は

$$\nabla \times \vec{A} = \begin{pmatrix} \dfrac{\partial}{\partial x} & \dfrac{\partial}{\partial y} & \dfrac{\partial}{\partial z} \end{pmatrix} \times \begin{pmatrix} 2x + y \\ 3y^2 + 2z \\ 4z^3 + 6 \end{pmatrix}$$

となる。
このまま直接計算してもよいが、煩雑となるので、整理の意味で各成分ごとに計算してみよう。

まず、x 成分は

$$\frac{\partial A_z}{\partial y} - \frac{\partial A_y}{\partial z} = \frac{\partial(4z^3 + 6)}{\partial y} - \frac{\partial(3y^2 + 2z)}{\partial z} = -2$$

つぎに y 成分は

$$\frac{\partial A_x}{\partial z} - \frac{\partial A_z}{\partial x} = \frac{\partial(2x + y)}{\partial y} - \frac{\partial(4z^3 + 6)}{\partial x} = 1$$

最後に z 成分は

$$\frac{\partial A_y}{\partial x} - \frac{\partial A_x}{\partial y} = \frac{\partial(3y^2 + 2z)}{\partial x} - \frac{\partial(2x + y)}{\partial y} = -1$$

となるから

$$\nabla \times \vec{A} = \begin{pmatrix} -2 \\ 1 \\ -1 \end{pmatrix}$$

第 6 章　grad とナブラ

と与えられる。

演習 6-9　つぎのベクトルが与えられているとき

$$\vec{a} = \begin{pmatrix} x+y+z \\ 0 \\ 0 \end{pmatrix} \quad \vec{b} = \begin{pmatrix} 0 \\ x+y+z \\ 0 \end{pmatrix}$$

$\nabla \cdot (\vec{a} \times \vec{b})$ を計算せよ。

解）　$\nabla \cdot (\vec{a} \times \vec{b}) = \vec{b} \cdot (\nabla \times \vec{a}) - \vec{a} \cdot (\nabla \times \vec{b})$ という公式を使ってみよう。まず、ナブラベクトルとベクトル $\vec{a}$ の外積は

$$\nabla \times \vec{a} = \begin{pmatrix} \dfrac{\partial}{\partial x} & \dfrac{\partial}{\partial y} & \dfrac{\partial}{\partial z} \end{pmatrix} \times \begin{pmatrix} a_x \\ a_y \\ a_z \end{pmatrix} = \begin{pmatrix} \dfrac{\partial a_z}{\partial y} - \dfrac{\partial a_y}{\partial z} \\ \dfrac{\partial a_x}{\partial z} - \dfrac{\partial a_z}{\partial x} \\ \dfrac{\partial a_y}{\partial x} - \dfrac{\partial a_x}{\partial y} \end{pmatrix} = \begin{pmatrix} 0 \\ 1 \\ -1 \end{pmatrix}$$

同様にして

$$\nabla \times \vec{b} = \begin{pmatrix} \dfrac{\partial}{\partial x} & \dfrac{\partial}{\partial y} & \dfrac{\partial}{\partial z} \end{pmatrix} \times \begin{pmatrix} b_x \\ b_y \\ b_z \end{pmatrix} = \begin{pmatrix} -1 \\ 0 \\ 1 \end{pmatrix}$$

$$\nabla \cdot (\vec{a} \times \vec{b}) = \vec{b} \cdot (\nabla \times \vec{a}) - \vec{a} \cdot (\nabla \times \vec{b})$$

$$= (0, x+y+z, 0) \begin{pmatrix} 0 \\ 1 \\ -1 \end{pmatrix} - (x+y+z, 0, 0) \begin{pmatrix} -1 \\ 0 \\ 1 \end{pmatrix}$$

$$= (x+y+z) + (x+y+z) = 2x + 2y + 2z$$

となる。

もちろん、このような公式を使わずとも、この演習の場合は、直接計算した方が楽である。外積は

$$\vec{a} \times \vec{b} = \begin{pmatrix} a_y b_z - a_z b_y \\ a_z b_x - a_x b_z \\ a_x b_y - a_y b_x \end{pmatrix}$$

であるから、いまの場合

$$\vec{a} \times \vec{b} = \begin{pmatrix} 0 \\ 0 \\ (x+y+z)^2 \end{pmatrix}$$

と計算できる。つぎに

$$\nabla \cdot (\vec{a} \times \vec{b}) = \begin{pmatrix} \dfrac{\partial}{\partial x} & \dfrac{\partial}{\partial y} & \dfrac{\partial}{\partial z} \end{pmatrix} \cdot \begin{pmatrix} 0 \\ 0 \\ (x+y+z)^2 \end{pmatrix} = \frac{\partial (x+y+z)^2}{\partial z} = 2(x+y+z)$$

なって、同じ答えが得られる。

　実は、本章で紹介したナブラ演算子とベクトルとの内積や外積は、理工学への応用において重要な演算であり、頻繁に利用される。その物理的な意味については次章で紹介する。

第7章 div と rot

ベクトル解析では、grad(∇) の他にも、多くの演算子が登場する。すべての物理現象は 3 次元空間で生じるから、その解析を行うためには本来 3 次元ベクトルが必要になる。

例えば、2 つの物体間に働く引力や電磁気力を評価するには、3 次元ベクトルどうしの演算が必要になる。この時、ベクトルの成分を明記しながら、足し算や引き算、また内積や外積などの計算を地道に行っていけば、もちろん解が得られる。しかし、それを実行しようとすると、時間と労力だけではなく、いたずらに紙面をたくさん使うことになるし、思わぬミスをすることも多い。

そこで、すでに結果が分かっている代表的な演算に関しては、いちいち計算過程を書かずに、適当な演算子、あるいは演算子の組み合わせで代用することがある。ものぐさと言えなくもないが、それにはちゃんとした理由もある。それは、演算子自体に物理的な意味があるということである。このため、ベクトル計算を漫然と行うよりも、演算子を使うことで、その物理的な意味をつかむことができるからである。

例えば、電磁気学の基本と考えられている**マックスウェルの方程式** (Maxwell's equations) はベクトル演算のかたちで表現される。それは

$$\text{div}\vec{D} = \rho \quad \text{rot}\vec{E} = -\frac{\partial \vec{B}}{\partial t}$$

$$\text{div}\vec{B} = 0 \quad \text{rot}\vec{H} = -\frac{\partial \vec{D}}{\partial t} + \vec{j}$$

と表現できる。

もちろん、これら方程式は、各ベクトルの成分を使って書くこともできるし、その方が分かりやすい場合もある。特に、演算子に不慣れな初学者には、このような表記自体に不満があろう。しかし、方程式をまとめる場合には、このような演算子で書く方がすっきりするし、汎用性も高い。
　ところで、この方程式には div と rot という記号が入っている。実は、これらはベクトル演算子に対応した記号であり、それぞれ divergence（**ダイバージェンス**）と rotation（**ローテーション**）という英語に相当する。日本語の意味は、**発散**と**回転**である。（といってもすぐには分からないであろうが。）
　divergence は diverge という動詞の名詞形で、diverge には「分岐する」「拡散する」「発散する」という意味がある。数学では、無限級数 (infinite series) などが収束せずに、無限大になることを「発散」と呼んで、divergence という同じ単語を使う。あるいは、このような級数を発散級数 (divergent series) と呼ぶ。
　物理現象では、電子ビームなどが、その発射源から出て、空間を広がっていく様子を divergence と呼ぶ。つまり、divergence は、噴水のように、ある湧き出し口から流体などが「湧き出して、拡散しながら広がっていく」というイメージを与えるものである。
　つぎに、rot という演算子は curl と書くこともある。これは、日本語でも「カール」というスナック菓子の名前になっているが、rotation と同様に回転という意味があり、くるくる回るというイメージである。ここで、rot も curl も同じ意味をもった、全く同じ演算子である。ところが、同じ演算子であるにもかかわらず、2通りの表記をする（ことになってしまっている）。これは、初学者に誤解や混乱を与えるもとである。残念ながら、歴史的な経緯もあって、現在でも2通りの表記が併用されているのである。ナブラ演算子が、デル演算子、grad 演算子などと呼ばれるのと同じである。
　ここで、再びマックスウェルの方程式に戻ってみよう。この方程式には、div と rot というベクトル演算子が使われている[1]。複雑怪奇と呼ばれる電磁気学の世界が、たった4個の方程式で表現できるという事実は驚嘆に値す

---

[1] ただし、最初のマックスウェル方程式はベクトルを使っては書かれていない。

る。しかも、その対称的な美しさは神秘的というしかない[2]。
　ところで、このマックスウェル方程式は、前章で紹介したナブラ演算子を使って表現することもできる。この時

$$\nabla \cdot \vec{D} = \rho \qquad \nabla \times \vec{E} = -\frac{\partial \vec{B}}{\partial t}$$

$$\nabla \cdot \vec{B} = 0 \qquad \nabla \times \vec{H} = -\frac{\partial \vec{D}}{\partial t} + \vec{j}$$

となる。
　つまり、div という演算子はナブラベクトル（∇）と他のベクトルとの内積

$$\text{div} \to \nabla \cdot$$

であり、rot という演算子はナブラベクトル（∇）と他のベクトルの外積

$$\text{rot} \to \nabla \times$$

に対応するのである。
　それでは、これら演算子は、なぜ、発散や回転に対応した divergence や rotation という英語で表現されるのであろうか。それは、これら単語の意味に対応した物理的な意味があるからである。それをつぎに紹介する。

7.1. 発散 (div) の意味

繰り返すと、div という演算子は

---

[2] マックスウェル方程式が完全に対称とはならないのは、単位電荷が存在するのに対し、単位磁荷（モノポール: mono pole）が存在しないからである。ただし、まだ**観察されて**いないだけで、モノポールが存在すると信じている研究者も多い。

$$\mathrm{div}\,\vec{a} = \nabla \cdot \vec{a}$$

というように、ナブラ演算子（ナブラベクトル）と任意のベクトルの内積である。よって、div をベクトルに作用させるとスカラーとなる。

すでに、この計算は、前章で紹介しているが、あらためて表記すると

$$\mathrm{div}\,\vec{a} = \nabla \cdot \vec{a} = \begin{pmatrix} \dfrac{\partial}{\partial x} & \dfrac{\partial}{\partial y} & \dfrac{\partial}{\partial z} \end{pmatrix} \begin{pmatrix} a_x \\ a_y \\ a_z \end{pmatrix} = \dfrac{\partial a_x}{\partial x} + \dfrac{\partial a_y}{\partial y} + \dfrac{\partial a_z}{\partial z}$$

となる。これが div である。

それでは、この結果をもとに、div という演算子の意味を考えてみよう。その第 1 項は、**ベクトル $\vec{a}$ の x 成分 a_x の x 方向の変化量**である。同様にして、第 2 項と第 3 項は、ベクトル $\vec{a}$ の y 成分 (a_y) および z 成分 (a_z) の y 方向と z 方向の変化量となっている。そして、これら変化量をすべて足し合わせたものが div となる。

この意味を探るために、まずベクトル $\vec{a}$ の成分がすべて定数の場合を考える。すると

$$\mathrm{div}\,\vec{a} = \dfrac{\partial a_x}{\partial x} + \dfrac{\partial a_y}{\partial y} + \dfrac{\partial a_z}{\partial z} = 0$$

となって、定数ベクトルの発散は 0 ということになる。このように、定数ベクトルであれば、拡散して広がってゆくということがないから、「発散がない」ということになる。それでは、次に

$$\vec{a} = \begin{pmatrix} kx \\ b \\ c \end{pmatrix}$$

というように、x 成分だけが x の関数で、y 成分および z 成分が定数のベク

トルを考えてみよう。これは、x 方向に移動すると、x 成分が比例定数 k で増加していくベクトルに対応する。この場合の div は

$$\text{div}\,\vec{a} = \frac{\partial (kx)}{\partial x} + \frac{\partial b}{\partial y} + \frac{\partial c}{\partial z} = k$$

となり、発散は k となる。これは、x 方向に単位距離 1 だけ移動すると、その成分が k だけ大きくなるということを示しており、確かに x 方向の無限遠では発散するということになる。

演習 7-1 つぎのベクトルの発散を求めよ。

$$\vec{A} = \begin{pmatrix} 2x + y \\ x + y^2 + z \\ 3z + 4 \end{pmatrix}$$

解) それぞれの成分の偏微分を求めればよい。よって

$$\text{div}\,\vec{A} = \frac{\partial (2x+y)}{\partial x} + \frac{\partial (x+y^2+z)}{\partial y} + \frac{\partial (3z+4)}{\partial z} = 2 + 2y + 3 = 2y + 5$$

となる。

演習 7-2 位置ベクトル $\vec{r} = (x, y, z)$ の発散を求めよ。

解) それぞれの成分の偏微分を求めればよい。よって

$$\text{div}\,\vec{r} = \frac{\partial (x)}{\partial x} + \frac{\partial (y)}{\partial y} + \frac{\partial (z)}{\partial z} = 1 + 1 + 1 = 3$$

となる。

あるいはナブラ記号を使って

$$\nabla \cdot \vec{r} = 3$$

と書くことも多い。

　この関係式は理工系の学問への応用では頻出する関係式である。

　このように、任意のベクトルが与えられれば、その発散 (div) を計算することは実に簡単である。しかし、このままでは物理的な意味がそれほど明確ではない。

　そこで、この演算子が発散と呼ばれる端的な例として、つぎのような状況を想定してみよう。いま図 7-1 に示すように、原点に、濃度 ρ の気体を考える。この気体が

$$\vec{v} = \begin{pmatrix} v_x \\ v_y \\ v_z \end{pmatrix}$$

という速度ベクトルで拡散していくものとする。すると、この気体の密度に速度ベクトルの div を乗じた

$$\rho \, \mathrm{div}\, \vec{v} = \rho \left(\frac{\partial v_x}{\partial x} + \frac{\partial v_y}{\partial y} + \frac{\partial v_z}{\partial z} \right)$$

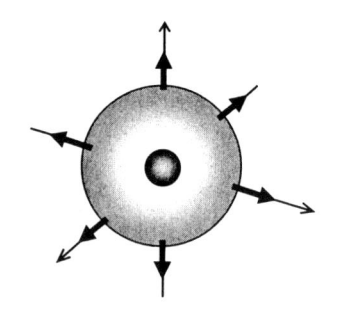

図 7-1

第7章 div と rot

は、この気体の濃度が、ある空間の1点で単位体積あたりに減る割合を与えるものである。これが発散（この場合は拡散の方が相応しい）と呼ばれる由縁である。

ところで、div は「発散」という意味よりは、次に示すように「湧き出し源」を探る手法として、理工系分野、特に電磁気学で確固たる地位を築いている。それを説明しよう。

いま、図 7-2 のような x 方向に流れる流体を考える。この流体の変化を解析する目的で、この流体の流れる方向に垂直で、1辺の長さが dy および dz の断面を考える。ある点 x において、この断面積に流入する単位断面積あたりの流量を $A_x(x)$ とすると、その総流量は $A_x(x)dydz$ となる。

つぎに、この点から dx だけ離れた点 $x+dx$ で、同じ大きさの断面 $dydz$ において単位断面積あたりの流量を $A_x(x+dx)$ とする。

すると、この間の x 方向での流量の変化は

$$\Delta A_x = A_x(x+dx)dydz - A_x(x)dydz$$

となる。これを変形すると

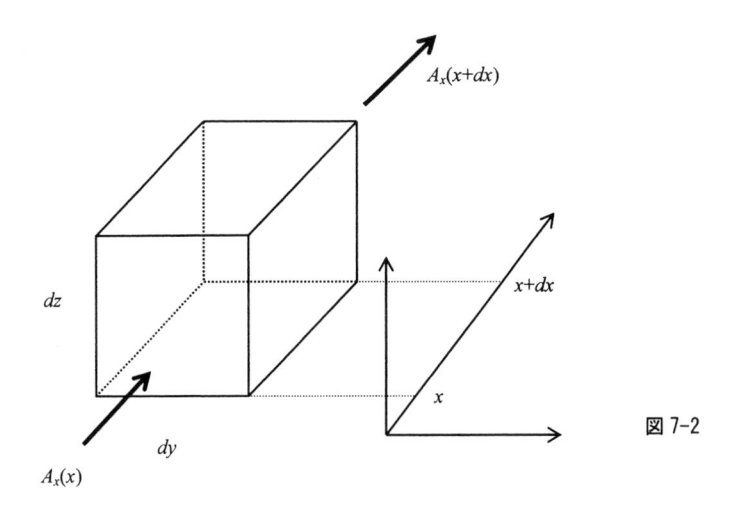

図 7-2

$$\Delta A_x = \left(A_x(x+dx) - A_x(x)\right)dydz = \frac{A_x(x+dx) - A_x(x)}{dx}dxdydz$$

これを偏微分をつかって書くと

$$\Delta A_x = \frac{\partial A_x}{\partial x}dxdydz$$

となる。

同様にして、y 方向および z 方向での流量の変化は

$$\Delta A_y = \frac{\partial A_y}{\partial y}dxdydz \qquad \Delta A_z = \frac{\partial A_z}{\partial z}dxdydz$$

と与えられる。

ここで、あらためて図 7-3 に示したように、流体の流れている空間に、$dxdydz$ の大きさからなる箱を考えてみよう。

この箱の、それぞれ xyz 方向の負の方向から流入する流体の量と、それぞれの正の方向から流出する流体の量の、総量変化は

$$\Delta A = \left(\frac{\partial A_x}{\partial x} + \frac{\partial A_y}{\partial y} + \frac{\partial A_z}{\partial z}\right)dxdydz$$

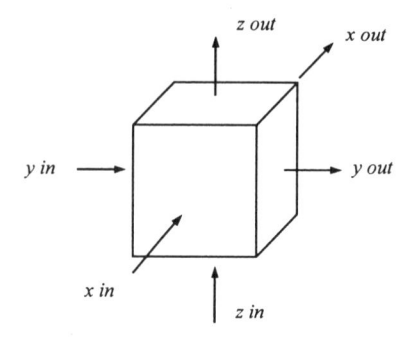

図 7-3

で与えられることになる。ここで、$dxdydz$ の箱の大きさとして、単位長さ1の立方体を考えると

$$\Delta A = \frac{\partial A_x}{\partial x} + \frac{\partial A_y}{\partial y} + \frac{\partial A_z}{\partial z} = \mathrm{div}\,\vec{A}$$

となる。これは、まさにベクトル $\vec{A}$ のダイバージェンスである。つまり、$\mathrm{div}\,\vec{A}$ は、ある流体のある点における単位体積あたりの流体の総量変化を示すものである。ここで、この箱の中に、もし流体の湧き出し口がないとすれば

$$\mathrm{div}\,\vec{A} = 0$$

となる。この式は、この流体の量が保存されるという意味になる。図 7-3 で考えれば、x, y, z の3つの方向から、この箱に流入する流体の総和と、この箱から流出する流体の総和が等しいということを意味している。

つぎに、$\mathrm{div}\,\vec{A}$ がゼロではなく

$$\mathrm{div}\,\vec{A} = a$$

のように、a という値を示すとしよう。この場合、この箱の中に a だけ流体を湧き出す何か（湧き出し源）が存在するということになる。

7.2. div とマックスウェル方程式

7.2.1. マックスウェル方程式

以上の div という演算子の有する特徴を踏まえて、マックスウェル方程式を考えてみる。この方程式において、div という演算子が入った式を取り出すと

$$\mathrm{div}\,\vec{D} = \rho \qquad \mathrm{div}\,\vec{B} = 0$$

の2式となる。ここで、最初の式のベクトル $\vec{D}$ は電束ベクトルと呼ばれる

ものであり、これは電場に関する式である。つぎの式のベクトル$\vec{B}$は磁束ベクトルであり、磁場の性質を示したものである。簡単に言えば、これらベクトルは電場の強さと向き、および磁場の強さと向きに相当する。

ここで、まず磁場の方から見てみよう。マックスウェル方程式によると、磁束ベクトルは

$$\mathrm{div}\vec{B} = 0$$

というdivで表現される関係を満足する。この式は、非常に有名な関係であり、物理学の基本法則のひとつとなっている。しかし、この関係は常に気をつけていないと、一流の研究者であっても誤解することが多い。なぜなら、この関係は常識とは、少しかけ離れているからである。

磁場のダイバージェンスが0ということは、磁場には「磁場を発生させる湧き出し源がない」ということを示している。これは、よく考えれば不思議である。なぜなら、普段、磁石があると、それに鉄のくぎが引き寄せられることを経験している。つまり磁場があるからこそ、鉄は磁石に引き寄せられるのである。にもかかわらず、マックスウェル方程式では、その磁場の湧き出し源がないということを示している。

これは、言いかえれば磁力線には、はじめも終わりもなく連続してつながっており、磁場が、図7-4に示したように、電流のまわりに発生するという事実に起因している。つまり、図のような方向に電流が流れたとき、そのまわりに磁場が矢印の向きに誘導される。この時、磁場は不連続ではなく、一回りしてもとに戻ってくる。

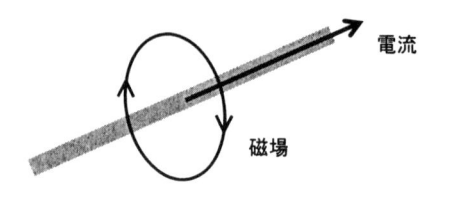

図7-4 磁場の源：磁場は電流が流れたときに発生する。

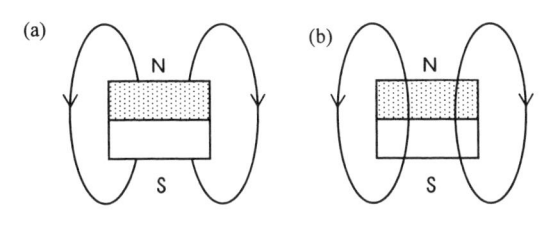

図 7-5

　それでは、磁石の N 極 (north pole) や S 極 (south pole) は何なのであろうか。かつて、磁場は図 7-5(a)に示すように、N 極から S 極に向かうと習ったことを記憶している。これならば、磁場源が N 極で、ここから磁場が発生して S 極に向かっていると考えられる。ところが、この場合も、磁石の内部を観察すれば、図 7-5(b)に示すように、磁力線は磁石の表面で途切れているのではなく、ちゃんと内部でつながっているのである。

　つまり、磁石といえども、磁場の湧き出し源があるわけではないのである。磁石の場合、磁場の向きを定義した結果、あたかも N 極の端面から磁場が発生して、S 極の端面に向かって進んでいくように見えるだけの話である。

　それでは、磁石の磁場は何がつくっているのであろうか。今の話の延長では、電流が流れていなければならない。実は、物質を構成している電子には、図 7-6 に示すように、その自転（回転するので一種の電流とみなすことができる）に起因したスピンと呼ばれる磁場が発生している。

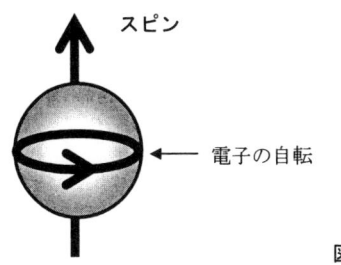

図 7-6

これが磁石の磁場のもとであり、この場合も基本的には電流が磁場を作り出していると考えられている。磁石における磁場は、これらミクロ磁石がいっせいに同じ方向を向いた結果、集合として磁場を発生している状態と考えられている。

7.2.2. 電場の性質

磁場を発生させる電流のもとは電子の流れである。電子は負の電荷を持っており、これが電場のもととなっている。それでは、電場の特徴を示すマックスウェル方程式はどうなっているであろうか。この場合

$$\mathrm{div}\vec{D} = \rho$$

となって、磁束密度ベクトルと異なり、電束密度ベクトルではdivがゼロとはならない。これは、先ほどdivの項で確認した事項によれば、電場の場合には、磁場と異なってその湧き出し源が存在するということを示している。

言いかえれば、電荷によって電場がつくられるということになる。この時、電荷ρによって生じる電束密度は

$$\vec{D} = \frac{\rho}{4\pi r^2}\frac{\vec{r}}{r}$$

という距離の関数になっており、距離の2乗に反比例することが知られている。

これを実験で確かめるには、力を測定する。電場$\vec{E}$という空間に、電荷qを置いたときに働く力は

$$\vec{F} = q\vec{E}$$

という関係で与えられる。つぎに、クーロンは、ρという電荷と距離rだけ離れたqという電荷の間には、εを真空の誘電率とすると

第7章　div と rot

$$F = \frac{q\rho}{4\pi\varepsilon r^2}$$

という力が働くことを見出した。これを**クーロンの法則** (Coulomb's law) と呼んでいる。これをベクトルで書くと

$$\vec{F} = \frac{q\rho}{4\pi\varepsilon r^2}\frac{\vec{r}}{r}$$

となる。ただし、$\vec{r}/r$ は r 方向の単位ベクトルである。ここで、ρ という電荷がつくる電場を $\vec{E}$ とすると、$\vec{F} = q\vec{E}$ より

$$\vec{E} = \frac{\rho}{4\pi\varepsilon r^2}\frac{\vec{r}}{r}$$

ここで、電場ベクトルと電束密度ベクトルの間には

$$\vec{D} = \varepsilon\vec{E}$$

という関係にあるから

$$\vec{D} = \frac{\rho}{4\pi r^2}\frac{\vec{r}}{r}$$

となる。これが先ほど紹介した関係である。
　これを直交座標で書きかえると

$$\vec{D} = \frac{\rho}{4\pi r^3}\begin{pmatrix}x\\y\\z\end{pmatrix}$$

となる。この時

$$\frac{\partial D_x}{\partial x} = \frac{\rho}{4\pi} \frac{\partial}{\partial x}\left(\frac{x}{r^3}\right) = \frac{\rho}{4\pi} \frac{r^3 - x(3r^2)(\partial r / \partial x)}{r^6}$$

であるが

$$\frac{\partial r}{\partial x} = \frac{\partial}{\partial x}(x^2 + y^2 + z)^{\frac{1}{2}} = \frac{1}{2}(x^2 + y^2 + z^2)^{-\frac{1}{2}} \cdot 2x = \frac{x}{r}$$

であるので

$$\frac{\partial D_x}{\partial x} = \frac{\rho}{4\pi} \frac{r^3 - x(3r^2)(\partial r / \partial x)}{r^6} = \frac{\rho}{4\pi} \frac{r^3 - 3x^2 r}{r^6}$$

となる。ここで、あらためて div を計算すると

$$\mathrm{div}\,\vec{D} = \nabla \cdot \vec{D} = \frac{\partial D_x}{\partial x} + \frac{\partial D_y}{\partial y} + \frac{\partial D_z}{\partial z}$$
$$= \frac{\rho}{4\pi}\left\{\frac{r^3 - 3x^2 r}{r^6} + \frac{r^3 - 3y^2 r}{r^6} + \frac{r^3 - 3z^2 r}{r^6}\right\}$$
$$= \frac{\rho}{4\pi}\left\{\frac{3r^3 - 3(x^2 + y^2 + z^2)r}{r^6}\right\} = 0$$

となって、あろうことか発散はゼロという結果になってしまう。実は、電磁気学の教科書でも、この辺はあまりくわしく解説せずに $\mathrm{div}\,\vec{D} = \rho$ という式を示し、これは電荷があることに対応するという定性的な説明だけで終わらせてしまうので、誤解を残したままになってしまう。

いま、取り扱っている状態は、原点に ρ という電荷があり、そのまわりの空間には電荷がない状態である。ところが、原点では $r = 0$ であるから、そのまま電束密度ベクトルの式

$$\vec{D} = \frac{\rho}{4\pi r^2}\frac{\vec{r}}{r}$$

に代入すると、$r \to 0$ で無限大となって発散してしまい、微分不可能となる。よって、電荷のある原点では発散 (div) を計算することができないのである。一方、$r = 0$ 以外の点には電荷がないので、湧き出し源がない。よって、div を計算すれば、その値が 0 になるのは当然の結果なのである。

しかし、このままでは、この問題に対処ができない。そこで、ディラック (Dirac) はデルタ関数 (delta function, δ function) というものを考えた。この関数は

$$\delta(r) = \begin{cases} 1 & (r = 0) \\ 0 & (r \neq 0) \end{cases}$$

という条件を満足する。この関数によって点電荷を表現できるようになるのであるが、ここでは、別なアプローチをしてみよう。いま、原点近傍の微小体積 ($r \leq a$) 内で電荷が均一で ρ_0 とし、$r > a$ の領域では電荷が 0 とする。

電束密度ベクトルの式である

$$\mathrm{div}\vec{D} = \rho$$

をもとに、この式を満足するベクトル関数を計算してみるのである。ここで、電束密度ベクトルを r の関数として

$$\vec{D} = f(r)\frac{\vec{r}}{r}$$

というかたちを仮定してみよう。これは、電束ベクトルが位置の関数として変化しているという意味である。ただし $\vec{r}/r$ は r 方向の単位ベクトルとなる。ここで、$r \leq a$ では、電荷濃度がつねに ρ_0 であるから

$$\mathrm{div}\vec{D} = \rho_0$$

となる。ここで、電束密度ベクトルのダイバージェンスは

$$\mathrm{div}\vec{D} = \nabla \cdot \left(f(r)\frac{\vec{r}}{r} \right)$$

となる。ところで、位置ベクトルのダイバージェンスは

$$\nabla \cdot \vec{r} = \nabla \cdot \begin{pmatrix} x \\ y \\ z \end{pmatrix} = \frac{\partial x}{\partial x} + \frac{\partial y}{\partial y} + \frac{\partial z}{\partial z} = 3$$

のように3となるから、上の式が定数になるためには

$$\frac{f(r)}{r} = \frac{\rho_0}{3}$$

を満足しならなければならない。よって電束密度ベクトルは

$$\vec{D} = f(r)\frac{\vec{r}}{r} = \frac{\rho_0}{3}\vec{r}$$

と与えられることになる。つまり図7-7に示すように、原点では電束密度ベクトルの大きさが0で、$r = a$まで増えていくという分布になる。

ここで、電荷ρと電荷濃度ρ_0の関係を考えてみる。いま、$r \leq a$では、電荷濃度がつねにρ_0であるから、この空間内の電荷の総和は、ρ_0に体積をかけて

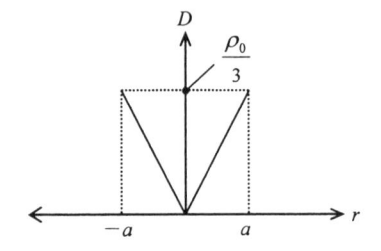

図7-7

第 7 章　div と rot

$$\rho = \frac{4\pi a^3}{3}\rho_0$$

となる。よって

$$\rho_0 = \frac{3}{4\pi a^3}\rho$$

という関係にある。これを先ほどの電束ベクトルの式に代入すると

$$\vec{D} = \frac{\rho_0}{3}\vec{r} = \frac{\rho}{4\pi a^3}\vec{r}$$

となって、クーロンの法則から求めた電束密度ベクトルの式において、$r = a$ としたものとなっている。

それでは、つぎに、$r > a$ の領域ではどうなるであろうか。この場合は

$$\mathrm{div}\vec{D} = \nabla \cdot \left(f(r)\frac{\vec{r}}{r}\right) = 0$$

でなければならない。よって

$$\nabla \cdot \left(f(r)\frac{\vec{r}}{r}\right) = \nabla \cdot \frac{f(r)}{r}\begin{pmatrix}x\\y\\z\end{pmatrix} = \frac{\partial}{\partial x}\left(\frac{f(r)x}{r}\right) + \frac{\partial}{\partial y}\left(\frac{f(r)y}{r}\right) + \frac{\partial}{\partial z}\left(\frac{f(r)z}{r}\right) = 0$$

となるが、この条件を満足する関数は、すでに計算したように r の関数としては

$$\frac{f(r)}{r} = \frac{A}{r^3}$$

であることが分かっている。ただし A は定数である。これを実際に確かめ

てみよう。すると

$$\frac{\partial}{\partial x}\left(\frac{f(r)}{r}x\right) = \frac{\partial}{\partial x}\left(\frac{Ax}{r^3}\right) = \frac{Ar^3 - 3Axr^2\left(\frac{\partial r}{\partial x}\right)}{r^6}$$

ここで

$$\frac{\partial r}{\partial x} = \frac{\partial}{\partial x}(x^2+y^2+z^2)^{\frac{1}{2}} = 2x \cdot \frac{1}{2}(x^2+y^2+z^2)^{-\frac{1}{2}} = \frac{x}{r}$$

であるから

$$\frac{\partial}{\partial x}\left(\frac{f(r)}{r}x\right) = \frac{Ar^3 - 3Ax^2r}{r^6} = A\frac{r^3 - 3x^2r}{r^6}$$

となる。よって

$$\mathrm{div}\vec{D} = \frac{\partial}{\partial x}\left(\frac{f(r)x}{r}\right) + \frac{\partial}{\partial y}\left(\frac{f(r)y}{r}\right) + \frac{\partial}{\partial z}\left(\frac{f(r)z}{r}\right)$$

$$= A\frac{r^3 - 3x^2r}{r^6} + A\frac{r^3 - 3y^2r}{r^6} + A\frac{r^3 - 3z^2r}{r^6}$$

$$= A\frac{3r^3 - 3(x^2+y^2+z^2)r}{r^6} = A\frac{3r^3 - 3r^3}{r^6} = 0$$

となって、たしかに 0 になることが分かる。つまり

$$\vec{D} = \frac{A}{r^3}\vec{r}$$

というかたちのベクトルとなる。つぎに定数 A を求めてみよう。先ほど求めたように $r \leq a$ では

第 7 章　div と rot

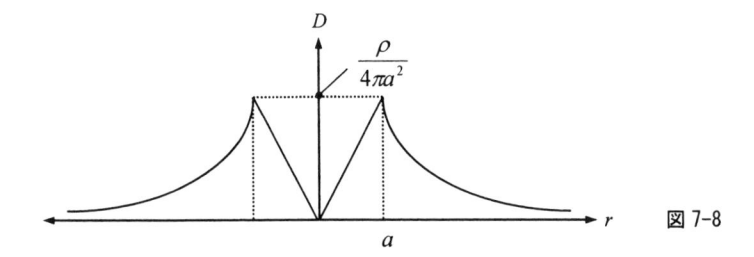

図 7-8

$$\vec{D} = \frac{\rho_0}{3}\vec{r} = \frac{\rho}{4\pi a^3}\vec{r}$$

であった。よって、$r = a$ で電束密度ベクトルが連続となるためには

$$\vec{D} = \frac{A}{a^3}\vec{r} = \frac{\rho}{4\pi a^3}\vec{r}$$

という条件が必要となる。よって、定数は

$$A = \frac{\rho}{4\pi}$$

と与えられる。結局、電束密度ベクトルは

$$\vec{D} = \frac{\rho}{4\pi r^3}\vec{r}$$

となって、クーロンの法則から求めたベクトル関数とまったく同じものが得られる。これを図示すると図 7-8 のようになる。実際の点電荷に対応させるためには、この図において a を原点に近づけていけばよい。

7.3. rot の意味

上で解説したように、div が 0 ということは湧き出し源がないことを示している。また、電場ベクトルのように、そのベクトルの div がゼロではなく ρ という値を有するということは、その値 (ρ) に対応した湧き出し源(すなわち電荷)があるということを示しており、物理的な意味が比較的はっきりしている。

これに対して、マックスウェル方程式に登場する演算子 rot の意味は分かりにくいというひとが圧倒的に多い。div はベクトルに作用してスカラーをつくるが、rot はベクトルに作用して、新たなベクトルをつくり出す。それを復習してみよう。rot はナブラベクトルと他のベクトルとの外積である。よって

$$\mathrm{rot}\,\vec{a} = \nabla \times \vec{a} = \begin{pmatrix} \dfrac{\partial}{\partial x} & \dfrac{\partial}{\partial y} & \dfrac{\partial}{\partial z} \end{pmatrix} \times \begin{pmatrix} a_x \\ a_y \\ a_z \end{pmatrix} = \begin{pmatrix} \dfrac{\partial a_z}{\partial y} - \dfrac{\partial a_y}{\partial z} \\ \dfrac{\partial a_x}{\partial z} - \dfrac{\partial a_z}{\partial x} \\ \dfrac{\partial a_y}{\partial x} - \dfrac{\partial a_x}{\partial y} \end{pmatrix}$$

となる。

外積の行列式表示

$$\vec{A} \times \vec{B} = \begin{vmatrix} \vec{e}_x & \vec{e}_y & \vec{e}_z \\ A_x & A_y & A_z \\ B_x & B_y & B_z \end{vmatrix}$$

を、∇ に適用すると

$$\nabla \times \vec{a} = \begin{vmatrix} \vec{e}_x & \vec{e}_y & \vec{e}_z \\ \partial/\partial x & \partial/\partial y & \partial/\partial z \\ a_x & a_y & a_z \end{vmatrix} = \vec{e}_x \begin{vmatrix} \partial/\partial y & \partial/\partial z \\ a_y & a_z \end{vmatrix} - \vec{e}_y \begin{vmatrix} \partial/\partial x & \partial/\partial z \\ a_x & a_z \end{vmatrix} + \vec{e}_z \begin{vmatrix} \partial/\partial x & \partial/\partial y \\ a_x & a_y \end{vmatrix}$$

$$= \left(\dfrac{\partial a_z}{\partial y} - \dfrac{\partial a_y}{\partial z} \right) \vec{e}_x - \left(\dfrac{\partial a_z}{\partial x} - \dfrac{\partial a_x}{\partial z} \right) \vec{e}_y + \left(\dfrac{\partial a_y}{\partial x} - \dfrac{\partial a_x}{\partial y} \right) \vec{e}_z$$

第7章 div と rot

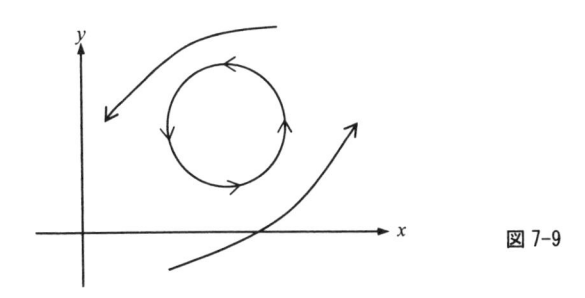

図 7-9

となる。このように表記した方がまちがいが少ない。ところで、この rot のベクトルはいったいどのような意味があるのであろうか。rot は rotation つまり回転という英語に基づいている。また、この演算子を curl とも呼ぶが、これも回転という意味がある。よって、この演算子はベクトルの回転に対応したものと予想される。

そこで、この意味を明確にするために、rot の z 成分を取り出してみる。

$$(\mathrm{rot}\,\vec{A})_z = \frac{\partial A_y}{\partial x} - \frac{\partial A_x}{\partial y}$$

まず気づくのは、z 成分でありながら、すべて成分は x 成分と y 成分の微分からなっていることである。しかし、これがなぜ回転と関係があるのであろうか。そこで、図 7-9 に示すように、xy 平面で水車のような回転体を置いてみる。ここでベクトル $\vec{A}$ は、何らかの流体の流れを表すものとしよう。そして、この流れの影響で水車が図の矢印のように反時計まわりに回転した時、その z 方向の正の方向に成分が作り出されるものと想定する。これは、ちょうど右ねじが進む方向となる。

ここで、あらためて rot のベクトルの z 成分の第 1 項を抜き出すと

$$\frac{\partial A_y}{\partial x}$$

となっている。これは、y 成分を x で微分したものである。これが正ということは、x 方向に移動するに従ってベクトル $\vec{A}$ の y 成分 (A_y) が増えるとい

うことに対応する。これを図示すると図 7-10 のようになり、x 方向で流体の y 成分が増えれば、水車の回転という観点では、反時計まわりの回転が生じる。つまり z 方向の正の成分を生み出すことになる。それではつぎの項はどうであろうか。

$$-\frac{\partial A_x}{\partial y}$$

これは、ベクトル $\vec{A}$ の x 成分 (A_x) の y 方向の変化であるが、こちらの場合は負の符号がついている。この意味をふたたび図で考えて見よう。図 7-10 と同じ図を、流体の x 成分の場合を描いてみる。

　すると図 7-11 に示すように、流体の x 成分が y 方向で増加すると、水車の回転は時計まわりとなる。右ねじで考えれば、この進む方向は紙面の表側から裏側へ向かう方向となる。よって、この方向は z 軸の負の方向に相当する為、負の符号がついているのである。

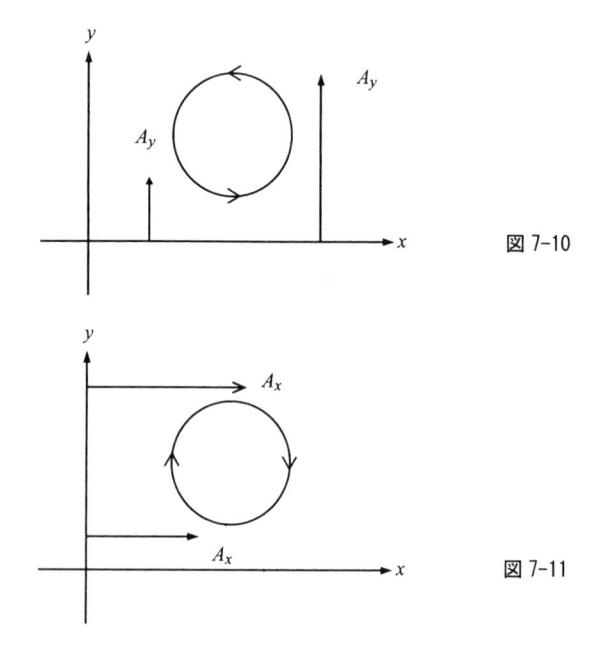

図 7-10

図 7-11

第 7 章　div と rot

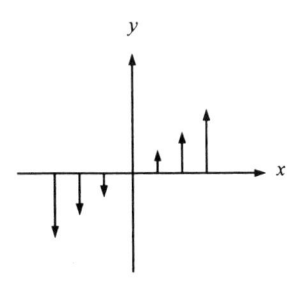

図 7-12

　このように、rot という演算子をベクトルに作用させると、その z 成分は、そのベクトルが xy 平面において、どのように変化し、それが回転という意味でどのような運動をつくり出すかで、z 成分が決まるということになる。

演習 7-3　つぎのベクトルの rot を求め、それが、どのような回転を生じるかを示せ。

$$\vec{A} = \begin{pmatrix} 0 \\ x \\ 0 \end{pmatrix}$$

解）　まず、このベクトルに rot を作用すると

$$\text{rot}\,\vec{A} = \left(\frac{\partial A_z}{\partial y} - \frac{\partial A_y}{\partial z}\right)\vec{e}_x - \left(\frac{\partial A_z}{\partial x} - \frac{\partial A_x}{\partial z}\right)\vec{e}_y + \left(\frac{\partial A_y}{\partial x} - \frac{\partial A_x}{\partial y}\right)\vec{e}_z = \vec{e}_z = \begin{pmatrix} 0 \\ 0 \\ 1 \end{pmatrix}$$

となって、z 方向を向いた大きさ 1 のベクトルとなる。そこで、このベクトルを図示すると図 7-12 のようになる。これを流れとすると、原点に位置する水車を確かに反時計まわりに回転させる流れとなっていることが分かる。

演習 7-4 つぎのベクトルの rot を求め、それが、どのような回転を生じるかを示せ。
$$\vec{A} = \begin{pmatrix} y \\ x \\ 0 \end{pmatrix}$$

解) まず、このベクトルに rot を作用すると

$$\mathrm{rot}\,\vec{A} = \left(\frac{\partial A_z}{\partial y} - \frac{\partial A_y}{\partial z}\right)\vec{e}_x - \left(\frac{\partial A_z}{\partial x} - \frac{\partial A_x}{\partial z}\right)\vec{e}_y + \left(\frac{\partial A_y}{\partial x} - \frac{\partial A_x}{\partial y}\right)\vec{e}_z = \begin{pmatrix} 0 \\ 0 \\ 0 \end{pmatrix}$$

のようにゼロベクトルとなって、回転が生じないことを示している。これは、x 成分と y 成分が回転を打ち消し合うためである。

演習 7-5 つぎのベクトルの rot を求め、それが、どのような回転を生じるかを示せ。
$$\vec{A} = \begin{pmatrix} -y \\ x \\ 0 \end{pmatrix}$$

解) まず、このベクトルに rot を作用すると

$$\mathrm{rot}\,\vec{A} = \left(\frac{\partial A_z}{\partial y} - \frac{\partial A_y}{\partial z}\right)\vec{e}_x - \left(\frac{\partial A_z}{\partial x} - \frac{\partial A_x}{\partial z}\right)\vec{e}_y + \left(\frac{\partial A_y}{\partial x} - \frac{\partial A_x}{\partial y}\right)\vec{e}_z = 2\vec{e}_z = \begin{pmatrix} 0 \\ 0 \\ 2 \end{pmatrix}$$

となって、z 方向に大きさ 2 のベクトルを発生させる回転が生じる。

それでは、再びマックスウェルの方程式を見てみよう。

$$\mathrm{rot}\,\vec{H} = -\frac{\partial \vec{D}}{\partial t} + \vec{j}$$

これは、磁場ベクトルが回転すると、電束密度が時間的に変動するとともに、電流が誘導されるという電磁誘導の法則をベクトルで表現したものである。図 7-4 は電流が磁場をつくり出すという図となっているが、逆の視点に立てば、磁場が回転すると図のような電流が誘導されるということを示しているのである。

発電所においては、水力や火力の動力を利用して、銅線が感じる磁場を回転させることで電気をつくっている。まさに、この方程式のおかげという訳である。

演習 7-6 位置ベクトル $\vec{r} = (x, y, z)$ の回転を求めよ。

解）

$$\mathrm{rot}\,\vec{r} = \begin{vmatrix} \vec{e}_x & \vec{e}_y & \vec{e}_z \\ \dfrac{\partial}{\partial x} & \dfrac{\partial}{\partial y} & \dfrac{\partial}{\partial z} \\ x & y & z \end{vmatrix} = \begin{vmatrix} \dfrac{\partial}{\partial y} & \dfrac{\partial}{\partial z} \\ y & z \end{vmatrix} \vec{e}_x - \begin{vmatrix} \dfrac{\partial}{\partial x} & \dfrac{\partial}{\partial z} \\ x & z \end{vmatrix} \vec{e}_y + \begin{vmatrix} \dfrac{\partial}{\partial x} & \dfrac{\partial}{\partial y} \\ x & y \end{vmatrix} \vec{e}_z$$

$$= \left(\dfrac{\partial z}{\partial y} - \dfrac{\partial y}{\partial z} \right) \vec{e}_x - \left(\dfrac{\partial z}{\partial x} - \dfrac{\partial x}{\partial z} \right) \vec{e}_y + \left(\dfrac{\partial y}{\partial x} - \dfrac{\partial x}{\partial y} \right) \vec{e}_z = \vec{0}$$

となり位置ベクトルの回転はゼロベクトルとなる。

このように回転がゼロベクトルになるような環境を回転のない場と呼ぶこともある。位置ベクトルに回転がないという事実も理工系への応用においては重要な結果である。

7.4. ベクトルポテンシャル

さて、マックスウェル方程式において、磁束密度ベクトルの満足すべき条件として

$$\mathrm{div}\,\vec{B} = 0$$

がある。これは、すでに紹介したように磁場には湧き出し源である磁荷が存在しないということを示しているのである。実は、ダイバージェンスがゼロになるという条件を満足するベクトルは、磁場ベクトルに限らず、適当なベクトル $\vec{A}$ を使って

$$\vec{B} = \mathrm{rot}\,\vec{A}$$

と表すことができる。これを実際に確かめてみよう。

$$\mathrm{div}\,\vec{B} = \mathrm{div}\,\mathrm{rot}\,\vec{A}$$

となるが、rot は

$$\mathrm{rot}\,\vec{A} = \left(\frac{\partial A_z}{\partial y} - \frac{\partial A_y}{\partial z}\right)\vec{e}_x - \left(\frac{\partial A_z}{\partial x} - \frac{\partial A_x}{\partial z}\right)\vec{e}_y + \left(\frac{\partial A_y}{\partial x} - \frac{\partial A_x}{\partial y}\right)\vec{e}_z$$

であるから

$$\mathrm{div}\,\mathrm{rot}\,\vec{A} = \frac{\partial}{\partial x}\left(\frac{\partial A_z}{\partial y} - \frac{\partial A_y}{\partial z}\right) - \frac{\partial}{\partial y}\left(\frac{\partial A_z}{\partial x} - \frac{\partial A_x}{\partial z}\right) + \frac{\partial}{\partial z}\left(\frac{\partial A_y}{\partial x} - \frac{\partial A_x}{\partial y}\right)$$

$$= \left(\frac{\partial^2 A_z}{\partial x \partial y} - \frac{\partial^2 A_y}{\partial x \partial z}\right) - \left(\frac{\partial^2 A_z}{\partial x \partial y} - \frac{\partial^2 A_x}{\partial y \partial z}\right) + \left(\frac{\partial^2 A_y}{\partial x \partial z} - \frac{\partial^2 A_x}{\partial y \partial z}\right) = 0$$

となって、確かに $\mathrm{div}\,\vec{B} = 0$ という条件を満足する。この時、ベクトル $\vec{A}$ を**ベクトルポテンシャル** (vector potential) と呼んでいる。

第7章 div と rot

このように、数学的には磁場ベクトルに対応したベクトルポテンシャルを必ず与えることができるが、実は、ベクトルポテンシャルに物理的実体を対応させることができるかどうかということが現代物理学の大きな問題となっている。最近では、ベクトルポテンシャルこそが本質ではないかという考えもある。

ここでベクトルポテンシャルには、その値がひとつに定まらないという問題がある。それを見てみよう。その前に

$$\mathrm{rot\,grad}\,f(x,y,z)$$

というベクトル演算を考えてみよう。まず

$$\mathrm{grad}\,f(x,y,z) = \begin{pmatrix} \dfrac{\partial f(x,y,z)}{\partial x} \\ \dfrac{\partial f(x,y,z)}{\partial y} \\ \dfrac{\partial f(x,y,z)}{\partial z} \end{pmatrix}$$

であった。よって

$$\begin{aligned}
\mathrm{rot\,grad}\,f(x,y,z) &= \begin{vmatrix} \vec{e}_x & \vec{e}_y & \vec{e}_z \\ \partial/\partial x & \partial/\partial y & \partial/\partial z \\ \partial f/\partial x & \partial f/\partial y & \partial f/\partial z \end{vmatrix} \\
&= \begin{vmatrix} \partial/\partial y & \partial/\partial z \\ \partial f/\partial y & \partial f/\partial z \end{vmatrix} \vec{e}_x - \begin{vmatrix} \partial/\partial x & \partial/\partial z \\ \partial f/\partial x & \partial f/\partial z \end{vmatrix} \vec{e}_y + \begin{vmatrix} \partial/\partial x & \partial/\partial y \\ \partial f/\partial x & \partial f/\partial y \end{vmatrix} \vec{e}_z \\
&= \left(\dfrac{\partial^2 f}{\partial y \partial z} - \dfrac{\partial^2 f}{\partial y \partial z} \right) \vec{e}_x - \left(\dfrac{\partial^2 f}{\partial x \partial z} - \dfrac{\partial^2 f}{\partial x \partial z} \right) \vec{e}_y + \left(\dfrac{\partial^2 f}{\partial x \partial y} - \dfrac{\partial^2 f}{\partial x \partial y} \right) \vec{e}_z = \vec{0}
\end{aligned}$$

となって、適当な関数 $f(x,y,z)$ を選べば必ず

$$\mathrm{rot\,grad}\,f(x,y,z) = \vec{0}$$

となる。よって

$$\vec{B} = \mathrm{rot}\,\vec{A}$$

のかわりに

$$\vec{B} = \mathrm{rot}\,\vec{A} + \mathrm{grad}\,f$$

というベクトルを考えると

$$\mathrm{div}\,\vec{B} = \mathrm{div}\,\mathrm{rot}\,\vec{A} + \mathrm{div}\,\mathrm{grad}\,f = 0$$

(第8章参照) となって、このベクトルも

$$\mathrm{div}\,\vec{B} = 0$$

という条件を満足するのである。

演習 7-7 z 方向を向いた磁場ベクトルのベクトルポテンシャルを求めよ。

解) この磁場ベクトルは

$$\vec{B} = \begin{pmatrix} 0 \\ 0 \\ B_z \end{pmatrix}$$

と書くことができる。

ここで、この磁場のベクトルポテンシャルを $\vec{A} = (A_x, A_y, A_z)$ と置くと

$$\mathrm{rot}\,\vec{A} = \begin{vmatrix} \vec{e}_x & \vec{e}_y & \vec{e}_z \\ \partial/\partial x & \partial/\partial y & \partial/\partial z \\ A_x & A_y & A_z \end{vmatrix} = \begin{vmatrix} \partial/\partial y & \partial/\partial z \\ A_y & A_z \end{vmatrix}\vec{e}_x - \begin{vmatrix} \partial/\partial x & \partial/\partial z \\ A_x & A_z \end{vmatrix}\vec{e}_y + \begin{vmatrix} \partial/\partial x & \partial/\partial y \\ A_x & A_y \end{vmatrix}\vec{e}_z$$

$$= \left(\frac{\partial A_z}{\partial y} - \frac{\partial A_y}{\partial z}\right)\vec{e}_x - \left(\frac{\partial A_z}{\partial x} - \frac{\partial A_x}{\partial z}\right)\vec{e}_y + \left(\frac{\partial A_y}{\partial x} - \frac{\partial A_x}{\partial y}\right)\vec{e}_z$$

となる。よって

$$\frac{\partial A_z}{\partial y} - \frac{\partial A_y}{\partial z} = 0 \quad \frac{\partial A_z}{\partial x} - \frac{\partial A_x}{\partial z} = 0 \quad \frac{\partial A_y}{\partial x} - \frac{\partial A_x}{\partial y} = B_z$$

となる。しかし、この条件を満足する組み合わせは無限にある。例えば

$$A_x = -B_z y \quad A_y = 0 \quad A_z = 0$$

は、この条件を満足する。よってベクトルポテンシャルとして

$$\vec{A} = \begin{pmatrix} -B_z y \\ 0 \\ 0 \end{pmatrix}$$

を選ぶことができる。

もちろん、この他にもベクトルポテンシャルとしては

$$\vec{A} = \begin{pmatrix} 0 \\ B_z x \\ 0 \end{pmatrix} \quad \vec{A} = \frac{1}{2}\begin{pmatrix} -B_z y \\ B_z x \\ 0 \end{pmatrix}$$

なども考えられる。このように、同じ磁束密度ベクトルを与えるベクトルポテンシャルは無限に存在する。しかし、これらベクトルポテンシャルはゲージ変換と呼ばれる変換で互いに移り変わることができる。また、適当なベクトルポテンシャルを選ぶことを物理ではゲージを選ぶと呼んでいる。ゲージとは英語の gauge で標準寸法あるいは「ものさし」という意味である。

第8章　その他のベクトル演算

いままで、grad, rot, div などのベクトル演算子の紹介をしてきたが、これら演算子は互いに自由に組み合わせることができる。そして、その結果、ベクトル解析を学習しようとする初心者を辟易させる数多くのベクトル演算公式が生み出されている。

実は、これら演算は、無意味に行われているのではなく、理工系への応用を含めて、それぞれの演算公式には、それなりの（応用に際しての重要な）意味があるのである。しかし、長い数学の歴史の中で、公式としての側面が強くなり、しかも、その数が集積されるに至って、多くのひとを悩ませることになっている。しかし、基本に戻って、ベクトル演算を順序だてて行えば、必ず正解にたどりつける。

本章では、ベクトル演算公式について、いくつか重要なものを紹介する。

8.1.　ラプラス演算子

前章で紹介したベクトルポテンシャルの項で、ある関数 $f(x, y, z)$ のグラディエント grad f の回転は常にゼロになる (rot grad f = 0) ということを紹介した。それでは、ある関数のグラディエントの発散はどうなるであろうか。演算子を使って表記すると

$$\operatorname{div} \operatorname{grad} f(x, y, z)$$

である。これをナブラ演算子で表現すると

$$\operatorname{div} \operatorname{grad} f(x, y, z) = \nabla \cdot \nabla f(x, y, z)$$

と書くこともできる。まず、関数のグラディエント（勾配）は、直交座標における3次元ベクトルの成分表示を採用すると

$$\operatorname{grad} f(x,y,z) = \nabla f(x,y,z) = \begin{pmatrix} \dfrac{\partial f(x,y,z)}{\partial x} \\ \dfrac{\partial f(x,y,z)}{\partial y} \\ \dfrac{\partial f(x,y,z)}{\partial z} \end{pmatrix}$$

となる。このようにスカラー関数のグラディエントをとると、ベクトルとなる。

つぎに、このベクトルの発散は

$$\operatorname{div}\operatorname{grad} f(x,y,z) = \nabla \cdot \nabla f(x,y,z) = \begin{pmatrix} \dfrac{\partial}{\partial x} & \dfrac{\partial}{\partial y} & \dfrac{\partial}{\partial z} \end{pmatrix} \begin{pmatrix} \dfrac{\partial f(x,y,z)}{\partial x} \\ \dfrac{\partial f(x,y,z)}{\partial y} \\ \dfrac{\partial f(x,y,z)}{\partial z} \end{pmatrix}$$

$$= \frac{\partial^2 f(x,y,z)}{\partial x^2} + \frac{\partial^2 f(x,y,z)}{\partial y^2} + \frac{\partial^2 f(x,y,z)}{\partial z^2}$$

と計算できる。よって

$$\operatorname{div}\operatorname{grad} f(x,y,z) = \frac{\partial^2 f(x,y,z)}{\partial x^2} + \frac{\partial^2 f(x,y,z)}{\partial y^2} + \frac{\partial^2 f(x,y,z)}{\partial z^2}$$

あるいは

$$\nabla \cdot \nabla f(x,y,z) = \frac{\partial^2 f(x,y,z)}{\partial x^2} + \frac{\partial^2 f(x,y,z)}{\partial y^2} + \frac{\partial^2 f(x,y,z)}{\partial z^2}$$

となる。ここで、最後の式のナブラ演算子をみると

$$\nabla \cdot \nabla$$

というかたちをしている。ところでナブラ演算子は

$$\nabla = \left(\frac{\partial}{\partial x} \quad \frac{\partial}{\partial y} \quad \frac{\partial}{\partial z} \right)$$

というベクトルとみなすことができる。よって、教科書によっては

$$\vec{\nabla} = \left(\frac{\partial}{\partial x} \quad \frac{\partial}{\partial y} \quad \frac{\partial}{\partial z} \right) \quad \vec{\nabla} = \begin{pmatrix} \partial/\partial x \\ \partial/\partial y \\ \partial/\partial z \end{pmatrix}$$

のようにベクトル表示をする場合もあることを第6章ですでに紹介した。すると $\nabla \cdot \nabla$ （あるいは $\vec{\nabla} \cdot \vec{\nabla}$ ）はナブラベクトル自身の内積と考えることもできる。よって

$$\nabla \cdot \nabla = \left| \nabla \right|^2 \quad (\vec{\nabla} \cdot \vec{\nabla} = \left| \vec{\nabla} \right|^2)$$

となるが、通例で

$$\nabla \cdot \nabla = \nabla^2$$

と書いている。この時

$$\nabla \cdot \nabla = \left(\frac{\partial}{\partial x} \quad \frac{\partial}{\partial y} \quad \frac{\partial}{\partial z} \right) \begin{pmatrix} \partial/\partial x \\ \partial/\partial y \\ \partial/\partial z \end{pmatrix} = \frac{\partial^2}{\partial x^2} + \frac{\partial^2}{\partial y^2} + \frac{\partial^2}{\partial z^2}$$

すなわち

第8章 その他のベクトル演算

$$\nabla^2 = \frac{\partial^2}{\partial x^2} + \frac{\partial^2}{\partial y^2} + \frac{\partial^2}{\partial z^2}$$

という関係になり、∇^2 はスカラーをつくる演算子とみなすことができる。もちろん、$f(x, y, z)$は、もともとスカラー関数であるから、最初と最後をみればスカラーをつくる演算子という表現は適切ではないが、途中経過をみれば、一度∇演算子 (grad) を作用すると、ベクトルになって、さらにそのベクトルと∇ベクトルとの内積をとるという視点でみれば、スカラーをつくる演算子という表現も間違いではない。式が意味するままの表現にすれば、「ある関数の各変数に関する 2 階偏導関数を足したもの」というのが、その定義となる。

実は、このかたちの微分演算は理工系においては非常に重要であり、いろいろな場面で頻出する。そこで、いっそのこと新しい演算子をつくってしまえということで

$$\nabla \cdot \nabla = \nabla^2 = \Delta$$

という演算子がつくられた。これら表現をすべて**ラプラス演算子** (Laplace operator) あるいは**ラプラシアン** (Laplacian) と呼んでいる。よって

$$\mathrm{div}\,\mathrm{grad}\, f(x, y, z) = \Delta f(x, y, z)$$

となる。

あるいは、変数を表す(x, y, z) も省いてしまって

$$\mathrm{div}\,\mathrm{grad}\, f = \Delta f$$

とも表記する。

実は、物理数学において

$$\mathrm{div}\,\mathrm{grad}\, f = \Delta f = 0$$

つまり

$$\frac{\partial^2 f(x,y,z)}{\partial x^2} + \frac{\partial^2 f(x,y,z)}{\partial y^2} + \frac{\partial^2 f(x,y,z)}{\partial z^2} = 0$$

のことを**ラプラス方程式** (Laplace's equation) と呼んでおり、この関係を満足する関数 $f(x)$ を**調和関数** (harmonic function) と呼ぶ。例えば、温度の拡散方程式である熱方程式は、ラプラシアンを使うと

$$\frac{df(x,y,z)}{dt} = D\nabla^2 f(x,y,z) = D\Delta f(x,y,z)$$

と書くことができる。ただし、$f(x, y, z)$ は位置 (x, y, z) における温度、t は時間、D は温度の**拡散率** (diffusion rate) である。ここで、この値を 0 と置いた

$$\frac{df}{dt} = D\nabla^2 f = D\Delta f = 0$$

はラプラス方程式となるが、これは、熱的に平衡に達した状態を記述することになる。

この式とまったく同じかたちをした方程式を、物質の拡散方程式にもそのままあてはめることができる。この場合、$f(x, y, z)$ は位置 (x, y, z) における拡散物質の濃度、D は拡散率となる。

また**波動方程式** (wave equation) は

$$\frac{d^2 \phi(x,y,z)}{dt^2} = c\nabla^2 \phi(x,y,z) = c\Delta \phi(x,y,z)$$

と与えられる。ここで $\phi(x, y, z)$ は波の**変位** (displacement)、c は波の**伝播速度** (the speed of propagation) である。時間の関数となるが、定常状態ではラプラス方程式となる。この式が基本となって、**量子力学** (quantum mechanics) の基本となる**シュレディンガー方程式** (Schrödinger equation)

$$\frac{\hbar^2}{2m}\Delta\phi(x,y,z)+(E-V)\phi(x,y,z)=0$$

が建設される土台となったことは有名である。

　もちろん、ラプラシアンは2次元ベクトル（あるいは2変数関数）に対しても適応することができ

$$\mathrm{div}\,\mathrm{grad}\,f(x,y)=\Delta f(x,y)$$

となる。また

$$\mathrm{div}\,\mathrm{grad}\,f=\Delta f=0$$

つまり

$$\frac{\partial^2 f(x,y)}{\partial x^2}+\frac{\partial^2 f(x,y)}{\partial y^2}=0$$

を2次元の**ラプラス方程式** (Laplace's equation) と呼んでいる。

演習 8-1　つぎの関数

$$f(x,y)=ax^2+by^2$$

がラプラス方程式を満足するときの係数間の関係を求めよ。

　解)　これは2変数の関数であるので、そのラプラス方程式は

$$\frac{\partial^2 f(x,y)}{\partial x^2}+\frac{\partial^2 f(x,y)}{\partial y^2}=0$$

より

$$2a+2b=0 \quad \text{よって} \quad a=-b$$

となる。

8.2. ラプラス演算子を含むベクトル演算

それでは、有名なベクトル演算として、ベクトル $\vec{A}$ の

$$\mathrm{rot}\,\mathrm{rot}\,\vec{A}$$

を計算してみよう。ベクトル

$$\vec{A} = \begin{pmatrix} A_x \\ A_y \\ A_z \end{pmatrix} \text{ に rot を作用すると} \qquad \mathrm{rot}\,\vec{A} = \begin{pmatrix} \dfrac{\partial A_z}{\partial y} - \dfrac{\partial A_y}{\partial z} \\ \dfrac{\partial A_x}{\partial z} - \dfrac{\partial A_z}{\partial x} \\ \dfrac{\partial A_y}{\partial x} - \dfrac{\partial A_x}{\partial y} \end{pmatrix}$$

となる。さらに、このベクトルの rot をとってみよう。計算が複雑になるので、まず

$$\mathrm{rot}(\mathrm{rot}\,\vec{A})$$

の x 成分を計算してみよう。すると

$$\begin{aligned}(\mathrm{rot}(\mathrm{rot}\,\vec{A}))_x &= \frac{\partial}{\partial y}(\mathrm{rot}\,\vec{A})_z - \frac{\partial}{\partial z}(\mathrm{rot}\,\vec{A})_y \\ &= \frac{\partial}{\partial y}\left(\frac{\partial A_y}{\partial x} - \frac{\partial A_x}{\partial y}\right) - \frac{\partial}{\partial z}\left(\frac{\partial A_x}{\partial z} - \frac{\partial A_z}{\partial x}\right) = \frac{\partial^2 A_y}{\partial x \partial y} - \frac{\partial^2 A_x}{\partial y^2} - \frac{\partial^2 A_x}{\partial z^2} + \frac{\partial^2 A_z}{\partial x \partial z}\end{aligned}$$

となる。整理すると

第8章 その他のベクトル演算

$$(\text{rot rot}\,\vec{A})_x = \frac{\partial^2 A_y}{\partial x \partial y} + \frac{\partial^2 A_z}{\partial x \partial z} - \left(\frac{\partial^2 A_x}{\partial y^2} + \frac{\partial^2 A_x}{\partial z^2} \right)$$

となる。ここで、さらに一工夫して

$$(\text{rot rot}\,\vec{A})_x = \frac{\partial^2 A_y}{\partial x \partial y} + \frac{\partial^2 A_z}{\partial x \partial z} + \frac{\partial^2 A_x}{\partial x^2} - \left(\frac{\partial^2 A_x}{\partial y^2} + \frac{\partial^2 A_x}{\partial z^2} + \frac{\partial^2 A_x}{\partial x^2} \right)$$

とした上で整理しなおすと

$$(\text{rot rot}\,\vec{A})_x = \frac{\partial}{\partial x}\left(\frac{\partial A_x}{\partial x} + \frac{\partial A_y}{\partial y} + \frac{\partial A_z}{\partial z} \right) - \left(\frac{\partial^2 A_x}{\partial x^2} + \frac{\partial^2 A_x}{\partial y^2} + \frac{\partial^2 A_x}{\partial z^2} \right)$$

となる。これは

$$(\text{rot rot}\,\vec{A})_x = \frac{\partial}{\partial x}\text{div}\,\vec{A} - \Delta A_x$$

と書くことができる。同様にして

$$(\text{rot rot}\,\vec{A})_y = \frac{\partial}{\partial y}\text{div}\,\vec{A} - \Delta A_y$$

$$(\text{rot rot}\,\vec{A})_z = \frac{\partial}{\partial z}\text{div}\,\vec{A} - \Delta A_z$$

となる。これをベクトルで書けば

$$\text{rot rot}\,\vec{A} = \text{grad div}\,\vec{A} - \Delta\vec{A}$$

と与えられる。ナブラ記号を使って表現すると

$$\nabla \times \nabla \times \vec{A} = \nabla(\nabla \cdot \vec{A}) - \nabla^2 \vec{A}$$

という関係となる。あるいは

$$\nabla \times (\nabla \times \vec{A}) = \nabla(\nabla \cdot \vec{A}) - \Delta\vec{A}$$

とも表記する。

　これは、第6章の冒頭で紹介したベクトル演算である。上と下を向いた三角記号がたくさん並ぶと、慣れていない初心者には、いきなりこの式をみせられただけで、ベクトル解析がいやになるだけであろう。しかも、同じ式なのに教科書によって表記方法が違うし、その説明が不充分な場合も多い。

　ただし、それぞれの演算子の定義にしたがって地道に計算を行っていけば、必ず正しい解答にたどりつくことができる。ただし、これを公式として覚えろというのは考えものである。

演習 8-2　つぎのベクトル演算公式を証明せよ。

$$\text{rot rot rot}\,\vec{A} = -\Delta \text{rot}\,\vec{A}$$

　解）　いま紹介した公式

$$\text{rot rot}\,\vec{A} = \text{grad div}\,\vec{A} - \Delta\vec{A}$$

を利用する。

　この公式において、ベクトル$\vec{A}$のところに$\text{rot}\,\vec{A}$を代入してみよう。すると

$$\text{rot rot}\,(\text{rot}\,\vec{A}) = \text{grad div}\,(\text{rot}\,\vec{A}) - \Delta(\text{rot}\,\vec{A})$$

となる。ここでベクトルポテンシャルで見たように

$$\text{div rot}\,\vec{A} = 0$$

第8章　その他のベクトル演算

であるから、右辺の第1項はゼロとなり

$$\text{rot rot rot } \vec{A} = -\Delta \text{rot } \vec{A}$$

となる。

それではつぎにラプラス演算子を作用させるベクトルやスカラー関数の組み合わせを考えてみる。まず、スカラー関数どうしの積の場合

$$\Delta(f(x,y,z)g(x,y,z))$$

を考えてみよう。一般の教科書では略して

$$\Delta(fg)$$

と書かれるが、3変数の直交座標ということを意識して計算するために、ここでは略したかたちをとらないことにする。

すると

$$\Delta(f(x,y,z)g(x,y,z))$$
$$= \frac{\partial^2}{\partial x^2}(f(x,y,z)g(x,y,z)) + \frac{\partial^2}{\partial y^2}(f(x,y,z)g(x,y,z)) + \frac{\partial^2}{\partial z^2}(f(x,y,z)g(x,y,z))$$

と書くことができる。全部をいっきに計算するのは大変なので、まず、第1項を見てみると

$$\frac{\partial^2}{\partial x^2}(f(x,y,z)g(x,y,z)) = \frac{\partial}{\partial x}\left(\frac{\partial}{\partial x}(f(x,y,z)g(x,y,z))\right)$$

ここで

$$\frac{\partial}{\partial x}(f(x,y,z)g(x,y,z)) = g(x,y,z)\frac{\partial}{\partial x}f(x,y,z) + f(x,y,z)\frac{\partial}{\partial x}g(x,y,z)$$

であるから

$$\frac{\partial^2}{\partial x^2}(f(x,y,z)g(x,y,z))$$

$$= \frac{\partial}{\partial x}g(x,y,z)\frac{\partial}{\partial x}f(x,y,z) + g(x,y,z)\frac{\partial^2}{\partial x^2}f(x,y,z)$$
$$+ \frac{\partial}{\partial x}f(x,y,z)\frac{\partial}{\partial x}g(x,y,z) + f(x,y,z)\frac{\partial^2}{\partial x^2}g(x,y,z)$$

これを整理すると

$$\frac{\partial^2}{\partial x^2}(f(x,y,z)g(x,y,z))$$

$$= g(x,y,z)\frac{\partial^2}{\partial x^2}f(x,y,z) + 2\frac{\partial}{\partial x}f(x,y,z)\frac{\partial}{\partial x}g(x,y,z) + f(x,y,z)\frac{\partial^2}{\partial x^2}g(x,y,z)$$

となる。同様にして

$$\frac{\partial^2}{\partial y^2}(f(x,y,z)g(x,y,z))$$

$$= g(x,y,z)\frac{\partial^2}{\partial y^2}f(x,y,z) + 2\frac{\partial}{\partial y}f(x,y,z)\frac{\partial}{\partial y}g(x,y,z) + f(x,y,z)\frac{\partial^2}{\partial y^2}g(x,y,z)$$

$$\frac{\partial^2}{\partial z^2}(f(x,y,z)g(x,y,z))$$

$$= g(x,y,z)\frac{\partial^2}{\partial z^2}f(x,y,z) + 2\frac{\partial}{\partial z}f(x,y,z)\frac{\partial}{\partial z}g(x,y,z) + f(x,y,z)\frac{\partial^2}{\partial z^2}g(x,y,z)$$

なる。これら項を、すべて足し合わせると

第 8 章　その他のベクトル演算

$$\Delta(f(x,y,z)g(x,y,z))$$
$$= \frac{\partial^2}{\partial x^2}(f(x,y,z)g(x,y,z)) + \frac{\partial^2}{\partial y^2}(f(x,y,z)g(x,y,z)) + \frac{\partial^2}{\partial z^2}(f(x,y,z)g(x,y,z))$$
$$= g(x,y,z)\left(\frac{\partial^2}{\partial x^2}f(x,y,z) + \frac{\partial^2}{\partial y^2}f(x,y,z) + \frac{\partial^2}{\partial z^2}f(x,y,z)\right)$$
$$+ 2\left(\frac{\partial}{\partial x}f(x,y,z)\frac{\partial}{\partial x}g(x,y,z) + \frac{\partial}{\partial y}f(x,y,z)\frac{\partial}{\partial y}g(x,y,z) + \frac{\partial}{\partial z}f(x,y,z)\frac{\partial}{\partial z}g(x,y,z)\right)$$
$$+ f(x,y,z)\left(\frac{\partial^2}{\partial x^2}g(x,y,z) + \frac{\partial^2}{\partial y^2}g(x,y,z) + \frac{\partial^2}{\partial z^2}g(x,y,z)\right)$$

よってナブラ記号とラプラシアンを使って書くと

$$\Delta(f(x,y,z)g(x,y,z))$$
$$= f(x,y,z)\Delta g(x,y,z) + g(x,y,z)\Delta f(x,y,z) + 2\nabla f(x,y,z)\cdot\nabla g(x,y,z)$$

という関係が得られる。これでは長すぎるので、一般の教科書では

$$\Delta(fg) = f\Delta g + g\Delta f + 2\nabla f \cdot \nabla g$$

という略した表記がされる。

それでは、つぎにベクトルにスカラー関数をかけたもののラプラス演算を考えてみよう。それは

$$\Delta(f(x,y,z)\vec{A})$$

と書くことができる。この演算結果は、当然ベクトルとなる。そこで、まず成分表示すると

$$\Delta(f(x,y,z)\vec{A}) = \begin{pmatrix} \Delta(f(x,y,z)A_x) \\ \Delta(f(x,y,z)A_y) \\ \Delta(f(x,y,z)A_z) \end{pmatrix}$$

となる。まず、x成分を考えてみよう。

$$\left(\Delta(f(x,y,z)\vec{A})\right)_x = \Delta(f(x,y,z)A_x)$$
$$= \frac{\partial^2(f(x,y,z)A_x)}{\partial x^2} + \frac{\partial^2(f(x,y,z)A_x)}{\partial y^2} + \frac{\partial^2(f(x,y,z)A_x)}{\partial z^2}$$

ここで第1項を計算してみよう。

$$\frac{\partial^2(f(x,y,z)A_x)}{\partial x^2} = \frac{\partial}{\partial x}\left(\frac{\partial(f(x,y,z)A_x)}{\partial x}\right)$$

より

$$\frac{\partial(f(x,y,z)A_x)}{\partial x} = A_x \frac{\partial f(x,y,z)}{\partial x} + f(x,y,z)\frac{\partial A_x}{\partial x}$$

であるから

$$\frac{\partial^2(f(x,y,z)A_x)}{\partial x^2}$$
$$= \frac{\partial f(x,y,z)}{\partial x}\frac{\partial A_x}{\partial x} + A_x \frac{\partial^2 f(x,y,z)}{\partial x^2} + \frac{\partial f(x,y,z)}{\partial x}\frac{\partial A_x}{\partial x} + f(x,y,z)\frac{\partial^2 A_x}{\partial x^2}$$

よって整理すると

$$\frac{\partial^2(f(x,y,z)A_x)}{\partial x^2} = A_x \frac{\partial^2 f(x,y,z)}{\partial x^2} + 2\frac{\partial f(x,y,z)}{\partial x}\frac{\partial A_x}{\partial x} + f(x,y,z)\frac{\partial^2 A_x}{\partial x^2}$$

となる。これをもとに、先ほどのベクトルのx成分を計算すると

$$(\Delta(f(x,y,z)\vec{A}))_x = \frac{\partial^2(f(x,y,z)A_x)}{\partial x^2} + \frac{\partial^2(f(x,y,z)A_y)}{\partial y^2} + \frac{\partial^2(f(x,y,z)A_z)}{\partial z^2}$$

$$= A_x \frac{\partial^2 f(x,y,z)}{\partial x^2} + 2\frac{\partial f(x,y,z)}{\partial x}\frac{\partial A_x}{\partial x} + f(x,y,z)\frac{\partial^2 A_x}{\partial x^2}$$

$$+ A_x \frac{\partial^2 f(x,y,z)}{\partial y^2} + 2\frac{\partial f(x,y,z)}{\partial y}\frac{\partial A_x}{\partial y} + f(x,y,z)\frac{\partial^2 A_x}{\partial y^2}$$

$$+ A_x \frac{\partial^2 f(x,y,z)}{\partial z^2} + 2\frac{\partial f(x,y,z)}{\partial z}\frac{\partial A_x}{\partial z} + f(x,y,z)\frac{\partial^2 A_x}{\partial z^2}$$

大変長い計算になったが、これが、いま求めようとしているベクトルの x 成分である。これを整理してみよう。すると

$$(\Delta(f(x,y,z)\vec{A}))_x = A_x\left(\frac{\partial^2 f(x,y,z)}{\partial x^2} + \frac{\partial^2 f(x,y,z)}{\partial y^2} + \frac{\partial^2 f(x,y,z)}{\partial z^2}\right)$$

$$+ 2\left(\frac{\partial f(x,y,z)}{\partial x}\frac{\partial A_x}{\partial x} + \frac{\partial f(x,y,z)}{\partial y}\frac{\partial A_x}{\partial y} + \frac{\partial f(x,y,z)}{\partial z}\frac{\partial A_x}{\partial z}\right)$$

$$+ f(x,y,z)\left(\frac{\partial^2 A_x}{\partial x^2} + \frac{\partial^2 A_x}{\partial y^2} + \frac{\partial^2 A_x}{\partial z^2}\right)$$

これをナブラ演算子およびラプラス演算子を使って書きなおすと

$$(\Delta(f(x,y,z)\vec{A}))_x = A_x \Delta f(x,y,z) + 2\nabla f(x,y,z)\cdot\nabla A_x + f(x,y,z)\Delta A_x$$

と整理することができる。これは他の成分についても同様であり

$$(\Delta(f(x,y,z)\vec{A}))_y = A_y \Delta f(x,y,z) + 2\nabla f(x,y,z)\cdot\nabla A_y + f(x,y,z)\Delta A_y$$

$$(\Delta(f(x,y,z)\vec{A}))_z = A_z \Delta f(x,y,z) + 2\nabla f(x,y,z)\cdot\nabla A_z + f(x,y,z)\Delta A_z$$

となる。よって、ベクトルを使って書けば

$$\Delta(f(x,y,z)\vec{A}) = \vec{A}\Delta f(x,y,z) + 2\nabla f(x,y,z)\cdot\nabla\vec{A} + f(x,y,z)\Delta\vec{A}$$

となる。

あるいは、一般の教科書では

$$\Delta(f\vec{A}) = \vec{A}\Delta f + 2\nabla f \cdot \nabla \vec{A} + f\Delta \vec{A}$$

のように略して表記されているが、混同を避けるためにも f が関数であることを忘れないように、成分表示で書いた方が無難である。

第9章 ベクトルの積分

ベクトルの微分と同様に、ベクトルの積分計算も自由に行うことができる。ただし、ベクトルでは成分が複数あるため、媒介変数が1個で複数の変数を表現できる場合と、そうでない場合を分けて考える必要がある。

変数が複数ある場合には、2変数関数などの場合と同様に、積分経路を指定する必要がある。そこで、最も簡単な場合、つまり1個のパラメータで2変数を表現できる場合の積分をまず紹介する。

9.1. ベクトルの普通積分

いま速度ベクトルが時間 t の関数として

$$\vec{v} = \begin{pmatrix} 2t \\ t^2 \end{pmatrix}$$

のように、与えられているものとしよう。すると、時間 t の間に進む距離は

$$\vec{r} = \int_0^t \vec{v} dt = \vec{e}_x \int_0^t 2t dt + \vec{e}_y \int_0^t t^2 dt = t^2 \vec{e}_x + \frac{t^3}{3} \vec{e}_y = \begin{pmatrix} t^2 \\ t^3/3 \end{pmatrix}$$

という**定積分** (definite integral) を計算して得ることができる。この場合は、ベクトルの成分が時間という1変数（1個のパラメータ）の関数となっているので、積分も、この変数 t に関して成分ごとに行えば結果が得られるという単純な図式となる。

このように、ベクトルの各成分が1つのパラメータ変数の関数となって

いる場合には、ベクトルの**不定積分** (indefinite integral) も考えることができる。つまり

$$\vec{r} = \begin{pmatrix} t^2 \\ t^3/3 \end{pmatrix} \quad \text{であれば} \quad \vec{v} = \frac{d\vec{r}}{dt} = \begin{pmatrix} 2t \\ t^2 \end{pmatrix}$$

という関係にあるので

$$\int \vec{v} dt = \int \frac{d\vec{r}}{dt} dt = \vec{r} + \vec{c}$$

と書くことができる。ただし、$\vec{c}$ は t に無関係な任意の**定数ベクトル** (constant vector) であり

$$\vec{c} = \begin{pmatrix} c_x \\ c_y \end{pmatrix}$$

のように、x 成分の不定積分の任意定数と y 成分の不定積分の任意定数を成分に持つベクトルと考えることができる。

　このように、ベクトルの各成分が 1 変数の関数として与えられている場合には、ベクトルの積分は、成分ごとに、この変数に関して積分すれば良い。

　このようなベクトルの積分を、あらためて定義する必要はないようにも思われるが、**ベクトルの普通積分** (ordinary integrals of vectors) と呼んでいる。しかし、実際のベクトル積分においては、変数は 2 個以上ある場合が通例であり、普通積分と言いながらも、実際の応用にあたってはベクトルの普通積分はあまり登場しない。

9.2. ベクトルの線積分

　ある物体に力を及ぼして移動させるときに、その仕事はつぎのようなベクトルの内積で与えられる。

第 9 章　ベクトルの積分

$$W = \vec{F} \cdot \vec{r}$$

ここで、$\vec{F}$ は力の大きさと方向を表すベクトルであり、$\vec{r}$ は、物体が動いた距離と方向を表すベクトルである。

よって、力の方向と、物体が動いた方向が平行ではなく、角度 θ である場合には

$$W = |\vec{F}||\vec{r}|\cos\theta = Fr\cos\theta$$

となる。

ここで、図 9-1 に示したように、点 p_0 から点 p_n まで物体を移動させる時に要するエネルギーの総和を考えてみよう。

まず、p_0 から p_n までの経路を、等しい線分の長さ Δr を持った微小線路に n 分割する。この分割された経路は、実は大きさ Δr と方向をもったベクトルである。この分割した経路の中で、k 番目に相当する経路のベクトルを $\Delta \vec{r}_k$ と書くことにする。当然、作用する力ベクトルも経路ごとに異なるから、この k 番目の経路で作用する力ベクトルを $\vec{F}_k$ と書く。するとこの分割された経路での仕事は

$$\Delta W_k = \vec{F}_k \cdot \Delta \vec{r}_k$$

と与えられる。

すると、経路 p_0 から p_n までの間の距離全体にわたって足し合わせたものが、総仕事量となる。よって

$$W = \sum_{k=1}^{n} \Delta W_k = \sum_{k=1}^{n} \vec{F}_k \cdot \Delta \vec{r}_k$$

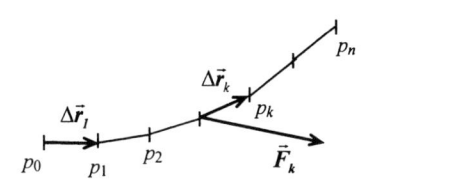

図 9-1

という和となる。この分割の大きさを無限に小さくすると

$$W = \lim_{n \to \infty} \sum_{k=1}^{n} \vec{F}_k \cdot \Delta \vec{r}_k = \int_{p_0}^{p_n} \vec{F} \cdot \mathrm{d}\vec{r}$$

という積分のかたちで書くことができる。

ただし、ここで注意する点がある。それは積分を行う経路である。なぜなら、図 9-2 に示すように、点 p_0 から点 p_n に至る経路は、2 次元平面や 3 次元空間では無数に存在するうえ、当然仕事の量は、どのような経路を通ったかによって違ってくる。従って、この積分においては、どの経路に沿って、その和を求めたのかを指定する必要がある。

よって実際には

$$W = \int_{c_1} \vec{F} \cdot d\vec{r}$$

のように、積分記号の下(あるいは右下)に、どの経路を通った時の積分計算であるかを指定する必要がある。例えば、上の積分では、c_1 という経路に沿った積分ということで c_1 を表記している。

それでは、このような線積分の具体的な計算方法を行ってみよう。まず、ここで

$$\vec{F} = \begin{pmatrix} F_x(x, y) \\ F_y(x, y) \end{pmatrix}$$

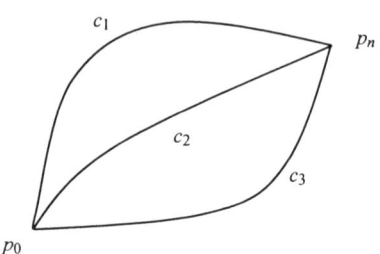

図 9-2

第 9 章　ベクトルの積分

という 2 次元の力ベクトルを考え、それが位置の関数となっているものとする。つぎに、x 方向および y 方向の単位ベクトルを使うと図 9-3 のように

$$d\vec{r} = dx\vec{e}_x + dy\vec{e}_y$$

と置けるので

$$W = \int_{p_0}^{p_n} \vec{F} \cdot d\vec{r} = \int_{c_1} \vec{F} \cdot d\vec{r}$$

$$= \int_{c_1} (F_x(x,y)\vec{e}_x + F_y(x,y)\vec{e}_y) \cdot (dx\vec{e}_x + dy\vec{e}_y) = \int_{c_1} F_x(x,y)dx + \int_{c_1} F_y(x,y)dy$$

という dx と dy の積分の和のかたちに変形することができる。

これは、3 次元の場合にも簡単に拡張することができ

$$\vec{F} = (F_x, F_y, F_z)$$

の場合には

$$W = \int_{p_0}^{p_n} \vec{F} \cdot d\vec{r} = \int_{c_1} \vec{F} \cdot d\vec{r}$$

$$= \int_{c_1} (F_x\vec{e}_x + F_y\vec{e}_y + F_z\vec{e}_z) \cdot (dx\vec{e}_x + dy\vec{e}_y + dz\vec{e}_z) = \int_{c_1} F_x dx + \int_{c_1} F_y dy + \int_{c_1} F_z dz$$

となる。

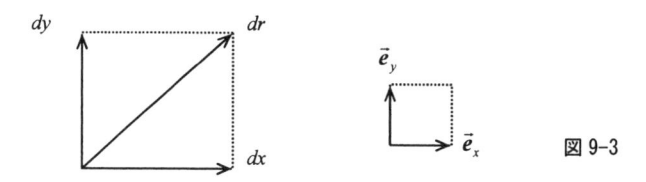

図 9-3

このように、ある経路に沿って積分することを**線積分** (line integral) と呼んでいる。それでは、線積分は具体的には、どのように計算すればよいのであろうか。具体例として、2 次元の力ベクトル $\vec{F}$ が

$$\vec{F} = \begin{pmatrix} F_x(x,y) \\ F_y(x,y) \end{pmatrix} = \begin{pmatrix} 2x+y \\ 3xy \end{pmatrix}$$

のような位置の関数として与えられているとし、$y = x^2$ という経路に沿って、点 (0, 0) から点 (2, 4) まで線積分したときの $\int_c \vec{F} \cdot d\vec{r}$ の値を求めてみよう。

この経路は、適当な変数 t を使うと

$$x = t \quad y = t^2$$

と置くことができ、積分範囲は $0 \leq t \leq 2$ で与えられる。ここで線積分は

$$\int_c \vec{F} \cdot d\vec{r} = \int_c ((2x+y)\vec{e}_x + 3xy\vec{e}_y) \cdot (dx\vec{e}_x + dy\vec{e}_y)$$

となるが、この内積は

$$\int_c \vec{F} \cdot d\vec{r} = \int_c (2x+y)dx + \int_c 3xydy$$

と与えられる。

ここで積分を t に関して計算できるように変換すると

$$\int_c \vec{F} \cdot d\vec{r} = \int_0^2 (2t+t^2)dt + \int_0^2 3t(t^2)2tdt$$

$$= \int_0^2 (2t+t^2+6t^4)dt = \left[t^2 + \frac{t^3}{3} + \frac{6t^5}{5} \right]_0^2 = 4 + \frac{8}{3} + \frac{192}{5} = 45\frac{1}{15}$$

と与えられる。

第9章 ベクトルの積分

このように、経路が適当な関数で与えられる場合には、tという媒介変数を利用することで、2変数xとyをtの関数とみなすことで、最終的にはtの関数のかたちに全体を変形できる。そのうえで、tの指定された範囲で、通常の積分計算を行えば、積分値を得ることができる。

3次元空間の積分においても、まったく同様の手法を適用できる。

演習 9-1 3次元の力ベクトル$\vec{F}$の成分が

$$\vec{F} = \begin{pmatrix} F_x(x,y,z) \\ F_y(x,y,z) \\ F_z(x,y,z) \end{pmatrix} = \begin{pmatrix} 2x+y^2 \\ 3yz \\ x+z \end{pmatrix}$$

のように位置の関数として与えられている時、点$(0,0,0)$から点$(1,1,1)$に至る直線に沿って、この力ベクトルで質点を移動させたときの全エネルギーを求めよ。

解) この直線の経路は、変数tを使うと

$$x = t \quad y = t \quad z = t$$

と与えられる。そして、積分範囲は$0 \leq t \leq 1$となる。

また3次元空間の場合には

$$d\vec{r} = dx\vec{e}_x + dy\vec{e}_y + dz\vec{e}_z$$

であるから、求めるエネルギーは

$$\int_c \vec{F} \cdot d\vec{r} = \int_c ((2x+y^2)\vec{e}_x + 3yz\vec{e}_y + (x+z)\vec{e}_z) \cdot (dx\vec{e}_x + dy\vec{e}_y + dz\vec{e}_z)$$

という線積分で与えられる。これを計算すると

$$\int_c \vec{F} \cdot d\vec{r} = \int_c (2x+y^2)dx + \int_c 3yzdy + \int_c (x+z)dz$$

となるが、さらに、媒介変数 t を使って変形すると

$$\int_c \vec{F} \cdot d\vec{r} = \int_c (2x+y^2)dx + \int_c 3yzdy + \int_c (x+z)dz$$

$$= \int_0^1 (2t+t^2)dt + \int_0^1 3t^2 dt + \int_0^1 (t+t)dt$$

$$= \int_0^1 (4t+4t^2)dt = \left[2t^2 + \frac{4t^3}{3} \right]_0^1 = 2 + \frac{4}{3} = \frac{10}{3}$$

と与えられる。

演習 9-2 力ベクトル $\vec{F}$ が

$$\vec{F} = \begin{pmatrix} 2x+y^2 \\ 3y \\ x+z \end{pmatrix}$$

と与えられている時、xy 平面上の中心が原点で半径 1 の円に沿って、この力で質点を反時計まわりに半周だけ動かすときの仕事を求めよ。

解） この円の経路は、変数として x 軸の正の方向からの角度 θ を媒介変数として使うと

$$x = \cos\theta \quad y = \sin\theta \quad z = 0$$

と与えられる。そして、積分範囲は $0 \leq \theta \leq \pi$ となる。ここで $\vec{r}$ は xy 平面だ

けを動くので、z 成分は 0 となるから

$$d\vec{r} = dx\vec{e}_x + dy\vec{e}_y$$

と書くことができる。よって

$$\int_c \vec{F} \cdot d\vec{r} = \int_c ((2x+y^2)\vec{e}_x + 3y\vec{e}_y + (x+z)\vec{e}_z) \cdot (dx\vec{e}_x + dy\vec{e}_y)$$

となるが

$$\int_c \vec{F} \cdot d\vec{r} = \int_c (2x+y^2)dx + \int_c 3ydy$$

これを角度 θ に関する積分に変換すると

$$dx = -\sin\theta\, d\theta \quad dy = \cos\theta\, d\theta$$

より

$$\int_c \vec{F} \cdot d\vec{r} = \int_0^\pi (2\cos\theta + \sin^2\theta)(-\sin\theta\, d\theta) + \int_0^\pi 3\sin\theta\cos\theta\, d\theta$$

$$= \int_0^\pi (\sin\theta\cos\theta - \sin^3\theta)d\theta$$

と与えられる。ここで第 1 項は

$$\int_0^\pi \sin\theta\cos\theta\, d\theta = \int_0^\pi \frac{\sin 2\theta}{2}d\theta = \left[-\frac{\cos 2\theta}{4}\right]_0^\pi = -\frac{1}{4} + \frac{1}{4} = 0$$

となる。第 2 項は

$$\int_0^\pi \sin^3\theta\, d\theta = \int_0^\pi (1-\cos^2\theta)\sin\theta\, d\theta$$

と変形できる。ここで $\cos\theta = u$ と置きかえると $-\sin\theta\, d\theta = du$ であり、積分範囲は 1 から -1 までとなる。よって

$$\int_0^\pi (1-\cos^2\theta)\sin\theta\, d\theta = \int_1^{-1}(1-u^2)(-du) = \int_{-1}^1 (1-u^2)du$$
$$= \left[u - \frac{u^3}{3}\right]_{-1}^1 = \left(1 - \frac{1}{3}\right) - \left(-1 + \frac{1}{3}\right) = \frac{4}{3}$$

となる。
　従って

$$\int_c \vec{F}\cdot d\vec{r} = -\frac{4}{3}$$

となる。

　演習で求めた解では負の値となっているが、この場合反時計まわりではなく時計と同じ方向にまわる方向で積分すると正の値になる。もちろん、仕事としては正の値しかとらないので、実際の計算においては、4/3 となる。
　以上の演習で紹介したように、線積分では積分経路が分かれば、それを適当な媒介変数を使うことで、x, y, z 相互の関係を求め、最終的には 1 変数の積分に変形して計算することができる。
　また、線積分の場合には、経路上の点を p_k とすると、p_1 から p_2 まで線積分するとき

$$W = \int_{p_1}^{p_2} \vec{F}\cdot d\vec{r} = \int_{p_1}^{p_k} \vec{F}\cdot d\vec{r} + \int_{p_k}^{p_2} \vec{F}\cdot d\vec{r}$$

のように、積分経路を分割して足し合わせても同じ答えが得られる。また、経路は自由にいくらでも分割することが可能である。この性質を利用すると、経路が複雑な場合には、いくつかの経路に分けて計算することが可能となる。

さらに、経路積分では、逆の方向に進めばベクトル $\vec{r}$ の方向は逆転するから

$$\int_{p_1}^{p_2} \vec{F} \cdot d\vec{r} = -\int_{p_2}^{p_1} \vec{F} \cdot d\vec{r}$$

となって、積分値の正負が逆転することも明らかであろう。演習9-2の場合も、まわる方向を逆にすれば符号が反転することは、すでに指摘した。

9.3. 面積分

9.3.1. 面積分とは

電磁気学の教科書をひもとくと、ベクトルの積分演算として**面積分** (surface integral) というものが登場する。この概念自体は非常に有用であるが、残念ながら、数学の積分の延長で理解しようとしても、簡単にはいかない。このために、面積分という概念をあやふやにしたまま通り過ぎてしまうひとが多いようである。

そこで、面積分の意味を身近な例で紹介し、それがどういうものかをおおまかに掴んでから、数学的な取り扱いに入ることにする。例として、図9-4に示した太陽光線をさえぎる日傘をモデルとして考えてみよう。日傘の太陽に向いた面は凸の曲面となっている。

面積分というのは、いわば、この日傘にふりそそぐ太陽光線の総量を求める作業である。ところで、曲面の場合、太陽光があたる方向は場所によって変化する。この差を取り入れるためにも、日傘の曲面をいくつかに分割して、その分割された曲面（面素）に、どの程度の太陽光があたるかをまず求める。そのうえで、すべての面素にあたる太陽光を加算すれば、日

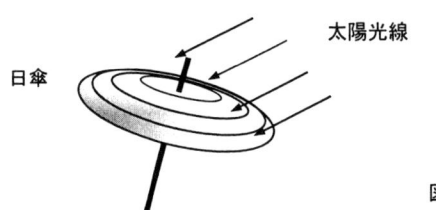

図9-4

傘の面全体にふりそそぐ太陽光の総量を計算することができる。

ここで、ベクトルが登場する。当然、ふりそそぐ太陽光は、大きさと方向を持っている。よって、その量はベクトルとなる。ここで、かさの面に当たる太陽光は、図 9-5 のように、曲面の**法線** (normal line) が光に平行な場合にもっとも強くなり、逆に垂直な場合には、太陽光があたっていないのと同じ状況になる。

それでは、場所による違いをどのように数学的に取り入れたら良いであろうか。これには内積を利用する。いま、太陽光のベクトルを $\vec{I}$ とする。そして $\vec{I}$ は単位時間に単位面積に降りそそぐ光の強さが、その大きさとなるベクトルと考える。つぎに、太陽光があたる面の法線の単位ベクトルを $\vec{n}$ とすると

$$\vec{I} \cdot \vec{n}$$

というベクトルの内積は、この面の単位面積にあたる太陽光の実質的な強さを示すことになる。太陽光の強さは、この実質的な強さに、それが当たる面の面積 (ΔS) をかけて

$$\vec{I} \cdot \vec{n} \Delta S$$

と与えられる。これが、面積 ΔS に降りそそぐ実効的な太陽光の強さである。ここで、先ほどの日傘の凸面を n 個のパーツに分けたとしよう。つまり、図 9-6 に示すように、$\Delta S_1, \Delta S_2, ..., \Delta S_n$ の小部分に分割する。

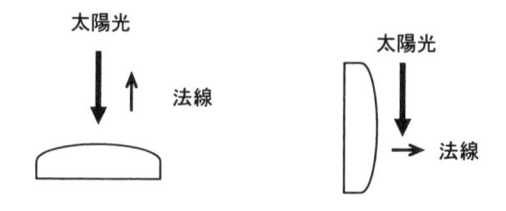

図 9-5

すると、このかさの面にあたる太陽光の総量は

$$I = \sum_{k=1}^{n} \vec{I}_k \cdot \vec{n} \Delta S_k$$

という和で表すことができる。

　ここで、分割数を限りなく大きくした極限で、本来の値が得られる。つまり

$$I = \lim_{n \to \infty} \sum_{k=1}^{n} \vec{I}_k \cdot \vec{n} \Delta S_k$$

となる。これは積分で書くと

$$I = \int \vec{I} \cdot \vec{n} dS$$

となって、これが実効的に日傘の面にあたる太陽光の強さの総量を与えることになる。これが面積分である。

　これは、日傘でなくとも雨傘の場合でも、同様に考えることができる。例えば、横殴りの雨が降っている場合を想定してみよう。この場合、かさの曲面の法線が雨と平行になるようにすれば、最も体を濡らさずにすむ。この場合は、単位時間に単位面積に降る雨の大きさをベクトルの大きさにとればよい。

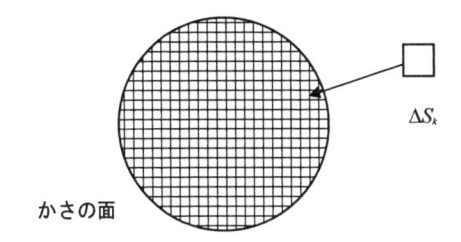

図 9-6

以上の面積分は、あるベクトルと曲面の単位法線ベクトルとの内積の総和を求めているので**法線面積分** (normal surface integral) と呼ぶ場合もある。
　ところで、法線面積分を考える時に、法線のベクトルの向きとして、暗に太陽が降りそそぐ方向に対向する方向を正となるように考えているが、実際には法線単位ベクトルの向きは 2 通り選ぶことができる。そこで、混乱を避けるために、ある規則を採用して、この正負の方向を指定する。これは、右ねじの法則と呼ばれるもので、図 9-7 に示すように、ある閉曲面があった時に、その曲面を囲む閉曲線を考える。この曲線に沿って周回するとき、その回転方向が右ねじをまわす方向としたとき、ねじが進む方向を法線の正の方向にとるという約束をするのである。

　このような約束をすれば、法線ベクトルの正の方向を決めることができる。

　つぎに、法線面積分の被積分関数を見てみよう。それは

$$\vec{I} \cdot \vec{n} dS$$

となっている。ここで $\vec{n}dS$ は、単位法線ベクトルにスカラー量である面積 dS をかけたものとなっているが、これをまとめて大きさが dS で方向が法線に平行なベクトルとみなすこともできる。この時

$$\vec{n}dS = d\vec{S}$$

となる。より一般的には、ある閉曲線に囲まれた面積 S の領域がある時、この面積を大きさとし、法線方向を向きとするベクトルを、領域 S の**面積ベクトル** (area vector) と呼んでいる。そして

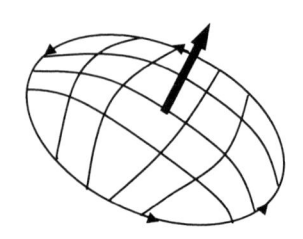

図 9-7　法線ベクトルの正の方向。

のように定義する。この場合も法線ベクトルの向きは右ねじの法則に従う方向を正とする。面積ベクトルを使うと、面積分は

$$S = \vec{n}S$$

$$I = \int \vec{I} \cdot \vec{n} dS = \int_S \vec{I} \cdot d\vec{S}$$

と書くことができる。ただし、積分記号の右下の S は積分したい閉曲面のことを示している。ところで、面積分は線に沿っての積分ではなく、面全体にわたるから、直交座標では、少なくとも 2 個の変数に関する積分となる。よって、この点を強調して、面積分では

$$I = \iint_S \vec{I} \cdot d\vec{S}$$

と 2 重積分 (double integral) の記号を使って表記するのが通例である。

それでは、一応面積分の概念はつかめたと思うので、具体的に面積分はどのように計算したらよいかを見てみよう。実は、いま定義した式からいきなり面積分を求めることはできない。そこで、順序だてて工夫してみよう。

9.3.2. 法線ベクトル

まず、面積分を計算するためには、法線ベクトルを求める必要がある。それでは法線ベクトルはどのようにして求めればよいであろうか。これは第 6 章で紹介したように、ある曲面に対応した関数のグラディエントをとると、実は、それが、曲面の法線を与えるベクトルとなる。

具体例で見てみよう。いま、半径が 1 の上半球を考えると

$$x^2 + y^2 + z^2 = 1 \quad (z \geq 0)$$

となる。よって

$$f(x,y,z) = x^2 + y^2 + z^2$$

という3変数の関数の値が1となる点(x,y,z)が半球の曲面を与える式となる。このグラディエントをとると

$$\text{grad } f(x,y,z) = \nabla f = \begin{pmatrix} \partial f/\partial x \\ \partial f/\partial y \\ \partial f/\partial z \end{pmatrix} = \begin{pmatrix} 2x \\ 2y \\ 2z \end{pmatrix} = 2\begin{pmatrix} x \\ y \\ z \end{pmatrix}$$

がその法線ベクトルとなる。ここで、単位法線ベクトルは、その大きさで割ればよいので

$$\vec{n} = \frac{\text{grad } f}{|\text{grad } f|} = \frac{2}{2\sqrt{x^2+y^2+z^2}}\begin{pmatrix} x \\ y \\ z \end{pmatrix} = \begin{pmatrix} x \\ y \\ z \end{pmatrix}$$

と与えられる。

9.3.3. 面積分の計算

曲面の法線ベクトルを求めることができたので、さっそく法線面積分の計算をしたいが、これでもまだ計算ができないのである。それは

$$I = \iint_S \vec{I} \cdot \vec{n} \, dS$$

における dS を表現することができないのである。もし、この面積素を $dxdy$ という dx と dy の積のかたちに書くことができれば、一般の重積分の手法が使えることになる。それでは、どうすれば、このような変換が可能になるのであろうか。このためには、図9-8に示すように、面積分を計算しようとしている曲面の面積素 (dS) を xy 平面に投影するのである。

第9章　ベクトルの積分

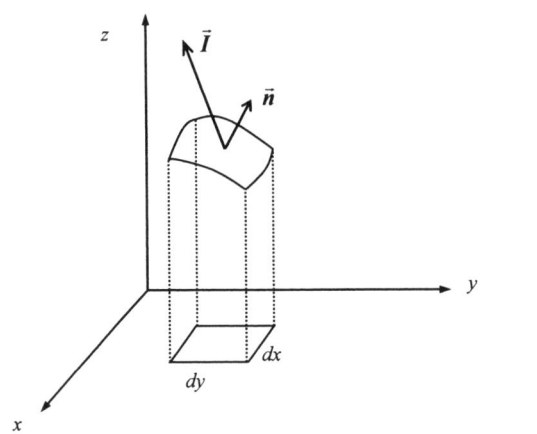

図 9-8

　この関係を考えるために、曲面上の面積素ΔS の xy 平面への正射影 $\Delta R = \Delta x \Delta y$ を考える。すると

$$\left|\vec{n}\Delta S \cdot \vec{e}_z\right| = \left|\vec{n}\cdot \vec{e}_z\right|\Delta S = \Delta x \Delta y$$

という関係にあることが分かる。よって

$$\Delta S = \frac{\Delta x \Delta y}{\left|\vec{n}\cdot \vec{e}_z\right|}$$

となる。つまり、ある曲面の微小な面積素であるΔS と、その xy 平面への正射影$\Delta x \Delta y$ との関係が、この式によって与えられるのである。もちろん、面積が大きければ、曲面上の面は湾曲しているから、この関係は成立しないが、曲面の面積素の大きさを十分小さくすれば、平面とみなすことができ、その結果1対1に対応するのである。そのうえで和をとれば

$$\sum_{k=1}^{n}\Delta S_k = \sum_{k=1}^{n}\frac{\Delta x_k \Delta y_k}{\left|\vec{n}_k \cdot \vec{e}_z\right|}$$

となる。これは曲面の面積を正射影の面積の和で表現したものである。これを、積分で表現すれば

$$\int dS = \iint \frac{dxdy}{|\vec{n}\cdot\vec{e}_z|}$$

となる。これを一般の積分にも適用すると、まず和の方は

$$\sum_{k=1}^{n}\vec{I}_k\cdot\vec{n}_k\Delta S_k = \sum_{k=1}^{n}\vec{I}_k\cdot\vec{n}_k\frac{\Delta x_k \Delta y_k}{|\vec{n}_k\cdot\vec{e}_z|}$$

となり、積分記号で表現すれば

$$I = \iint_S \vec{I}\cdot\vec{n}dS = \iint_R \vec{I}\cdot\vec{n}\frac{dxdy}{|\vec{n}\cdot\vec{e}_z|}$$

のような重積分のかたちに変形することができる。これによって、任意の曲面での法線面積分を通常の重積分のかたちに変形して計算できるのである。

　それでは、実際に法線面積分を計算してみよう。簡単のために曲面ではなく平面を考えてみる。法線面積分を計算する面 (S) として

$$x + 2y + 3z = 6$$

で $x \geq 0, y \geq 0, z \geq 0$ の領域とする。すると、この面は図 9-9 のような三角形状の領域となる。ここで、この面に対して、次のようなベクトル成分を有する太陽光線が注いでいるとしよう。

$$\vec{I} = \begin{pmatrix} 2z \\ -3 \\ y \end{pmatrix}$$

第 9 章　ベクトルの積分

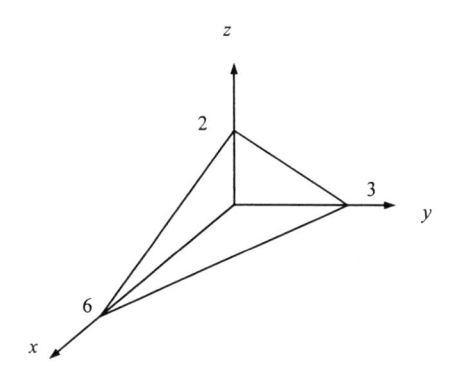

図 9-9

もちろん、これは仮想的な場合であり、実際の太陽光線がこのようなベクトルになることはないが、演習の意味で計算してみる。すると、この面に実効的に降りそそぐ太陽光線の総和は

$$I = \iint_S \vec{I} \cdot \vec{n} dS = \iint_R \vec{I} \cdot \vec{n} \frac{dxdy}{|\vec{n} \cdot \vec{e}_z|}$$

という重積分で与えられることになる。

　ここで、まず面 S と直交する単位法線ベクトル $\vec{n}$ を求める必要がある。ここで、曲面 $x + 2y + 3z = 6$ と直交するベクトルは、そのグラディエントをとって

$$\mathrm{grad}(x + 2y + 3z) = \begin{pmatrix} 1 \\ 2 \\ 3 \end{pmatrix}$$

となる。このベクトルの単位ベクトルは

$$\vec{n} = \frac{1}{\sqrt{1^2 + 2^2 + 3^2}} \begin{pmatrix} 1 \\ 2 \\ 3 \end{pmatrix} = \frac{1}{\sqrt{14}} \begin{pmatrix} 1 \\ 2 \\ 3 \end{pmatrix}$$

よって

$$\vec{I}\cdot\vec{n} = (2z, -3, y)\frac{1}{\sqrt{14}}\begin{pmatrix}1\\2\\3\end{pmatrix} = (2z-6+3y)\frac{1}{\sqrt{14}}$$

となる。また

$$\vec{n}\cdot\vec{e}_z = \frac{1}{\sqrt{14}}(1, 2, 3)\begin{pmatrix}0\\0\\1\end{pmatrix} = \frac{3}{\sqrt{14}}$$

であるから

$$I = \iint (2z-6+3y)\frac{1}{3}dxdy$$

となる。ここで積分範囲は $0 \leq x \leq 6$、$0 \leq y \leq 3$ であり、さらに平面の式、$x+2y+3z=6$ より

$$z = \frac{6-x-2y}{3}$$

であるから、求める積分は

$$I = \iint_R \left(\frac{12-2x-4y}{3} - 6 + 3y\right)\frac{1}{3}dxdy = \iint_R (-2x+5y-6)\frac{1}{9}dxdy$$

となる。ここで、この重積分を計算するには xy 平面 ($z=0$) での境界が

$$x+2y=6 \qquad y=-\frac{x}{2}+3$$

であるから、積分範囲 $0 \leq y \leq (-x/2)+3$ で dy について積分したうえで、dx について積分する。よって

第9章　ベクトルの積分

$$I = \frac{1}{9}\int_{x=0}^{6}\int_{y=0}^{-(x/2)+3}(-2x+5y-6)dydx$$

となり、これを計算すると

$$I = \frac{1}{9}\int_{x=0}^{6}\left[-2xy+\frac{5}{2}y^2-6y\right]_0^{-(x/2)+3}dx$$

よって、被積分関数は

$$-2x\left(-\frac{x}{2}+3\right)+\frac{5}{2}\left(-\frac{x}{2}+3\right)^2-6\left(-\frac{x}{2}+3\right)$$
$$= x^2-6x+\frac{5}{2}\left(\frac{x^2}{4}-3x+9\right)+3x-18 = \frac{13}{8}x^2-\frac{21}{2}x+\frac{9}{2}$$

となり

$$I = \frac{1}{9}\int_0^6\left(\frac{13}{8}x^2-\frac{21}{2}x+\frac{9}{2}\right)dx = \frac{1}{9}\left[\frac{13}{24}x^3-\frac{21}{4}x^2+\frac{9}{2}x\right]_0^6 = -5$$

と与えられる。このように負の符号がつくのは、太陽光線ベクトルと単位法線との内積が負となることに対応する。もちろん、太陽光線の総量であるから、求める値は正の値となる。

　作業の量としては、少々大変ではあったが、以上のように面積分を求めることができる。もちろん、平面ではなく、任意の曲面に対しても同様の手法を使うことができる。計算が少々面倒になるだけの話である。

演習 9-3 曲面として円柱 $x^2 + y^2 = 2^2$ において $x \geq 0, y \geq 0, 0 \leq z \leq 4$ の範囲にある曲面 S (図 9-10 参照) を考える。この曲面に対して

$$\vec{A} = \begin{pmatrix} z \\ x \\ -yz \end{pmatrix}$$

というベクトルに対応した水流が噴射されているものとする。このとき、この曲面でさえぎることのできる水の総量を計算せよ。

解) まず、この場合には、曲面 S の正射影 R は xy 平面ではなく xz 平面に投射したものを考える。(もちろん、yz 平面を考えても最終的には同じ答えが得られる。ただし、xy 平面への投射面は考えることができない。) すると、求める積分は

$$I = \iint_S \vec{A} \cdot \vec{n} \, dS = \iint_R \vec{A} \cdot \vec{n} \frac{dxdz}{|\vec{n} \cdot \vec{e}_y|}$$

と書くことができる。まず、この面に直交するベクトルは

$$\mathrm{grad}(x^2 + y^2) = \begin{pmatrix} 2x \\ 2y \\ 0 \end{pmatrix}$$

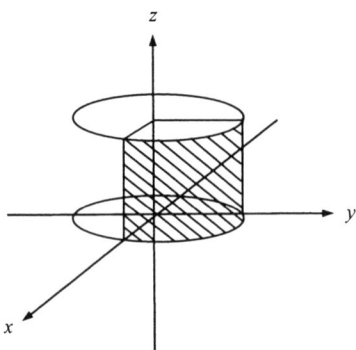

図 9-10

であるから、単位法線ベクトルは

$$\vec{n} = \frac{1}{2\sqrt{x^2+y^2}}\begin{pmatrix} 2x \\ 2y \\ 0 \end{pmatrix}$$

となる。ここで $x^2+y^2=4$ であるから

$$\vec{n} = \begin{pmatrix} x/2 \\ y/2 \\ 0 \end{pmatrix}$$

となる。まず

$$\vec{A}\cdot\vec{n} = (z, x, -yz)\begin{pmatrix} x/2 \\ y/2 \\ 0 \end{pmatrix} = \frac{xz}{2} + \frac{xy}{2}$$

つぎに

$$\vec{n}\cdot\vec{e}_y = \left(\frac{x}{2}, \frac{y}{2}, 0\right)\begin{pmatrix} 0 \\ 1 \\ 0 \end{pmatrix} = \frac{y}{2}$$

ここで

$$x^2+y^2=2^2 \quad \text{より} \quad y = \pm\sqrt{4-x^2}$$

であるが、いま考えている範囲 ($y \geq 0$) では

$$y = \sqrt{4-x^2}$$

となる。よって

$$I = \iint_R \vec{A} \cdot \vec{n} \frac{dxdz}{|\vec{n} \cdot \vec{e}_y|} = \iint_R \left(\frac{xz+xy}{2}\right)\frac{2dxdz}{y} = \iint_R \left(\frac{xz}{y}+x\right)dxdz$$

$$= \iint_R \left(\frac{xz}{\sqrt{4-x^2}}+x\right)dxdz = \int_0^2 \int_0^4 \left(\frac{xz}{\sqrt{4-x^2}}+x\right)dzdx$$

$$= \int_0^2 \left[\frac{xz^2}{2\sqrt{4-x^2}}+xz\right]_0^4 dx = \int_0^2 \left(\frac{8x}{\sqrt{4-x^2}}+4x\right)dx$$

$$= \int_0^2 \left(\frac{8x}{\sqrt{4-x^2}}\right)dx + \int_0^2 4x\,dx$$

ここで

$$\int_0^2 4x\,dx = \left[2x^2\right]_0^2 = 8$$

であり

$$\int_0^2 \left(\frac{8x}{\sqrt{4-x^2}}\right)dx$$

については $x = 2\cos\theta$ と置くと、積分範囲は $\pi/2$ から 0 となり

$$\int_0^2 \left(\frac{8x}{\sqrt{4-x^2}}\right)dx = \int_{\pi/2}^0 \frac{16\cos\theta}{2\sin\theta}(-2\sin\theta\,d\theta) = 16\int_0^{\pi/2}\cos\theta\,d\theta = 16\left[\sin\theta\right]_0^{\pi/2} = 16$$

と与えられる。よって

$$I = \iint_R \vec{A} \cdot \vec{n} \frac{dxdz}{|\vec{n} \cdot \vec{e}_y|} = 24$$

となる。

9.4. 体積積分

面積分と同様に、**体積積分** (volume integrals) 考えることができる。体積積分は**空間積分** (space integrals) 呼ぶこともある。体積積分の基本的な考えは面積分とまったく同じであるが、微小単位として、面積素のかわりに辺の長さが$\Delta x, \Delta y, \Delta z$ からなる微小体積Δv を考える。

例えば、ある閉曲面に囲まれた領域を考え、これを n 個の体積素片に分割し

$$\Delta v_k = \Delta x_k \Delta y_k \Delta z_k$$

とすると

$$V = \sum_{k=1}^{n} \Delta v_k$$

という和は、この領域の体積を与えることになる。この分割数を無限に大きくした極限では

$$V = \int_V dv$$

という積分で書くことができる。面積分と同様に、どの領域で積分するかということを積分記号の下または斜め下に明示する。

体積積分も、実際に計算するには $dxdydz$ の方向で積分する必要があるので

$$V = \iiint_V dxdydz$$

のように書くのが通例である。

つぎに、それぞれの微小体積に対応した関数 $f(x, y, z)$ を考えてみよう。例えば、これが、ある物質の場所による密度とすると

$$m = \iiint_V f(x,y,z)dxdydz$$

は、この物質の V という体積の総重量を与えることになる。

演習 9-4 ある物質の空間密度が $\phi(x,y,z) = x^2 y$ という関数で与えられているとき、4 つの面 $x+y+z=1$, $x=0, y=0, z=0$ によって囲まれた領域（図 9-11 参照）の重量を求めよ。

解) この領域を V とすると

$$m = \iiint_V x^2 y dxdydz$$

という体積積分となる。

ここで、3 重積分を行うための範囲を考えると、まず z 方向に関しての積分では、平面の式が

$$x+y+z=1$$

であるから、積分範囲は

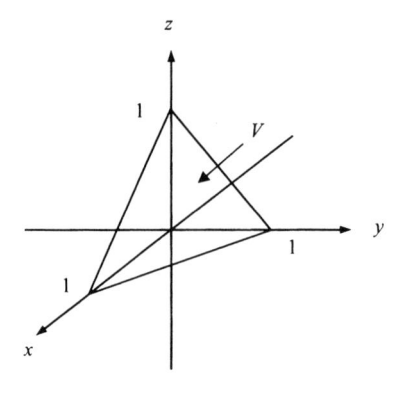

$$0 \leq z \leq 1-x-y$$

図 9-11

となる。つぎに y 方向の積分では、xy 平面において、この領域の境界を与える直線の式が

$$x + y = 1$$

であるから、積分範囲は

$$0 \leq y \leq 1 - x$$

となる。よって

$$m = \iiint_V x^2 y \, dx dy dz = \int_{x=0}^{1} \int_{y=0}^{1-x} \int_{z=0}^{1-x-y} x^2 y \, dz dy dx$$

という 3 重積分となる。まず

$$\int_{z=0}^{1-x-y} x^2 y \, dz = \left[x^2 yz \right]_{z=0}^{1-x-y} = x^2 y(1-x-y) = x^2(1-x)y - x^2 y^2$$

となる。つぎに

$$\int_{y=0}^{1-x} \left\{ x^2(1-x)y - x^2 y^2 \right\} dy = \left[\frac{x^2(1-x)}{2} y^2 - \frac{x^2}{3} y^3 \right]_{y=0}^{1-x} = \frac{x^2(1-x)^3}{2} - \frac{x^2(1-x)^3}{3}$$

$$= \frac{x^2(1-x)^3}{6} = \frac{x^2(1-3x+3x^2-x^3)}{6} = \frac{-x^5+3x^4-3x^3+x^2}{6}$$

となる。最後に

$$\int_{x=0}^{1} \frac{-x^5+3x^4-3x^3+x^2}{6} dx = \left[-\frac{x^6}{36} + \frac{x^5}{10} - \frac{x^4}{8} + \frac{x^3}{18} \right]_0^1 = -\frac{1}{36} + \frac{1}{10} - \frac{1}{8} + \frac{1}{18} = \frac{1}{360}$$

となって、この領域の重量は 1/360 となる。

第 10 章　ベクトルの積分公式

ベクトル解析を電磁気学や理工系学問に利用する場合、ベクトルの微分のかたちで公式が表現されている場合もあるが、ベクトルの積分で表現している場合も多い。しかし、積分公式では、ベクトルだけではなく、面積分や体積積分という新しい概念が登場する。しかも、その具体的な意味が初学者には分かりにくいため、多くのひとから敬遠される憂き目にあっている。

本章では前章のベクトルの面積分や体積積分の考えをもとにベクトルの積分公式を考えてみる。じっくり取り組んでみれば、それほど難しい概念ではないということを実感できよう。

ただし、ベクトルの積分公式の説明の前に、その基本となる 2 次元平面におけるグリーンの定理の解説から行う。

10.1.　グリーンの定理

グリーンの定理 (Green's theorem) は、2 次元平面における周回積分と面積分との関係を示すものであり、ベクトル積分公式の基本となる。

いきなり定義から入って申し訳ないが、グリーンの定理とは、x と y の 2 変数関数である $F(x,y)$ と $G(x,y)$ の閉曲線 C に沿った線積分と、この閉曲線によって囲まれた領域 S のつぎの面積分が等しいという定理である。

$$\int_C F(x,y)dx + \int_C G(x,y)dy = \iint_S \left(\frac{\partial G(x,y)}{\partial x} - \frac{\partial F(x,y)}{\partial y} \right) dS$$

あるいは、xy 平面であるから

$$\int_C F(x,y)dx + \int_C G(x,y)dy = \iint_S \left(\frac{\partial G(x,y)}{\partial x} - \frac{\partial F(x,y)}{\partial y}\right)dxdy$$

と表記することも多い。

それでは、この定理が成立するかどうかを確かめてみよう。図 10-1 のような長方形の積分領域 (S) を考える。

すると、次の面積分

$$\iint_S \frac{\partial G(x,y)}{\partial x} dS = \iint_S \frac{\partial G(x,y)}{\partial x} dxdy$$

は

$$\iint_S \frac{\partial G(x,y)}{\partial x} dxdy = \int_{y_0}^{y_1}\left(\int_{x_0}^{x_1} \frac{\partial G(x,y)}{\partial x} dx\right)dy$$

のような **2 重積分** (double integral) に変形できる。ここで、まず x に関して積分を行うと

$$\int_{x_0}^{x_1} \frac{\partial G(x,y)}{\partial x} dx = G(x_1,y) - G(x_0,y)$$

となるので、2 重積分は

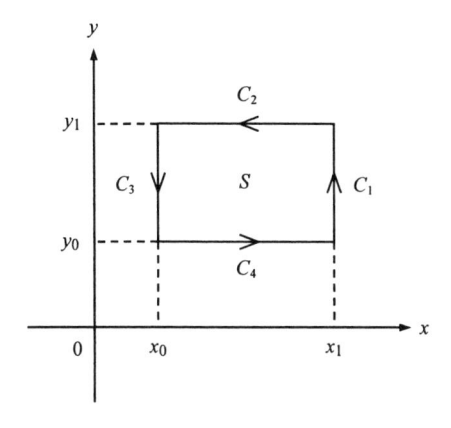

図 10-1

$$\iint_S \frac{\partial G(x,y)}{\partial x} dxdy = \int_{y_0}^{y_1} \bigl(G(x_1,y) - G(x_0,y)\bigr) dy$$

という y に関する積分となる。右辺を 2 つの積分項に分けて

$$\iint_S \frac{\partial G(x,y)}{\partial x} dxdy = \int_{y_0}^{y_1} G(x_1,y) dy - \int_{y_0}^{y_1} G(x_0,y) dy$$

とする。ここで、右辺の第 1 項の積分は、$x = x_1$ に沿って、$G(x,y)$ を y_0 から y_1 まで積分するものである。つまり、図 10-1 の C_1 という経路を矢印方向に沿って線積分したものであるから

$$\int_{y_0}^{y_1} G(x_1,y)\, dy = \int_{C_1} G(x,y)\, dy$$

と書くことができる。

同様にして、第 2 項の積分は、$x = x_0$ という直線に沿って積分路 C_3 を周回積分とは逆向きに積分したときの値であるから

$$\int_{y_0}^{y_1} G(x_0,y)\, dy = -\int_{C_3} G(x,y)\, dy$$

となる。よって

$$\iint_S \frac{\partial G(x,y)}{\partial x} dxdy = \int_{C_1} G(x,y) dy + \int_{C_3} G(x,y) dy$$

と与えられる。しかし、このままでは、右辺の線積分が、この領域 D の周に沿った周回積分にはなっていない。あとは、C_2 および C_4 に沿った線積分が必要になる。

実は、うまい具合に、これら経路上では y の値が一定であるから $dy = 0$ となって、この経路に沿って $G(x,y)$ を y に関して積分しても 0 である。つま

り

$$\int_{C_2} G(x,y)dy = 0 \qquad \int_{C_4} G(x,y)dy = 0$$

である。ここで、これらを先の積分に足せば

$$\iint_S \frac{\partial G(x,y)}{\partial x}dxdy = \int_{C_1} G(x,y)dy + \int_{C_2} G(x,y)dy + \int_{C_3} G(x,y)dy + \int_{C_4} G(x,y)dy$$

$$= \int_C G(x,y)dy$$

となって、領域 S のまわりの周回積分となる。まったく同様の操作を $F(x,y)$ に対しても行うと

$$\iint_S \frac{\partial F(x,y)}{\partial y}dxdy = -\int_C F(x,y)dx$$

となるので、結局

$$\int_C F(x,y)dx + \int_C G(x,y)dy = \iint_S \left(\frac{\partial G(x,y)}{\partial x} - \frac{\partial F(x,y)}{\partial y}\right)dxdy$$

となる。この等式は、xy 平面のすべての長方形のかたちをした領域で成立する。

このように、いったん長方形の積分路でこの関係が成立することが分かれば、図 10-2 のように、ふたつの長方形を重ねて積分した場合、図の共通の線上の積分は方向がちょうど逆となって相殺されるため、これら 2 つの長方形の外周をまわる周回積分においても、グリーンの定理が成立することになる。

この要領で、適当な長方形を組み合わせれば、任意の形状の閉曲線をつくることができる。これには、図 10-3 に示したように、微分や積分で用いた極限値の考えを適用する。

図 10-2

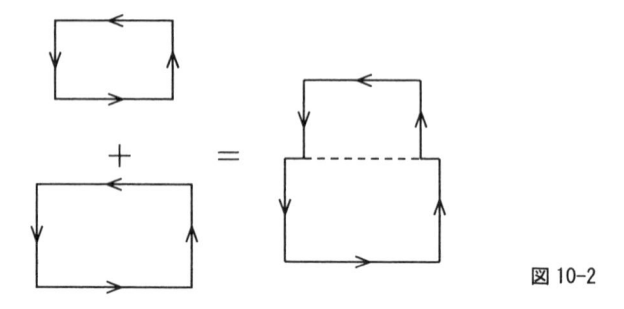

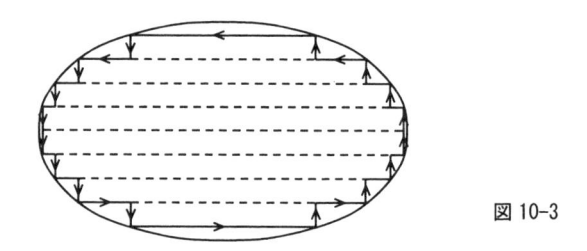

図 10-3

　結局、グリーンの定理はすべての閉曲線で成立することが分かる。ただし、いまの証明では、積分してゼロになる経路を足すなど、何かごまかされたような気分になるかもしれない。そこで、より一般な場合の証明もしておこう。考えは、いまの場合とまったく同様である。
　積分領域として図 10-4 のような領域 S を考える。この領域は閉曲線 C によって囲まれており、この閉曲線は、点 A および B によって、ふたつの曲線 C_1 および C_2 に分割され、それぞれ

$$C_1 : y = h_1(x) \qquad C_2 : y = h_2(x)$$

という関数で与えられているものとする。

第 10 章　ベクトルの積分公式

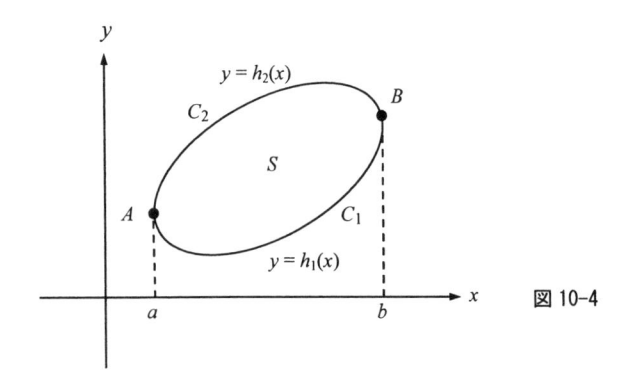

図 10-4

この閉曲線に囲まれた領域でグリーンの定理が成立するかどうかを調べてみよう。まず、x と y の 2 変数関数の $F(x,y)$ の

$$\iint_S \frac{\partial F(x,y)}{\partial y} dxdy$$

という y に関する偏導関数の面積分を考えてみよう。すると、この積分は

$$\iint_S \frac{\partial F(x,y)}{\partial y} dxdy = \int_a^b \left(\int_{y=h_1(x)}^{y=h_2(x)} \frac{\partial F(x,y)}{\partial y} dy \right) dx$$

のような 2 重積分に変形できる。ここで、まず y に関して積分を行うと

$$\int_{y=h_1(x)}^{y=h_2(x)} \frac{\partial F(x,y)}{\partial y} dy = F(x,h_2(x)) - F(x,h_1(x))$$

であるから、面積分は

$$\iint_S \frac{\partial F(x,y)}{\partial y} dxdy = \int_a^b F(x,h_2(x))dx - \int_a^b F(x,h_1(x))dx$$

という x に関する積分となる。右辺は、それぞれ C_1, C_2 に沿って $F(x, y)$ の線積分を時計まわりに行ったものであり、閉曲線 C に沿った逆方向の線積分となる。

よって

$$\iint_S \frac{\partial F(x, y)}{\partial y} dxdy = -\oint_C F(x, y)dx$$

と負の符号がつく。

つぎに、同じ領域を図 10-5 のような経路に分割してみよう。ここでは、x と y の 2 変数関数の $G(x, y)$ の

$$\iint_S \frac{\partial G(x, y)}{\partial x} dxdy$$

という x に関する偏導関数の面積分を考えてみよう。すると、この積分は

$$\iint_S \frac{\partial G(x, y)}{\partial x} dxdy = \int_d^e \left(\int_{x=k_1(y)}^{x=k_2(y)} \frac{\partial G(x, y)}{\partial x} dx \right) dy$$

のような 2 重積分に変形できる。ここで、まず x に関して積分を行うと

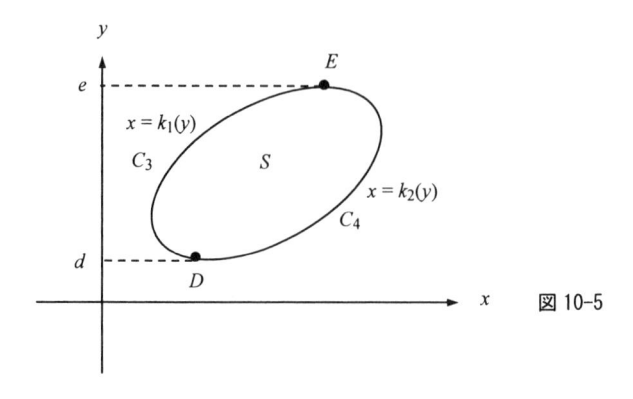

図 10-5

$$\int_{x=k_1(y)}^{x=k_2(y)} \frac{\partial G(x,y)}{\partial x} dx = G(k_2(y), y) - G(k_1(y), y)$$

であるから、面積分は

$$\iint_S \frac{\partial G(x,y)}{\partial x} dxdy = \int_d^e G(k_2(y), y) dy - \int_d^e G(k_1(y), y) dy$$

という y に関する積分となる。右辺は、それぞれ C_3, C_4 に沿って $G(x,y)$ の線積分を反時計まわりに行ったものであり、閉曲線 C に沿った線積分となる。よって

$$\iint_S \frac{\partial G(x,y)}{\partial x} dxdy = \oint_C G(x,y) dy$$

となる。
よって

$$\oint_C F(x,y) dx + \oint_C G(x,y) dy = \iint_S \left(\frac{\partial G(x,y)}{\partial x} - \frac{\partial F(x,y)}{\partial y} \right) dxdy$$

という関係が一般の場合にも成立することになる。

演習 10-1 $y = x$ と $y = x^2$ に囲まれた領域 S において

$$F(x,y) = xy + y^2 \qquad G(x,y) = x^2$$

という関数でグリーンの定理が成立することを確かめよ。

解) まず $y = x$ と $y = x^2$ とは 2 点 $(0, 0)$ と $(1, 1)$ で交わる。よって、いま考える領域は図 10-6 のような閉曲線に囲まれた部分となる。まず線積分は

図 10-6

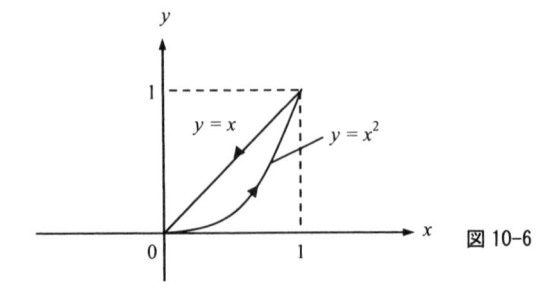

$$\oint_C F(x,y)dx + \oint_C G(x,y)dy = \oint_C (xy+y^2)dx + \oint_C x^2 dy$$

ここで、$(0, 0)$から$(1, 1)$まで$y = x^2$に沿った線積分の値は

$$\int_0^1 (xy+y^2)dx = \int_0^1 (x^3+x^4)dx = \left[\frac{x^4}{4}+\frac{x^5}{5}\right]_0^1 = \frac{1}{4}+\frac{1}{5} = \frac{9}{20}$$

$$\int_0^1 x^2 dy = \int_0^1 x^2(2xdx) = 2\int_0^1 x^3 dx = 2\left[\frac{x^4}{4}\right]_0^1 = \frac{1}{2}$$

となる。つぎに、$(1, 1)$から$(0, 0)$まで$y = x$に沿って線積分すると

$$\int_1^0 (xy+y^2)dx = \int_1^0 (x^2+x^2)dx = \left[\frac{2x^3}{3}\right]_1^0 = -\frac{2}{3}$$

$$\int_1^0 x^2 dy = \int_1^0 x^2(dx) = \left[\frac{x^3}{3}\right]_1^0 = -\frac{1}{3}$$

よって

$$\oint_C F(x,y)dx + \oint_C G(x,y)dy = \frac{9}{20} + \frac{1}{2} - \frac{2}{3} - \frac{1}{3} = -\frac{1}{20}$$

となる。つぎに面積分を計算すると

$$\iint_S \left(\frac{\partial G(x,y)}{\partial x} - \frac{\partial F(x,y)}{\partial y} \right) dxdy = \iint_S (2x - (x+2y))dxdy = \int_{x=0}^{1} \int_{y=x^2}^{y=x} (x-2y) dydx$$

となる。ここで

$$\int_{y=x^2}^{y=x} (x-2y)dy = \left[xy - y^2 \right]_{x^2}^{x} = x^2 - x^2 - (x^3 - x^4) = x^4 - x^3$$

であるから

$$\iint_S \left(\frac{\partial G(x,y)}{\partial x} - \frac{\partial F(x,y)}{\partial y} \right) dxdy = \int_0^1 (x^4 - x^3)dx = \left[\frac{x^5}{5} - \frac{x^4}{4} \right]_0^1 = -\frac{1}{20}$$

となって確かに

$$\oint_C F(x,y)dx + \oint_C G(x,y)dy = \iint_S \left(\frac{\partial G(x,y)}{\partial x} - \frac{\partial F(x,y)}{\partial y} \right) dxdy$$

という関係が成立していることが確かめられる。

　以上のように、ふたつの 2 変数関数の線積分と面積分が、被積分関数としてグリーンの定理に示したようなかたちのものをとると、その値が等しくなるということが分かる。しかし、このような定理が成立することにど

んな意味があるのであろうか。例えば

$$\iint_S \frac{\partial F(x,y)}{\partial y}dxdy = -\oint_C F(x,y)dx$$

$$\iint_S \frac{\partial G(x,y)}{\partial x}dxdy = \oint_C G(x,y)dy$$

というふたつの等式を示すだけで十分ではないだろうか。わざわざ、これらの等式の両辺を足し合わせて、新たな等式をつくって、それを定理と呼ぶのはなぜなのだろうか。

　実は、グリーンの定理は、次節で示すように、ベクトルを考えた時に、なぜ、これら等式を足し合わせる必要があるかの意味がより明瞭となる[1]。そこで、つぎにグリーンの定理のベクトルへの応用について見てみよう。

10.2. ストークスの定理

　グリーンの定理が成立することは、実際に計算すればすぐに確かめられるが、いったいどういう意味があるのかが直感では分かりにくい。しかし、これはベクトル関数で表現すると、より明確となる。

　2次元平面におけるグリーンの定理をベクトルで考えてみよう。いま

$$\vec{A}(x,y) = \begin{pmatrix} F(x,y) \\ G(x,y) \end{pmatrix} = F(x,y)\vec{e}_x + G(x,y)\vec{e}_y$$

というベクトル関数を考える。つぎに位置ベクトルを

$$\vec{r} = \begin{pmatrix} x \\ y \end{pmatrix} = x\vec{e}_x + y\vec{e}_y$$

---

[1] 複素関数の積分においてもっとも基本かつ重要なコーシーの積分定理はグリーンの定理を使って証明することができる。詳しくは拙著『なるほど複素関数』を参照。

第 10 章　ベクトルの積分公式

とすると

$$d\vec{r} = \begin{pmatrix} dx \\ dy \end{pmatrix} = dx\vec{e}_x + dy\vec{e}_y$$

であるから

$$\vec{A} \cdot d\vec{r} = \begin{pmatrix} F(x,y) & G(x,y) \end{pmatrix} \begin{pmatrix} dx \\ dy \end{pmatrix} = F(x,y)dx + G(x,y)dy$$

となる。これはグリーンの定理における線積分の被積分関数である。

次に、このベクトル関数のローテーションをとってみよう。本来回転は 3 次元ベクトルに対して定義されたものである。そこで、ここではベクトル $\vec{A}$ の z 成分が 0 の 3 次元ベクトルとして計算してみる。すると

$$\begin{aligned}
\nabla \times \vec{A} &= \begin{vmatrix} \vec{e}_x & \vec{e}_y & \vec{e}_z \\ \partial/\partial x & \partial/\partial y & \partial/\partial z \\ F(x,y) & G(x,y) & 0 \end{vmatrix} \\
&= \begin{vmatrix} \partial/\partial y & \partial/\partial z \\ G(x,y) & 0 \end{vmatrix} \vec{e}_x - \begin{vmatrix} \partial/\partial x & \partial/\partial z \\ F(x,y) & 0 \end{vmatrix} \vec{e}_y + \begin{vmatrix} \partial/\partial x & \partial/\partial y \\ F(x,y) & G(x,y) \end{vmatrix} \vec{e}_z \\
&= -\frac{\partial G(x,y)}{\partial z} \vec{e}_x + \frac{\partial F(x,y)}{\partial z} \vec{e}_y + \left(\frac{\partial G(x,y)}{\partial x} - \frac{\partial F(x,y)}{\partial y} \right) \vec{e}_z
\end{aligned}$$

となる。この結果を見ると、回転ベクトルの z 成分が、グリーンの定理に出てくる面積分の被積分関数となっていることに気づく。この成分を取り出すには、z 方向の単位ベクトル $\vec{e}_z$ との内積をとればよい。

よって

$$(\nabla \times \vec{A}) \cdot \vec{e}_z = \frac{\partial G(x,y)}{\partial x} - \frac{\partial F(x,y)}{\partial y}$$

となる。すると、グリーンの定理は

$$\oint_C \vec{A} \cdot d\vec{r} = \iint_S (\nabla \times \vec{A}) \cdot \vec{e}_z dS$$

のようなベクトルで表現することができる。いまの場合、xy 平面での話であったが、これを 3 次元空間内の閉曲線 C によって囲まれた任意の曲面 S に拡張したものが**ストークスの定理**（Stokes' theorem）である。それは、

$$\oint_C \vec{A} \cdot d\vec{r} = \iint_S (\nabla \times \vec{A}) \cdot \vec{n} dS$$

というかたちをしている。確かに xy 平面であれば、その単位法線ベクトルは $\vec{e}_z$ となり、グリーンの定理を変形して得られたベクトル積分の式はストークスの定理の特別な場合であることが分かる。

さて、この等式の左辺は、ベクトル $\vec{A}$ の閉曲線 C の接線方向の成分（$\vec{A} \cdot d\vec{r}$）を閉曲線のまわりで線積分した値（図 10-7(a)）、右辺は、この閉曲線を境界とする曲面 S で、ベクトル $\vec{A}$ の回転（$\nabla \times \vec{A}$）の法線方向の成分（$(\nabla \times \vec{A}) \cdot \vec{n}$）を面積分した値（図 10-7(b)）である。ストークスの定理は、これらの値が等しいということを示している。このままでは、まだその意味が不明であるかもしれないが、ここでは、とりあえず、この等式が成立するということを確認してみよう。

一般の曲面の場合の面積分を計算するためには、第 9 章で紹介したように、任意の曲面を xy 平面へ投射した正射影（平面）との関係を求めたうえで、xy 平面上での面積分を 2 重積分に直して計算する必要がある。

この場合も、まったく同様であるが、回転がベクトルであるため、3 成分を含むので xy 平面だけではなく、yz および xz 平面への正射影を考える必要がある。つまり

$$\iint_S (\nabla \times \vec{A}) \cdot \vec{n} dS = \iint_S (\nabla \times (A_x \vec{e}_x + A_y \vec{e}_y + A_z \vec{e}_z)) \cdot \vec{n} dS$$

のような成分ごとの考察が必要になる。

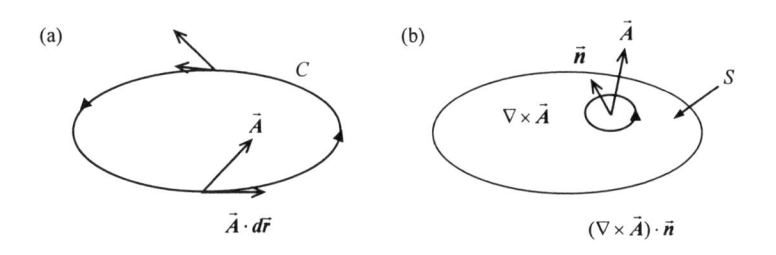

図 10-7

そこで、まずベクトル $\vec{A}$ の x 成分の面積分について計算してみよう。

$$\iint_S (\nabla \times (A_x \vec{e}_x)) \cdot \vec{n} \, dS$$

すると被積分関数は

$$\nabla \times (A_x \vec{e}_x) = \begin{vmatrix} \vec{e}_x & \vec{e}_y & \vec{e}_z \\ \partial/\partial x & \partial/\partial y & \partial/\partial z \\ A_x & 0 & 0 \end{vmatrix} = \frac{\partial A_x}{\partial z} \vec{e}_y - \frac{\partial A_x}{\partial y} \vec{e}_z$$

となる。よって

$$(\nabla \times (A_x \vec{e}_x)) \cdot \vec{n} = \frac{\partial A_x}{\partial z} \vec{e}_y \cdot \vec{n} - \frac{\partial A_x}{\partial y} \vec{e}_z \cdot \vec{n}$$

ここで、面積分しようとしている曲面 S の方程式を

$$z = f(x, y)$$

とすると、曲面 S 上の点の位置ベクトルは

$$\vec{r} = \begin{pmatrix} x \\ y \\ z \end{pmatrix} = \begin{pmatrix} x \\ y \\ f(x,y) \end{pmatrix} = x\vec{e}_x + y\vec{e}_y + f(x,y)\vec{e}_z$$

で表される。ここで

$$\frac{\partial \vec{r}}{\partial x} \quad \text{および} \quad \frac{\partial \vec{r}}{\partial y}$$

は、この曲面への接線を与える。ここで

$$\frac{\partial \vec{r}}{\partial y} = \vec{e}_y + \frac{\partial f(x,y)}{\partial y}\vec{e}_z$$

となるが、これは曲面への単位法線ベクトルと直交するから

$$\vec{n} \cdot \frac{\partial \vec{r}}{\partial y} = \vec{n} \cdot \vec{e}_y + \frac{\partial f(x,y)}{\partial y}\vec{n} \cdot \vec{e}_z = 0$$

という関係が成立する。よって

$$\vec{n} \cdot \vec{e}_y = -\frac{\partial f(x,y)}{\partial y}\vec{n} \cdot \vec{e}_z$$

すると、面積分の被積分関数は

$$(\nabla \times (A_x \vec{e}_x)) \cdot \vec{n} = \frac{\partial A_x}{\partial z}\vec{e}_y \cdot \vec{n} - \frac{\partial A_x}{\partial y}\vec{e}_z \cdot \vec{n} = -\frac{\partial A_x}{\partial z}\frac{\partial f(x,y)}{\partial y}\vec{e}_z \cdot \vec{n} - \frac{\partial A_x}{\partial y}\vec{e}_z \cdot \vec{n}$$

のように変形できる。$z = f(x,y)$ であるから

第10章 ベクトルの積分公式

$$(\nabla \times (A_x \vec{e}_x)) \cdot \vec{n} = -\left(\frac{\partial A_x}{\partial z}\frac{\partial z}{\partial y} + \frac{\partial A_x}{\partial y}\right)\vec{e}_z \cdot \vec{n}$$

ところで、ベクトル $\vec{A}$ の x 成分は、一般的には

$$A_x = A_x(x, y, z)$$

のように、x, y, z という3変数の関数となる。しかしながら、曲面 S 上では $z = f(x, y)$ を満足するので、z が x, y の関数となり、結局

$$A_x = A_x(x, y, z) = A_x(x, y, f(x, y)) = F(x, y)$$

のように、x と y の2変数関数となる。よって

$$\frac{\partial A_x}{\partial z}\frac{\partial z}{\partial y} + \frac{\partial A_x}{\partial y} = \frac{\partial F(x, y)}{\partial z}\frac{\partial z}{\partial y} + \frac{\partial F(x, y)}{\partial y} = \frac{\partial F(x, y)}{\partial y}$$

となり

$$(\nabla \times (A_x \vec{e}_x)) \cdot \vec{n} dS = -\left(\frac{\partial A_x}{\partial z}\frac{\partial z}{\partial y} + \frac{\partial A_x}{\partial y}\right)\vec{e}_z \cdot \vec{n} dS = -\frac{\partial F(x, y)}{\partial y}\vec{e}_z \cdot \vec{n} dS$$

ここで、第9章で見たように、曲面と正射影の関係から

$$\vec{e}_z \cdot \vec{n} dS = dxdy$$

であったから、結局

$$(\nabla \times (A_x \vec{e}_x)) \cdot \vec{n} dS = -\frac{\partial F(x, y)}{\partial y}\vec{e}_z \cdot \vec{n} dS = -\frac{\partial F(x, y)}{\partial y} dxdy$$

と変形できることになる。よって

$$\iint_S (\nabla \times (A_x \vec{e}_x)) \cdot \vec{n}\, dS = -\iint_R \frac{\partial F(x,y)}{\partial y} dx dy$$

という等式が成立することになる。ただし、右辺の積分領域 R は、曲面 S の xy 平面への正射影である。ここでグリーンの定理の証明を思い出すと

$$\iint_S \frac{\partial F(x,y)}{\partial y} dx dy = -\oint_C F(x,y) dx$$

という関係にあった。いまの場合は、xy 平面の正射影 R が S に相当する。よって、それを囲む閉曲線を Γ とすると

$$\iint_S (\nabla \times (A_x \vec{e}_x)) \cdot \vec{n}\, dS = -\iint_R \frac{\partial F(x,y)}{\partial y} dx dy = \oint_\Gamma F(x,y) dx$$

ここで
$$\oint_\Gamma F(x,y) dx$$

という周回積分を考えると

$$F(x,y) = A_x(x,y,z)$$

という関係にあり、これは曲面 S を囲む閉曲線 C 上でも同じ値をとる。よって

$$\oint_\Gamma F(x,y) dx = \oint_C A_x(x,y,z) dx$$

となる。結局

$$\iint_S (\nabla \times (A_x \vec{e}_x)) \cdot \vec{n}\, dS = \oint_C A_x(x,y,z) dx$$

という関係が得られる。他の成分についてもまったく同様に

$$\iint_S (\nabla \times (A_y \vec{e}_y)) \cdot \vec{n} \ dS = \oint_C A_y(x,y,z) dy$$

$$\iint_S (\nabla \times (A_z \vec{e}_z)) \cdot \vec{n} \ dS = \oint_C A_z(x,y,z) dz$$

となる。ここで、左辺どうし、右辺どうしを足し合わせると、まず左辺は

$$\iint_S (\nabla \times (A_x \vec{e}_x + A_y \vec{e}_y + A_z \vec{e}_z)) \cdot \vec{n} \ dS = \iint_S (\nabla \times \vec{A}) \cdot \vec{n} \ dS$$

となり、右辺は

$$\oint_C A_x(x,y,z)dx + \oint_C A_y(x,y,z)dy + \oint_C A_z(x,y,z)dz = \oint_C \vec{A} \cdot d\vec{r}$$

となるから

$$\iint_S (\nabla \times \vec{A}) \cdot \vec{n} \ dS = \oint_C \vec{A} \cdot d\vec{r}$$

となって、ストークスの定理が成立することが確かめられる。

演習 10-2 3次元空間において、半径1の球の上半面を曲面 S（図 10-8 参照）とする。この時、ベクトル

$$\vec{A} = \begin{pmatrix} x+y \\ yz^2 \\ y^2 z \end{pmatrix}$$

に対してストークスの定理が成立することを確かめよ。

図 10-8

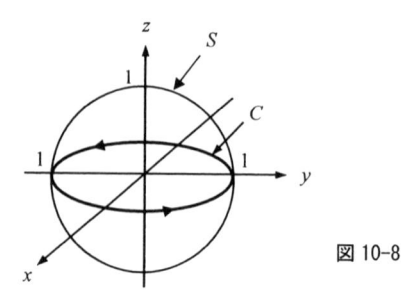

解） まず

$$\oint_C \vec{A} \cdot d\vec{r}$$

という積分の被積分関数は

$$\vec{A} \cdot d\vec{r} = \begin{pmatrix} x+y \\ yz^2 \\ y^2z \end{pmatrix} \begin{pmatrix} dx & dy & dz \end{pmatrix} = (x+y)dx + yz^2 dy + y^2 z dz$$

となるから

$$\oint_C \vec{A} \cdot d\vec{r} = \oint_C (x+y)dx + \oint_C yz^2 dy + \oint_C y^2 z dz$$

となる。ここで、この曲面 S の境界となる閉曲線 C は

$$x^2 + y^2 = 1$$

となる。よって、この曲線上では $z=0$ であり

$$x = \cos\theta, \quad y = \sin\theta$$

と置くことで、周回積分は $0 \leq \theta \leq 2\pi$ という範囲の積分となる。よって

$$\oint_C (x+y)dx + \oint_C yz^2 dy + \oint_C y^2 z dz = \int_0^{2\pi} (\cos\theta + \sin\theta)(-\sin\theta \, d\theta)$$

$$= -\int_0^{2\pi} \sin\theta \cos\theta \, d\theta - \int_0^{2\pi} \sin^2\theta \, d\theta$$

ここで

$$\int_0^{2\pi} \sin\theta\cos\theta \, d\theta = \int_0^{2\pi} \frac{\sin 2\theta}{2} d\theta = \int_0^{4\pi} \frac{\sin t}{4} dt = \left[-\frac{\cos t}{4}\right]_0^{4\pi} = 0$$

$$\int_0^{2\pi} \sin^2\theta \, d\theta = \int_0^{2\pi} \frac{1-\cos 2\theta}{2} d\theta = \int_0^{4\pi} \frac{1-\cos t}{4} dt = \left[\frac{t-\sin t}{4}\right]_0^{4\pi} = \pi$$

であるから

$$\oint_C \vec{A} \cdot d\vec{r} = -\pi$$

と与えられる。つぎに

$$\iint_S (\nabla \times \vec{A}) \cdot \vec{n} \, dS$$

を考えてみよう。まず

$$\nabla \times \vec{A} = \begin{vmatrix} \vec{e}_x & \vec{e}_y & \vec{e}_z \\ \partial/\partial x & \partial/\partial y & \partial/\partial z \\ x+y & yz^2 & y^2 z \end{vmatrix} = \begin{vmatrix} \partial/\partial y & \partial/\partial z \\ yz^2 & y^2 z \end{vmatrix} \vec{e}_x - \begin{vmatrix} \partial/\partial x & \partial/\partial z \\ x+y & y^2 z \end{vmatrix} \vec{e}_y + \begin{vmatrix} \partial/\partial x & \partial/\partial y \\ x+y & yz^2 \end{vmatrix} \vec{e}_z$$

$$= \left(\frac{\partial(y^2 z)}{\partial y} - \frac{\partial(yz^2)}{\partial z}\right)\vec{e}_x - \left(\frac{\partial(y^2 z)}{\partial x} - \frac{\partial(x+y)}{\partial z}\right)\vec{e}_y + \left(\frac{\partial(yz^2)}{\partial x} - \frac{\partial(x+y)}{\partial y}\right)\vec{e}_z = -\vec{e}_z$$

よって

$$\iint_S (\nabla \times \vec{A}) \cdot \vec{n}\, dS = -\iint_S \vec{e}_z \cdot \vec{n}\, dS$$

となるが、曲面 S の xy 平面への正射影を R とすると

$$\iint_S \vec{e}_z \cdot \vec{n}\, dS = \iint_R dxdy$$

ここで $x^2 + y^2 = 1$ であるから

$$y = \pm\sqrt{1-x^2}$$

と置け、2重積分に直すと

$$\iint_S \vec{e}_z \cdot \vec{n}\, dS = \iint_R dxdy = \int_{x=-1}^{x=+1} \int_{y=-\sqrt{1-x^2}}^{y=+\sqrt{1-x^2}} dydx$$
$$= 4\int_{x=0}^{x=+1} \int_{y=0}^{y=+\sqrt{1-x^2}} dydx = 4\int_0^1 \sqrt{1-x^2}\, dx$$

となる。ここで $x = \sin\theta$ と置き換えると、積分範囲は $0 \le \theta \le \pi/2$ となる。すると

$$\int_0^1 \sqrt{1-x^2}\, dx = \int_0^{\pi/2} \cos\theta(\cos\theta\, d\theta) = \int_0^{\pi/2} \cos^2\theta\, d\theta = \int_0^{\pi/2} \frac{1+\cos 2\theta}{2}\, d\theta$$
$$= \int_0^{\pi} \frac{1+\cos t}{4}\, dt = \left[\frac{t + \sin t}{4}\right]_0^{\pi} = \frac{\pi}{4}$$

よって

$$\iint_S \vec{e}_z \cdot \vec{n}\, dS = \pi$$

となって、確かにストークスの定理が成立している。

ここで、あらためてストークスの定理の意味を考えてみよう。線積分の方は接線成分の周回積分であるから、閉曲線のある面を xy 平面とすると、その被積分関数は

$$A_x dx + A_y dy$$

となる。このように、ベクトル $\vec{A}$ の平面に沿った成分を一周にわたって積分したものである。

一方、回転ベクトルに関しては、この場合の単位法線ベクトルは $\vec{n} = \vec{e}_z$ となる。よって

$$(\nabla \times \vec{A}) \cdot \vec{n} = (\nabla \times \vec{A}) \cdot \vec{e}_z = (\nabla \times \vec{A})_z$$

は、回転ベクトルの z 成分

$$\frac{\partial A_y}{\partial x} - \frac{\partial A_x}{\partial y}$$

となる。つまり、回転ベクトルの方向は z 方向となるが、その大きさは、グリーンの定理の面積分の被積分関数となる。また、この関数は第 7 章の rot の項で説明したように、図 10-9 に示す反時計まわりの回転に対応している。

そして、これら成分を領域 S 内で足し合わせると、結局内部の回転どう

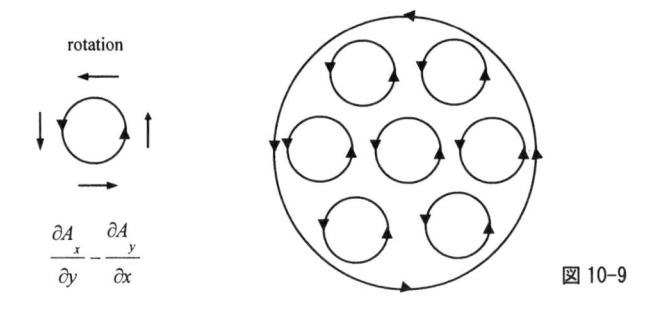

図 10-9

しは打ち消しあい、外周部の成分のみが残ることになる。よって周回積分と同じことになるのである。これがストークスの定理である。

10.3. ガウスの発散定理

前節で見たように、ストークスの定理は 2 次元平面において成立するグリーンの定理を 3 次元空間の曲面に拡張したものである。それは、ある閉曲線に囲まれた曲面において、閉曲線に沿った線積分と面積分との関係を示したものである。

これを、さらに拡張して 3 次元空間において、ある閉曲面に囲まれた領域における面積分と体積分の関係を示したものが**ガウスの発散定理** (Divergence theorem of Gauss) である。

それではガウスの発散定理を具体的に見てみよう。いま、ベクトル $\vec{A}$ を位置の関数とする。すると、3 次元空間に閉曲面 S によって囲まれた体積 V の領域では

$$\iint_S \vec{A} \cdot \vec{n} \, dS = \iiint_V \nabla \cdot \vec{A} \, dV$$

という関係が成立する。もちろん体積積分の被積分関数は

$$\iiint_V \nabla \cdot \vec{A} \, dV = \iiint_V \mathrm{div}\, \vec{A} \, dV$$

のように、ベクトルのダイバージェンス(発散)で書くこともできる。これが発散定理と呼ばれる由縁である。この等式は、ベクトル解析において、有名な定理のひとつであり、電磁気学などで頻繁に登場する。

グリーンの定理やストークスの定理よりも、その意味が分かりやすいということもあって、ガウスの発散定理から導入する教科書も多い。

第 7 章で紹介したように

第 10 章　ベクトルの積分公式

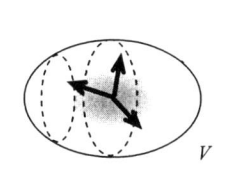

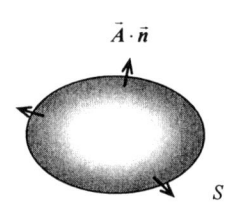

図 10-10　ガウスの定理は、ある体積 V の中で、ある物理量の湧き出しがあるとき、その総量は、表面 S から出て行く総量と一致するということを示している。

$$\mathrm{div}\vec{A} \neq 0$$

ということは、ベクトル $\vec{A}$ に関係した物理量の湧き出し源があるということである。例えば、水で考えれば、水の湧き出し源があるということになる。すると、ある体積の中で $\mathrm{div}\vec{A}$ を体積積分するということは、この体積から湧き出てくる水の総量を計算していることになる（図 10-10）。

一方、面積分の方は、この領域の表面から出ていくベクトルの法線成分をすべて足し合わせたものである。これは、水の例で考えれば、ある体積の中から湧き出してきた水の総量は、その表面から出ていく水の量に等しいということを示している。考えれば当たり前のことであるが、それをベクトルで表現したものがガウスの発散定理なのである。

それでは、実際の例でガウスの発散定理を確認してみよう。領域としては、図 10-11 に示したような 1 辺の長さが 1 の立方体とする。
ここで、この領域において、つぎのベクトルにおいてガウスの発散定理が成立することを確かめてみよう。

$$\vec{A} = \begin{pmatrix} 2xz \\ -y^2 \\ yz \end{pmatrix}$$

まず、面積分から求めてみる。立方体には合計で 6 個の面があり、それぞれの面積分を求める必要がある。これら面は、図に示したように S_1 から S_6

図 10-11

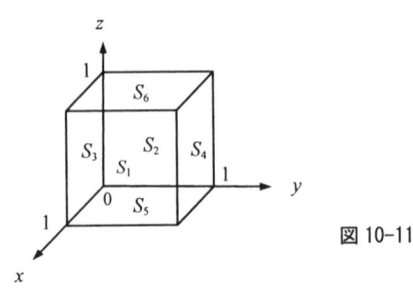

とした。よって

$$\iint_S \vec{A} \cdot \vec{n} dS = \iint_{S_1} \vec{A} \cdot \vec{n} dS_1 + \iint_{S_2} \vec{A} \cdot \vec{n} dS_2 + \iint_{S_3} \vec{A} \cdot \vec{n} dS_3$$
$$+ \iint_{S_4} \vec{A} \cdot \vec{n} dS_4 + \iint_{S_5} \vec{A} \cdot \vec{n} dS_5 + \iint_{S_6} \vec{A} \cdot \vec{n} dS_6$$

となる。ここで、面 S_1 においては、単位法線ベクトルは

$$\vec{n} = \vec{e}_x$$

であるから

$$\vec{A} \cdot \vec{n} = \vec{A} \cdot \vec{e}_x = (2xy, -y^2, yz) \begin{pmatrix} 1 \\ 0 \\ 0 \end{pmatrix} = 2xy$$

また、この面では $x = 1$ であるから

$$\iint_{S_1} \vec{A} \cdot \vec{n} \, dS_1 = \int_{z=0}^{1} \int_{y=0}^{y=1} 2y \, dy \, dz = \int_0^1 \left[y^2 \right]_{y=0}^{y=1} dz = \int_0^1 dz = \left[z \right]_0^1 = 1$$

つぎに S_2 では $\vec{n} = -\vec{e}_x$ であるので $\vec{A} \cdot \vec{n} = -2xy$ となるが、$x = 0$ であるから、その面積分は 0 となる。

以下同様にして面 S_3 の面積分は 0 であり、面 S_4 においては、単位法線ベクトルは

242

$$\vec{n} = \vec{e}_y$$

であるから

$$\vec{A} \cdot \vec{n} = \vec{A} \cdot \vec{e}_y = (2xy, -y^2, yz)\begin{pmatrix} 0 \\ 1 \\ 0 \end{pmatrix} = -y^2$$

また、この面では $y = 1$ であるから

$$\iint_{S_4} \vec{A} \cdot \vec{n}\, dS_4 = -\int_{z=0}^{1} \int_{x=0}^{1} dxdz = -\int_{0}^{1} [x]_{x=0}^{x=1} dz = -\int_{0}^{1} dz = -[z]_{0}^{1} = -1$$

ここで面 S_5 の面積分は 0 であり、面 S_6 においては、単位法線ベクトルは

$$\vec{n} = \vec{e}_z$$

であるから

$$\vec{A} \cdot \vec{n} = \vec{A} \cdot \vec{e}_z = (2xy, -y^2, yz)\begin{pmatrix} 0 \\ 0 \\ 1 \end{pmatrix} = yz$$

また、この面では $z = 1$ であるから

$$\iint_{S_6} \vec{A} \cdot \vec{n}\, dS_6 = \int_{y=0}^{1} \int_{x=0}^{1} ydxdy = \int_{0}^{1} [xy]_{x=0}^{x=1} dy = \int_{0}^{1} ydy = \left[\frac{y^2}{2}\right]_{0}^{1} = \frac{1}{2}$$

よって、面積分は

$$\iint_{S} \vec{A} \cdot \vec{n}\, dS = 1 - 1 + \frac{1}{2} = \frac{1}{2}$$

となる。

つぎに体積積分を求めてみよう。

$$\iiint_V \nabla \cdot \vec{A}\, dV = \iiint_V \mathrm{div}\, \vec{A}\, dV$$

まず

$$\nabla \cdot \vec{A} = \left(\frac{\partial}{\partial x}, \frac{\partial}{\partial y}, \frac{\partial}{\partial z}\right) \begin{pmatrix} 2xz \\ -y^2 \\ yz \end{pmatrix} = 2z - 2y + y = 2z - y$$

よって、体積積分は

$$\iiint_V \nabla \cdot \vec{A}\, dV = \int_{x=0}^{x=1}\int_{y=0}^{y=1}\int_{z=0}^{z=1}(2z-y)dzdydx$$

$$= \int_{x=0}^{x=1}\int_{y=0}^{y=1}\left[z^2 - zy\right]_{z=0}^{z=1} dydx = \int_{x=0}^{x=1}\int_{y=0}^{y=1}(1-y)dydx = \int_{x=0}^{x=1}\left[y - \frac{y^2}{2}\right]_{y=0}^{y=1} dx$$

$$= \int_{x=0}^{x=1}\frac{1}{2}dx = \left[\frac{x}{2}\right]_{x=0}^{x=1} = \frac{1}{2}$$

となって、確かにガウスの発散定理が成立していることが確かめられる。

演習10-3 つぎの円柱状の領域 V（図10-12 参照）

$$x^2 + y^2 = 4 \quad 0 \leq z \leq 2$$

において、ベクトル

$$\vec{A} = \begin{pmatrix} x \\ -2y^2 \\ z^2 \end{pmatrix}$$

に対してガウスの発散定理が成立することを確認せよ。

第 10 章　ベクトルの積分公式

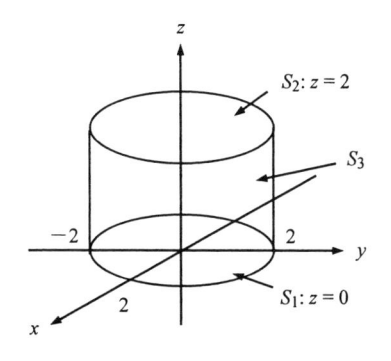

図 10-12

解） まず体積積分から計算する。このベクトルの発散は

$$\nabla \cdot \vec{A} = \left(\frac{\partial}{\partial x}, \frac{\partial}{\partial y}, \frac{\partial}{\partial z} \right) \begin{pmatrix} x \\ -2y^2 \\ z^2 \end{pmatrix} = 1 - 4y + 2z$$

で与えられるから

$$\iiint_V \nabla \cdot \vec{A} \, dV = \iiint_V (1 - 4y + 2z) \, dV$$

となる。ここで、積分範囲は、z, y, x の順に積分すると、まず、z に関しては $0 \leq z \leq 2$ となり、つぎに y に関しては

$$x^2 + y^2 = 4 \quad \text{より} \quad y = \pm\sqrt{4-x^2} \text{ となり、} -\sqrt{4-x^2} \leq y \leq +\sqrt{4-x^2}$$

となる。最後に x に関しては $-2 \leq x \leq 2$ となる。よって 3 重積分は

$$\iiint_V (1 - 4y + 2z) \, dV = \int_{x=-2}^{x=+2} \int_{y=-\sqrt{4-x^2}}^{y=+\sqrt{4-x^2}} \int_0^2 (1 - 4y + 2z) \, dz \, dy \, dx$$

というかたちになる。まず z に関する積分は

$$\int_0^2 (1-4y+2z)dz = \left[z-4yz+z^2\right]_0^2 = 2-8y+4 = 6-8y$$

となる。つぎに y に関する積分は

$$\int_{y=-\sqrt{4-x^2}}^{y=+\sqrt{4-x^2}} (6-8y)dy = \left[6y-4y^2\right]_{-\sqrt{4-x^2}}^{+\sqrt{4-x^2}} = 12\sqrt{4-x^2}$$

となり、最後に x に関する積分は

$$\int_{x=-2}^{x=+2} 12\sqrt{4-x^2}\,dx = 24\int_0^2 \sqrt{4-x^2}\,dx$$

となる。ここで $x = 2\sin\theta$ と置くと

$$0 \leq x \leq 2 \quad \to \quad 0 \leq \theta \leq \pi/2 \qquad dx = 2\cos\theta d\theta$$

となり

$$\int_0^2 \sqrt{4-x^2}\,dx = \int_0^{\pi/2} 4\cos^2\theta d\theta = \int_0^{\pi/2} 2(1+\cos 2\theta)d\theta$$

$$= \int_0^\pi (1+\cos t)dt = \left[t+\sin t\right]_0^\pi = \pi$$

よって、体積積分は

$$\iiint_V \nabla \cdot \vec{A}\,dV = 24\pi$$

となる。

　つぎに面積分を計算する。いま考えている領域は円柱であり、3 つの面に分けて計算する必要がある。便宜上、底面を S_1、上面を S_2、側面を S_3 と置く。

まず、S_1 上の面積分を考える。この面では $z=0$ であり、単位法線ベクトルは

$$\vec{n} = -\vec{e}_z$$

となる。よって

$$\vec{A}\cdot\vec{n} = \vec{A}\cdot(-\vec{e}_z) = (x, -2y^2, z^2)\begin{pmatrix}0\\0\\-1\end{pmatrix} = -z^2 = 0$$

となり、面積分は 0 となる。

つぎに、S_2 上の面積分は、$z=2$ で、単位法線ベクトルは $\vec{n} = \vec{e}_z$ であるから

$$\vec{A}\cdot\vec{n} = \vec{A}\cdot\vec{e}_z = (x, -2y^2, z^2)\begin{pmatrix}0\\0\\1\end{pmatrix} = z^2 = 4$$

となる。よって

$$\iint_{S_2} \vec{A}\cdot\vec{n}\,dS_2 = \iint_{S_2} 4\,dS_2 = 4\iint_{S_2} dS_2$$

と変形できるが、最後の面積分は面 S_2 の面積であるから 4π である。結局

$$\iint_{S_2} \vec{A}\cdot\vec{n}\,dS_2 = 16\pi$$

と与えられる。

つぎに、曲面 S_3 の面積分を計算する。この場合の法線ベクトルは

$$f(x,y,z) = x^2 + y^2 = 4$$

とすると

$$\mathrm{grad}\, f(x,y,z) = \begin{pmatrix} 2x \\ 2y \\ 0 \end{pmatrix}$$

となる。よって単位法線ベクトルは

$$\vec{n} = \frac{1}{2\sqrt{x^2+y^2}} \begin{pmatrix} 2x \\ 2y \\ 0 \end{pmatrix} = \begin{pmatrix} x/2 \\ y/2 \\ 0 \end{pmatrix}$$

となり

$$\vec{A} \cdot \vec{n} = (x, -2y^2, z^2) \begin{pmatrix} x/2 \\ y/2 \\ 0 \end{pmatrix} = \frac{x^2}{2} - y^3$$

と与えられる。よって面積分は

$$\iint_{S_3} \vec{A} \cdot \vec{n}\, dS_3 = \iint_{S_3} \left(\frac{x^2}{2} - y^3 \right) dS_3$$

となる。問題は dS_3 をいかに表現するかにあるが、ここでは xy 平面は半径が 2 の円であるから

$$x = 2\cos\theta \qquad y = 2\sin\theta$$

と置くと、この円周に沿った積分は $0 \leq \theta \leq 2\pi$ の範囲の積分となる。よって

$$\iint_{S_3} \left(\frac{x^2}{2} - y^3 \right) dS_3 = \int_0^{2\pi} \int_0^2 \int_0^2 (2\cos^2\theta - 8\sin^3\theta) r\, dz\, dr\, d\theta$$

$$= \int_0^{2\pi} \int_0^2 \left[(2\cos^2\theta - 8\sin^3\theta) rz \right]_0^2 dr\, d\theta = 4\int_0^{2\pi} \int_0^2 (\cos^2\theta - 4\sin^3\theta) r\, dr\, d\theta$$

$$= 4\int_0^{2\pi} \left[\frac{r^2}{2}(\cos^2\theta - 4\sin^3\theta)\right]_0^2 d\theta = 8\int_0^{2\pi}(\cos^2\theta - 4\sin^3\theta)d\theta$$

となる。ここで

$$\int_0^{2\pi}\cos^2\theta\, d\theta = \int_0^{2\pi}\frac{1+\cos 2\theta}{2}d\theta = \int_0^{4\pi}\frac{1+\cos t}{4}dt = \left[\frac{t+\sin t}{4}\right]_0^{4\pi} = \pi$$

となる。また

$$\int_0^{2\pi}\sin^3\theta\, d\theta = \int_0^{2\pi}\sin^2\theta(\sin\theta)d\theta = \int_0^{2\pi}(1-\cos^2\theta)(\sin\theta d\theta) = 0$$

であるから

$$\iint_{S_3}\vec{A}\cdot\vec{n}\,dS_3 = \iint_{S_3}\left(\frac{x^2}{2}-y^3\right)dS_3 = 8\pi$$

となる。よって

$$\iint_S \vec{A}\cdot\vec{n}\,dS = \iint_{S_1}\vec{A}\cdot\vec{n}\,dS_1 + \iint_{S_2}\vec{A}\cdot\vec{n}\,dS_2 + \iint_{S_3}\vec{A}\cdot\vec{n}\,dS_3 = 0 + 16\pi + 8\pi = 24\pi$$

となって、確かに体積積分と同じ値が得られ、ガウスの発散定理が成立することが確かめられる。

　ガウスの発散定理を理解する鍵は、div がある物理量、身近な例では水などの湧き出しに対応するという事実を理解できるかどうかである。その後、面積分が、閉曲面から出て行く水の量に対応するということが分かれば、その定理の意味を理解することはそれほど難しくはない。

むしろ、ストークスの定理の rot に関する面積分の方が、ワンステップあるために、簡単な例で理解することが難しい。この鍵は、あるベクトルの回転をとったとき、その法線成分が実は、面内の回転成分に対応しているという事実を理解できるかどうかにある。
　ただし、いずれの定理も、具体的な問題で演習を重ねていけば理解できるようになる。これら定理は、現代物理の根幹をなす電磁気学で重要となるため、そのおおよその概念も含めて、よく理解しておく必要がある。

第 11 章　行列と座標変換

11.1.　行列と 1 次変換

いま、$\vec{A} = (A_x, A_y)$ という 2 次元ベクトルを考える。このベクトルに、つぎの**行列** (matrix) をかけてみよう[1]。すると

$$\vec{B} = \begin{pmatrix} B_x \\ B_y \end{pmatrix} = \begin{pmatrix} a & b \\ c & d \end{pmatrix} \begin{pmatrix} A_x \\ A_y \end{pmatrix} = \begin{pmatrix} aA_x + bA_y \\ cA_x + dA_y \end{pmatrix}$$

となって、新しい 2 次元ベクトル $\vec{B} = (B_x, B_y)$ ができる。つまり、ベクトルに行列を作用させると、別なベクトルに変わる。この時

$$B_x = aA_x + bA_y \qquad B_y = cA_x + dA_y$$

のように、新しいベクトルの成分は、もとのベクトルの成分の 1 次結合（あるいは線形結合）となっている。よって、このような変換を **1 次変換**あるいは**線形変換** (linear transformation) と呼んでいる。

2 次元ベクトルに対して、任意の 2 行 2 列の正方行列を作用させれば、新しい 2 次元ベクトルをつくることができる。ただし

$$\begin{pmatrix} B_x \\ B_y \end{pmatrix} = \begin{pmatrix} 1 & 0 \\ 0 & 1 \end{pmatrix} \begin{pmatrix} A_x \\ A_y \end{pmatrix} = \begin{pmatrix} 1A_x + 0A_y \\ 0A_x + 1A_y \end{pmatrix} = \begin{pmatrix} A_x \\ A_y \end{pmatrix}$$

となって、対角成分がすべて 1 で残りの成分が 0 の行列を作用させると、

---

[1] 行列とベクトルおよび行列どうしの掛け算の計算方法は補遺 3 を参照していただきたい。

もとのベクトルと同じになる。このような行列を**単位行列** (unit matrix) と呼んで $\widetilde{E}$ のように表記する。頭に載っている〜という記号はチルダ (tilde) と呼び、本書でも行列を示す記号として使っている。

このような行列によるベクトルの変換は、2 次元平面や 3 次元空間で威力を発揮する。ここで、ベクトルを角 θ だけ回転させる変換を考えてみよう。もとのベクトルを

$$\begin{pmatrix} A_x \\ A_y \end{pmatrix} = \begin{pmatrix} r\cos\alpha \\ r\sin\alpha \end{pmatrix}$$

とすると、θ だけ回転してできるベクトルは

$$\begin{pmatrix} B_x \\ B_y \end{pmatrix} = \begin{pmatrix} r\cos(\alpha+\theta) \\ r\sin(\alpha+\theta) \end{pmatrix}$$

となる（図 11-1 参照）。

三角関数の**加法定理** (additional theorem) （補遺 1 参照）をつかって、これを展開すると

$$\begin{pmatrix} B_x \\ B_y \end{pmatrix} = \begin{pmatrix} r\cos\alpha\cos\theta - r\sin\alpha\sin\theta \\ r\sin\alpha\cos\theta + r\cos\alpha\sin\theta \end{pmatrix} = \begin{pmatrix} A_x\cos\theta - A_y\sin\theta \\ A_x\sin\theta + A_y\cos\theta \end{pmatrix}$$

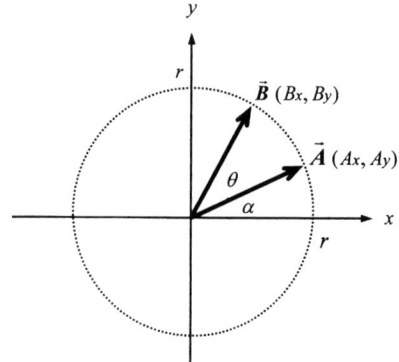

図 11-1

と変形できる。これを行列表現になおすと

$$\begin{pmatrix} B_x \\ B_y \end{pmatrix} = \begin{pmatrix} \cos\theta & -\sin\theta \\ \sin\theta & \cos\theta \end{pmatrix} \begin{pmatrix} A_x \\ A_y \end{pmatrix}$$

となって

$$\widetilde{R} = \begin{pmatrix} \cos\theta & -\sin\theta \\ \sin\theta & \cos\theta \end{pmatrix}$$

が回転に対応した行列となる。

演習 11-1 ベクトル(2, 3)を$\pi/2$だけ反時計まわりに回転させてできるベクトルを求めよ。

解) 求めるベクトルは、回転行列に$\theta = \pi/2$を代入して

$$\begin{pmatrix} \cos\dfrac{\pi}{2} & -\sin\dfrac{\pi}{2} \\ \sin\dfrac{\pi}{2} & \cos\dfrac{\pi}{2} \end{pmatrix} \begin{pmatrix} 2 \\ 3 \end{pmatrix} = \begin{pmatrix} 0 & -1 \\ 1 & 0 \end{pmatrix} \begin{pmatrix} 2 \\ 3 \end{pmatrix} = \begin{pmatrix} -3 \\ 2 \end{pmatrix}$$

となる。

11.2. 座標変換

ベクトルに行列をかけると新たなベクトルができるが、それは、もとのベクトル成分の線形結合となっている。この操作は、ベクトルを別なベクトルに変える1次変換だけではなく、ベクトル解析にとって非常に重要な**座標変換** (coordinate transformation) という操作に応用できる。

図 11-2 のように、ベクトルの位置はそのままに、x軸、y軸ともにθだけ

回転して、新しい直交座標系(x', y') になったとしよう。

つまり、ベクトルはそのままで、座標だけが回転変換されたものと考えるのである。すると、図 11-3 のように、新しい座標系ともとの座標系との関係は x, y がそれぞれ x', y' 軸に寄与する成分の和から

$$x' = x\cos\theta + y\sin\theta \qquad y' = -x\sin\theta + y\cos\theta$$

となる。

これをまとめると

$$\begin{pmatrix} x' \\ y' \end{pmatrix} = \begin{pmatrix} x\cos\theta + y\sin\theta \\ -x\sin\theta + y\cos\theta \end{pmatrix}$$

となり、行列表示では

$$\begin{pmatrix} x' \\ y' \end{pmatrix} = \begin{pmatrix} \cos\theta & \sin\theta \\ -\sin\theta & \cos\theta \end{pmatrix}\begin{pmatrix} x \\ y \end{pmatrix}$$

図 11-2

図 11-3

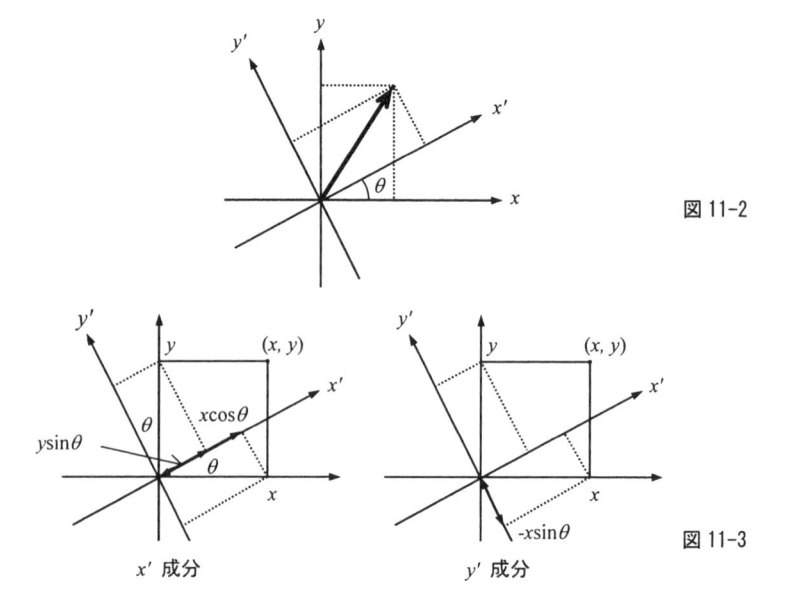

x' 成分 y' 成分

と与えられる。つまり

$$\widetilde{Q} = \begin{pmatrix} \cos\theta & \sin\theta \\ -\sin\theta & \cos\theta \end{pmatrix}$$

が、座標系の回転に対応した行列となる。

　ここで、ベクトルの回転作用素の行列は

$$\widetilde{R} = \begin{pmatrix} \cos\theta & -\sin\theta \\ \sin\theta & \cos\theta \end{pmatrix}$$

であったが、実は、この行列に $\theta = -\theta$ を代入すると

$$\begin{pmatrix} \cos(-\theta) & -\sin(-\theta) \\ \sin(-\theta) & \cos(-\theta) \end{pmatrix} = \begin{pmatrix} \cos\theta & \sin\theta \\ -\sin\theta & \cos\theta \end{pmatrix} = \widetilde{Q}$$

となって、座標変換の場合の行列となる。

　これは、よく考えれば、当たり前で、座標を動かさずにベクトルを θ だけ回転させる操作は、ベクトルを動かさずに、座標のほうを θ だけ逆回転、すなわち $-\theta$ 回転させる操作と等価となるからである。ここで

$$\widetilde{R}\widetilde{Q} = \begin{pmatrix} \cos\theta & -\sin\theta \\ \sin\theta & \cos\theta \end{pmatrix} \begin{pmatrix} \cos\theta & \sin\theta \\ -\sin\theta & \cos\theta \end{pmatrix}$$

$$= \begin{pmatrix} \cos^2\theta + \sin^2\theta & \cos\theta\sin\theta - \sin\theta\cos\theta \\ \sin\theta\cos\theta - \cos\theta\sin\theta & \sin^2\theta + \cos^2\theta \end{pmatrix} = \begin{pmatrix} 1 & 0 \\ 0 & 1 \end{pmatrix}$$

となって、単位行列になる。これは

$$\widetilde{Q} = \widetilde{R}^{-1}$$

のように**逆行列** (inverse matrix) の関係にあることを示している。

ところで、座標変換でベクトルを用いる利点は、座標変換すると、見た目の成分は変わるが、空間上のベクトルそのものは変化しないという事実である。これは、座標そのものは任意に x, y, z 軸を決めることができるが、物理現象が生じる3次元空間では、座標が変化しようと、その物理現象や、そこで成立している法則そのものは変わらないという事実に対応している。

いまの2次元平面の直交座標の回転においては、新しい直交座標系の基底ベクトルは

$$\vec{f}_x = \cos\theta\,\vec{e}_x + \sin\theta\,\vec{e}_y \qquad \vec{f}_y = -\sin\theta\,\vec{e}_x + \cos\theta\,\vec{e}_y$$

と与えられることになる。これを行列で表記すれば

$$\begin{pmatrix} \vec{f}_x \\ \vec{f}_y \end{pmatrix} = \begin{pmatrix} \cos\theta & \sin\theta \\ -\sin\theta & \cos\theta \end{pmatrix} \begin{pmatrix} \vec{e}_x \\ \vec{e}_y \end{pmatrix}$$

となり、逆変換行列に対応していることが分かる。また、同様にして

$$\begin{pmatrix} \vec{e}_x \\ \vec{e}_y \end{pmatrix} = \begin{pmatrix} \cos\theta & -\sin\theta \\ \sin\theta & \cos\theta \end{pmatrix} \begin{pmatrix} \vec{f}_x \\ \vec{f}_y \end{pmatrix}$$

となり、こちらの行列は変換行列そのものとなる。

演習 11-2 ある2次元の直交座標を θ だけ回転してできる新しい直交座標の単位ベクトルの大きさを求めよ。

解） 新しい座標では $\vec{f}_x = \cos\theta\,\vec{e}_x + \sin\theta\,\vec{e}_y$ と与えられる。よって

$$\left|\vec{f}_x\right|^2 = \vec{f}_x \cdot \vec{f}_x = (\cos\theta\,\vec{e}_x + \sin\theta\,\vec{e}_y) \cdot (\cos\theta\,\vec{e}_x + \sin\theta\,\vec{e}_y)$$

$$= \cos^2\theta\, \vec{e}_x \cdot \vec{e}_x + 2\sin\theta\cos\theta\, \vec{e}_x \cdot \vec{e}_y + \sin^2\theta\, \vec{e}_y \cdot \vec{e}_y = \cos^2\theta + \sin^2\theta = 1$$

となる。$\vec{f}_y = -\sin\theta\, \vec{e}_x + \cos\theta\, \vec{e}_y$ も同様に大きさが 1 となることが確かめられる。

　もちろん、一般の物理現象は 3 次元空間で生じるから、ベクトル解析も 3 次元空間で行う必要がある。そこで、以下では 3 次元空間での座標変換について紹介する。ただし、基本的な考えは、2 次元平面と同様である。
　直交座標の座標変換には、平行移動と回転の組み合わせが考えられるが、平行移動そのものは、ベクトル関数に定数ベクトルを足せばよいだけであるので、ここでは、座標の回転のみを考える。この時、座標の原点は変わらない。

11. 3. 方向余弦

　3 次元空間の座標を考える場合に、あるベクトルの方向を決める指標として重用されるものに**方向余弦** (direction cosine) がある。3 次元空間で、その位置を正確に決めるためには 3 個の変数（例えば、x, y, z）が必要になる。それでは、方向を決めるにはどうすれば良いであろうか。この場合は、2 個の変数で十分である。
　あるベクトル $\vec{A}$ の方向を指定するのに、x 軸となす角度を選んでみよう。これを**方向角** (direction angle) と呼んでおり、図 11-4 に示すように、通常は α で表す。ただし、この角度だけでは不充分であり、もう 1 つ情報が必要になる。
　そこで、このベクトルが y 軸となす角度を選んで、その角度を β とする。この角度も方向角と呼ばれる。ここで、内積を使うとこれら角度は

$$\cos\alpha = \frac{\vec{A}\cdot\vec{e}_x}{|\vec{A}|} = \frac{A_x}{|\vec{A}|} \qquad \cos\beta = \frac{\vec{A}\cdot\vec{e}_y}{|\vec{A}|} = \frac{A_y}{|\vec{A}|}$$

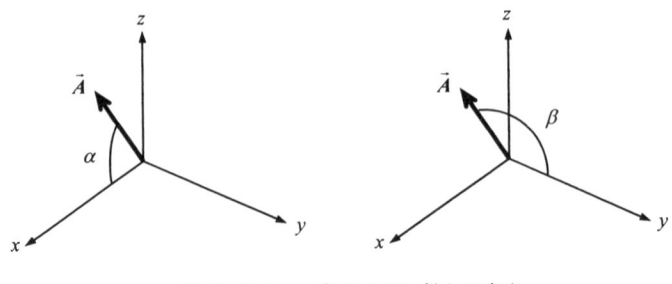

図 11-4(a)　　x 軸および y 軸との方向。

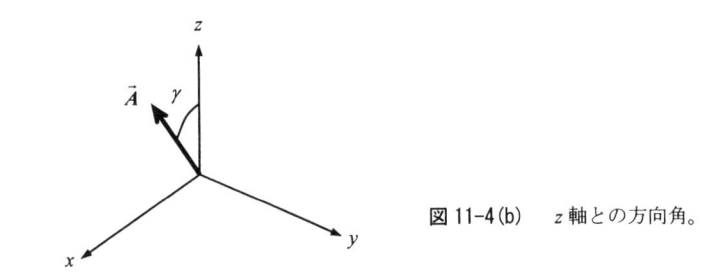

図 11-4(b)　　z 軸との方向角。

と与えられる。

　もちろん、方向角としては、このベクトルと z 軸との角度 γ も指定できるが、ベクトルの方向を指定するという限りにおいては、α と β で十分である。これは、α と β が分かれば、自動的に γ が決まることに対応している。

　これを実際に確かめてみよう。γ についても内積で示すと

$$\cos\gamma = \frac{\vec{A}\cdot\vec{e}_z}{|\vec{A}|} = \frac{A_z}{|\vec{A}|}$$

となる。ここで

$$\cos^2\alpha + \cos^2\beta + \cos^2\gamma = \frac{A_x^{\,2} + A_y^{\,2} + A_z^{\,2}}{|\vec{A}|^2} = 1$$

という関係にあるから

$$\cos^2\gamma = 1 - \cos^2\alpha - \cos^2\beta$$

となって、確かに α と β が決まれば、自動的に γ が決まることが分かる。

このように、3次元空間において、ベクトルの方向を指定するには、方向角が2個分かれば十分である。しかし、実際に数学的な取り扱いをする場合には、角度よりも、その余弦すなわち cosine をとった方が便利であることが多い。そして、この方向角の余弦を**方向余弦**と呼んでいる。方向余弦は

$$l = \cos\alpha \qquad m = \cos\beta \qquad n = \cos\gamma$$

のような記号を使って表記する。それぞれの軸の方向余弦には

$$l^2 + m^2 + n^2 = 1$$

という関係が成立する。

演習 11-3 ベクトル $\vec{A}(2, 1, -2)$ の x 軸、y 軸、z 軸の方向余弦を求めよ。

解) まず、ベクトルの絶対値は

$$|\vec{A}| = \sqrt{2^2 + 1^2 + (-2)^2} = 3$$

となる。よって方向余弦は

$$l = \frac{A_x}{|\vec{A}|} = \frac{2}{3} \qquad m = \frac{A_y}{|\vec{A}|} = \frac{1}{3} \qquad n = \frac{A_z}{|\vec{A}|} = -\frac{2}{3}$$

となる。

ちなみに

$$l^2 + m^2 + n^2 = \left(\frac{2}{3}\right)^2 + \left(\frac{1}{3}\right)^2 + \left(-\frac{2}{3}\right)^2 = \frac{4}{9} + \frac{1}{9} + \frac{4}{9} = 1$$

となって、方向余弦の 2 乗和が 1 となることが確かめられる。

11.4. 3次元空間における座標変換

3 次元空間における、ある直交座標系の単位ベクトルを

$$\vec{e}_1, \vec{e}_2, \vec{e}_3$$

とする。この座標を使って任意のベクトルを表現すると

$$\vec{A} = A_1\vec{e}_1 + A_2\vec{e}_2 + A_3\vec{e}_3$$

となる。

ここで、別な直交座標系の単位ベクトルを

$$\vec{f}_1, \vec{f}_2, \vec{f}_3$$

とし、この座標系で同じベクトルを表現したとき

$$\vec{A} = a_1\vec{f}_1 + a_2\vec{f}_2 + a_3\vec{f}_3$$

となるものとする(図 11-5 参照)。

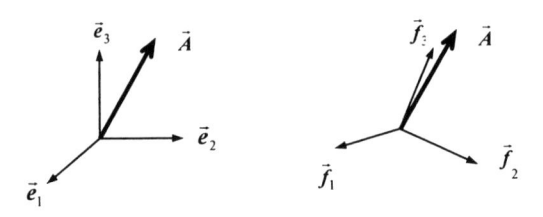

図 11-5

第11章 行列と座標変換

ここで、2次元ベクトルと同様に、適当な3行3列の変換行列

$$\widetilde{R} = \begin{pmatrix} l_{11} & l_{12} & l_{13} \\ l_{21} & l_{22} & l_{23} \\ l_{31} & l_{32} & l_{33} \end{pmatrix}$$

を使うと、これらふたつの系の変換が可能となり

$$\begin{pmatrix} a_1 \\ a_2 \\ a_3 \end{pmatrix} = \begin{pmatrix} l_{11} & l_{12} & l_{13} \\ l_{21} & l_{22} & l_{23} \\ l_{31} & l_{32} & l_{33} \end{pmatrix} \begin{pmatrix} A_1 \\ A_2 \\ A_3 \end{pmatrix}$$

という関係で表現できる。それでは、この行列の成分はどうやって決めればよいのであろうか。

ここで、座標系を変えても、ベクトルそのものは変化しないから

$$a_1 \vec{f}_1 + a_2 \vec{f}_2 + a_3 \vec{f}_3 = A_1 \vec{e}_1 + A_2 \vec{e}_2 + A_3 \vec{e}_3$$

という関係にある[2]。次に、これらベクトルと $\vec{f}_1$ との内積をとってみよう。すると

$$a_1 \vec{f}_1 \cdot \vec{f}_1 = a_1 = A_1 \vec{e}_1 \cdot \vec{f}_1 + A_2 \vec{e}_2 \cdot \vec{f}_1 + A_3 \vec{e}_3 \cdot \vec{f}_1$$

ここで、先ほどの変換行列では

$$a_1 = l_{11} A_1 + l_{12} A_2 + l_{13} A_3$$

となるから、変換行列の1行目の成分は

---

[2] 同じベクトルであっても、成分表示で行うと、座標系が違うと異なったベクトルに見える。ここが表記に苦しむところである。

$$l_{11} = \vec{e}_1 \cdot \vec{f}_1 \qquad l_{12} = \vec{e}_2 \cdot \vec{f}_1 \qquad l_{13} = \vec{e}_3 \cdot \vec{f}_1$$

という、それぞれの座標系の基底ベクトルどうしの内積になることが分かる。同様の計算は、2行目、3行目にも適用でき、結局変換行列の ij 成分は

$$l_{ij} = \vec{f}_i \cdot \vec{e}_j$$

となることが分かる。これは、前節で扱った方向余弦そのものである。つまり、変換行列の各成分は方向余弦からなっているのである。

演習 11-4　変換行列を利用して、2つの直交座標系における単位ベクトルどうしの関係を求めよ。

解）　任意のベクトルは

$$\vec{A} = A_1 \vec{e}_1 + A_2 \vec{e}_2 + A_3 \vec{e}_3$$

で与えられる。これを書きかえると

$$\vec{A} = (\vec{A} \cdot \vec{e}_1) \vec{e}_1 + (\vec{A} \cdot \vec{e}_2) \vec{e}_2 + (\vec{A} \cdot \vec{e}_3) \vec{e}_3$$

となる。つぎに

$$\vec{A} = a_1 \vec{f}_1 + a_2 \vec{f}_2 + a_3 \vec{f}_3$$

は同様に

$$\vec{A} = (\vec{A} \cdot \vec{f}_1) \vec{f}_1 + (\vec{A} \cdot \vec{f}_2) \vec{f}_2 + (\vec{A} \cdot \vec{f}_3) \vec{f}_3$$

と与えられる。ここで、ベクトル $\vec{A}$ に $\vec{e}_1$ を代入すると

$$\vec{e}_1 = (\vec{e}_1 \cdot \vec{f}_1)\vec{f}_1 + (\vec{e}_1 \cdot \vec{f}_2)\vec{f}_2 + (\vec{e}_1 \cdot \vec{f}_3)\vec{f}_3$$

となる。よって方向余弦を使えば

$$\vec{e}_1 = l_{11}\vec{f}_1 + l_{21}\vec{f}_2 + l_{31}\vec{f}_3$$

と書くことができる。

同様にして、ベクトル $\vec{A}$ に $\vec{e}_2$ および $\vec{e}_3$ を代入すると

$$\vec{e}_2 = l_{12}\vec{f}_1 + l_{22}\vec{f}_2 + l_{32}\vec{f}_3$$
$$\vec{e}_3 = l_{13}\vec{f}_1 + l_{23}\vec{f}_2 + l_{33}\vec{f}_3$$

という関係式が与えられる。

以上のように、方向余弦を使うことで、異なった直交座標系の単位ベクトルどうしの変換の式が得られる。これを 2 次元平面の場合と同様に行列を使って表現すると

$$\begin{pmatrix} \vec{e}_1 \\ \vec{e}_2 \\ \vec{e}_3 \end{pmatrix} = \begin{pmatrix} l_{11} & l_{21} & l_{31} \\ l_{12} & l_{22} & l_{32} \\ l_{13} & l_{23} & l_{33} \end{pmatrix} \begin{pmatrix} \vec{f}_1 \\ \vec{f}_2 \\ \vec{f}_3 \end{pmatrix}$$

となる。

よく見ると、この行列は、変換行列の (i, j) 成分が (j, i) 成分に入れ替わっている。

演習 11-5 変換後の単位ベクトル $\vec{f}_1, \vec{f}_2, \vec{f}_3$ を $\vec{e}_1, \vec{e}_2, \vec{e}_3$ の線形結合で表現せよ。

解) 任意のベクトルを単位ベクトルの線形結合で示すと

$$\vec{A} = (\vec{A}\cdot\vec{e}_1)\vec{e}_1 + (\vec{A}\cdot\vec{e}_2)\vec{e}_2 + (\vec{A}\cdot\vec{e}_3)\vec{e}_3$$

と書くことができる。ベクトル $\vec{A}$ に $\vec{f}_1, \vec{f}_2, \vec{f}_3$ を代入すると

$$\vec{f}_1 = l_{11}\vec{e}_1 + l_{12}\vec{e}_2 + l_{13}\vec{e}_3$$
$$\vec{f}_2 = l_{21}\vec{e}_1 + l_{22}\vec{e}_2 + l_{23}\vec{e}_3$$
$$\vec{f}_3 = l_{31}\vec{e}_1 + l_{32}\vec{e}_2 + l_{33}\vec{e}_3$$

という関係式が得られる。

いまの関係は、行列表示では

$$\begin{pmatrix}\vec{f}_1 \\ \vec{f}_2 \\ \vec{f}_3\end{pmatrix} = \begin{pmatrix} l_{11} & l_{12} & l_{13} \\ l_{21} & l_{22} & l_{23} \\ l_{31} & l_{32} & l_{33} \end{pmatrix}\begin{pmatrix}\vec{e}_1 \\ \vec{e}_2 \\ \vec{e}_3\end{pmatrix}$$

となる。

こちらの変換行列は、座標変換の行列と同じものである。

実は、2つの直交座標系の単位ベクトルどうしの変換は、変換と逆変換に相当することになるのであるが、ここでは、冒頭のベクトルの成分表示の変換式を利用して、3次元空間における逆変換行列を実際に求めてみる。

この場合、逆変換は

$$\begin{pmatrix}A_1 \\ A_2 \\ A_3\end{pmatrix} = \begin{pmatrix} m_{11} & m_{12} & m_{13} \\ m_{21} & m_{22} & m_{23} \\ m_{31} & m_{32} & m_{33} \end{pmatrix}\begin{pmatrix}a_1 \\ a_2 \\ a_3\end{pmatrix}$$

と置いて、この行列の成分を求めればよいことになる。この成分を求めるために、変換行列の成分を求める際に行った操作と同様の手法を利用する。

第11章 行列と座標変換

$$A_1\vec{e}_1 + A_2\vec{e}_2 + A_3\vec{e}_3 = a_1\vec{f}_1 + a_2\vec{f}_2 + a_3\vec{f}_3$$

という等式において、これらベクトルと $\vec{e}_1$ との内積をとってみよう。すると

$$A_1\vec{e}_1 \cdot \vec{e}_1 = A_1 = a_1\vec{f}_1 \cdot \vec{e}_1 + a_2\vec{f}_2 \cdot \vec{e}_1 + a_3\vec{f}_3 \cdot \vec{e}_1$$

となる。

ここで、上の行列を計算すると

$$A_1 = m_{11}a_1 + m_{12}a_2 + m_{13}a_3$$

よって

$$m_{11} = \vec{e}_1 \cdot \vec{f}_1 \qquad m_{12} = \vec{e}_1 \cdot \vec{f}_2 \qquad m_{13} = \vec{e}_1 \cdot \vec{f}_3$$

となる。一般式では

$$m_{ij} = \vec{e}_i \cdot \vec{f}_j$$

となる。これを先ほどの変換行列の成分と比較すると $l_{ij} = \vec{f}_i \cdot \vec{e}_j$ であったから

$$l_{ij} = m_{ji}$$

となることが分かる。つまり、逆変換に対応した行列は、最初の変換行列の(i, j)成分が(j, i)成分になったものとなる。あるいは、行と列を入れ換えたもの（**転置行列**：transposed matrix）と考えることもできる。

$$\widetilde{Q} = \begin{pmatrix} m_{11} & m_{12} & m_{13} \\ m_{21} & m_{22} & m_{23} \\ m_{31} & m_{32} & m_{33} \end{pmatrix} = \begin{pmatrix} l_{11} & l_{21} & l_{31} \\ l_{12} & l_{22} & l_{32} \\ l_{13} & l_{23} & l_{33} \end{pmatrix} = {}^t\widetilde{R}$$

行列 $\widetilde{R}$ の左肩に t をつけると転置行列という意味になる[3]。

ここで、つぎの行列どうしの積を計算してみよう。

$$\widetilde{R}\widetilde{Q} = \begin{pmatrix} l_{11} & l_{12} & l_{13} \\ l_{21} & l_{22} & l_{23} \\ l_{31} & l_{32} & l_{33} \end{pmatrix} \begin{pmatrix} m_{11} & m_{12} & m_{13} \\ m_{21} & m_{22} & m_{23} \\ m_{31} & m_{32} & m_{33} \end{pmatrix} = \begin{pmatrix} l_{11} & l_{12} & l_{13} \\ l_{21} & l_{22} & l_{23} \\ l_{31} & l_{32} & l_{33} \end{pmatrix} \begin{pmatrix} l_{11} & l_{21} & l_{31} \\ l_{12} & l_{22} & l_{32} \\ l_{13} & l_{23} & l_{33} \end{pmatrix}$$

いっきに計算するのは大変であるから、まず(1, 1)成分を求めてみる。すると

$$[\widetilde{R}\widetilde{Q}]_{1,1} = l_{11}m_{11} + l_{12}m_{21} + l_{13}m_{31} = (l_{11})^2 + (l_{12})^2 + (l_{13})^2$$

ここで

$$l_{11} = \vec{e}_1 \cdot \vec{f}_1 \qquad l_{12} = \vec{e}_2 \cdot \vec{f}_1 \qquad l_{13} = \vec{e}_3 \cdot \vec{f}_1$$

であり、これは、ベクトル $\vec{f}_1$ と直交座標系 $\vec{e}_1, \vec{e}_2, \vec{e}_3$ のそれぞれの軸との方向余弦である。よって、その2乗和は1となる。つまり

$$[\widetilde{R}\widetilde{Q}]_{1,1} = 1$$

となる。つぎに (1, 2) 成分を計算してみよう。すると

$$[\widetilde{R}\widetilde{Q}]_{1,2} = l_{11}m_{12} + l_{12}m_{22} + l_{13}m_{32} = l_{11}l_{21} + l_{12}l_{22} + l_{13}l_{23}$$

となる。この右辺を直接計算する前に演習 11-5 で求めた二つの直交座標系における単位ベクトルの関係式を思い出してみよう。それは

$$\vec{f}_1 = l_{11}\vec{e}_1 + l_{12}\vec{e}_2 + l_{13}\vec{e}_3$$

---

[3] 異なる直交座標系の単位ベクトルどうしの変換行列と逆変換行列がこの関係にある。

というものであった。まず、このベクトル自身の内積をとると

$$\vec{f}_1 \cdot \vec{f}_1 = l_{11}\vec{e}_1 \cdot \vec{f}_1 + l_{12}\vec{e}_2 \cdot \vec{f}_1 + l_{13}\vec{e}_3 \cdot \vec{f}_1$$

となるが、左辺の値は1であり、右辺は $l_{11} = \vec{e}_1 \cdot \vec{f}_1$, $l_{12} = \vec{e}_2 \cdot \vec{f}_1$, $l_{13} = \vec{e}_3 \cdot \vec{f}_1$ であるから

$$(l_{11})^2 + (l_{12})^2 + (l_{13})^2 = 1$$

となって、先ほど求めた関係式を導くことができる。同様にして

$$\vec{f}_2 \cdot \vec{f}_2 = l_{21}\vec{e}_1 \cdot \vec{f}_2 + l_{22}\vec{e}_2 \cdot \vec{f}_2 + l_{23}\vec{e}_3 \cdot \vec{f}_2 = 1$$

より

$$(l_{21})^2 + (l_{22})^2 + (l_{23})^2 = 1$$
$$\vec{f}_3 \cdot \vec{f}_3 = l_{31}\vec{e}_1 \cdot \vec{f}_3 + l_{32}\vec{e}_2 \cdot \vec{f}_3 + l_{33}\vec{e}_3 \cdot \vec{f}_3 = 1$$

より

$$(l_{31})^2 + (l_{32})^2 + (l_{33})^2 = 1$$

という関係が得られ、対角成分がすべて1であることが分かる。
　つぎに、ベクトル $\vec{f}_1$ と $\vec{f}_2$ との内積をとってみよう。すると

$$\vec{f}_1 \cdot \vec{f}_2 = l_{11}\vec{e}_1 \cdot \vec{f}_2 + l_{12}\vec{e}_2 \cdot \vec{f}_2 + l_{13}\vec{e}_3 \cdot \vec{f}_2$$

となる。左辺は直交するベクトルどうしの内積であるから、その値は0となる。つぎに右辺は

$$\vec{e}_1 \cdot \vec{f}_2 = l_{21} \qquad \vec{e}_2 \cdot \vec{f}_2 = l_{22} \qquad \vec{e}_3 \cdot \vec{f}_2 = l_{23}$$

であるから

$$l_{11}\vec{e}_1\cdot\vec{f}_2 + l_{12}\vec{e}_2\cdot\vec{f}_2 + l_{13}\vec{e}_3\cdot\vec{f}_2 = l_{11}l_{21} + l_{12}l_{22} + l_{13}l_{23} = 0$$

となる。この右辺は (1, 2)成分であるから、結局

$$[\widetilde{R}\widetilde{Q}]_{1,2} = 0$$

のように 0 となる。

つぎに、ベクトル $\vec{f}_1$ と $\vec{f}_3$ との内積をとってみよう。すると

$$\vec{f}_1\cdot\vec{f}_3 = l_{11}\vec{e}_1\cdot\vec{f}_3 + l_{12}\vec{e}_2\cdot\vec{f}_3 + l_{13}\vec{e}_3\cdot\vec{f}_3$$

となる。左辺は直交するベクトルどうしの内積であるから、その値は 0 となる。つぎに右辺は

$$\vec{e}_1\cdot\vec{f}_3 = l_{31} \qquad \vec{e}_2\cdot\vec{f}_3 = l_{32} \qquad \vec{e}_3\cdot\vec{f}_3 = l_{33}$$

であるから

$$l_{11}\vec{e}_1\cdot\vec{f}_3 + l_{12}\vec{e}_2\cdot\vec{f}_3 + l_{13}\vec{e}_3\cdot\vec{f}_3 = l_{11}l_{31} + l_{12}l_{32} + l_{13}l_{33} = 0$$

となり、これは(1, 3)成分であるから

$$[\widetilde{R}\widetilde{Q}]_{1,3} = 0$$

ついでに他の組み合わせも示すと

$$\vec{f}_2\cdot\vec{f}_1 = l_{21}\vec{e}_1\cdot\vec{f}_1 + l_{22}\vec{e}_2\cdot\vec{f}_1 + l_{23}\vec{e}_3\cdot\vec{f}_1 = l_{21}l_{11} + l_{22}l_{12} + l_{23}l_{13} = 0$$

となり、これは(2, 1)成分であるが、(1, 2)成分と同じ和となっている。同様にして、対称の位置にある成分の値はすべて同じになる。よって(3, 1) 成分も 0 となる。最後に

$$\vec{f}_2 \cdot \vec{f}_3 = l_{21}\vec{e}_1 \cdot \vec{f}_3 + l_{22}\vec{e}_2 \cdot \vec{f}_3 + l_{23}\vec{e}_3 \cdot \vec{f}_3 = l_{21}l_{31} + l_{22}l_{32} + l_{23}l_{33} = 0$$

となり、これは(2, 3)成分であり、(3, 2)成分でもある。よって、対角成分以外はすべて0になることが分かる。結局

$$\widetilde{R}\widetilde{Q} = \begin{pmatrix} l_{11} & l_{12} & l_{13} \\ l_{21} & l_{22} & l_{23} \\ l_{31} & l_{32} & l_{33} \end{pmatrix} \begin{pmatrix} l_{11} & l_{21} & l_{31} \\ l_{12} & l_{22} & l_{32} \\ l_{13} & l_{23} & l_{33} \end{pmatrix} = \begin{pmatrix} 1 & 0 & 0 \\ 0 & 1 & 0 \\ 0 & 0 & 1 \end{pmatrix} = \widetilde{E}$$

となって、変換行列と逆変換行列をかけたものは、単位行列となることが分かる。つまり

$$\widetilde{Q} = {}^t\widetilde{R} = \widetilde{R}^{-1}$$

のように、直交座標系の変換行列の逆変換行列は、変換行列の転置行列かつ逆行列となるのである。ここで、整理すると、変換行列の成分間には

$$(l_{11})^2 + (l_{12})^2 + (l_{13})^2 = 1 \quad (l_{21})^2 + (l_{22})^2 + (l_{23})^2 = 1 \quad (l_{31})^2 + (l_{32})^2 + (l_{33})^2 = 1$$
$$l_{11}l_{21} + l_{12}l_{22} + l_{13}l_{23} = 0 \quad l_{11}l_{31} + l_{12}l_{32} + l_{13}l_{33} = 0 \quad l_{21}l_{31} + l_{22}l_{32} + l_{23}l_{33} = 0$$

という関係式が成立している。

演習 11-6 直交座標系の座標変換によって、二つの異なるベクトルの内積の値が変化しないことを確かめよ。

解) 任意の2つのベクトルを

$$\vec{A} = A_1\vec{e}_1 + A_2\vec{e}_2 + A_3\vec{e}_3 \qquad \vec{B} = B_1\vec{e}_1 + B_2\vec{e}_2 + B_3\vec{e}_3$$

とする。すると、これらベクトルの内積は

$$\vec{A} \cdot \vec{B} = A_1 B_1 + A_2 B_2 + A_3 B_3$$

と与えられる。

これを別な座標系で表現すると

$$\vec{A} = a_1 \vec{f}_1 + a_2 \vec{f}_2 + a_3 \vec{f}_3 \qquad \vec{B} = b_1 \vec{f}_1 + b_2 \vec{f}_2 + b_3 \vec{f}_3$$

となる。ここで、回転後の直交座標系の単位ベクトルは

$$\vec{f}_1 = l_{11} \vec{e}_1 + l_{12} \vec{e}_2 + l_{13} \vec{e}_3$$
$$\vec{f}_2 = l_{21} \vec{e}_1 + l_{22} \vec{e}_2 + l_{23} \vec{e}_3$$
$$\vec{f}_3 = l_{31} \vec{e}_1 + l_{32} \vec{e}_2 + l_{33} \vec{e}_3$$

で与えられる。これを代入すると

$$\begin{aligned}\vec{A} &= a_1 \vec{f}_1 + a_2 \vec{f}_2 + a_3 \vec{f}_3 \\ &= (a_1 l_{11} + a_2 l_{21} + a_3 l_{31})\vec{e}_1 + (a_1 l_{12} + a_2 l_{22} + a_3 l_{32})\vec{e}_2 + (a_1 l_{13} + a_2 l_{23} + a_3 l_{33})\vec{e}_3\end{aligned}$$

となる。同様にして

$$\begin{aligned}\vec{B} &= b_1 \vec{f}_1 + b_2 \vec{f}_2 + b_3 \vec{f}_3 \\ &= (b_1 l_{11} + b_2 l_{21} + b_3 l_{31})\vec{e}_1 + (b_1 l_{12} + b_2 l_{22} + b_3 l_{32})\vec{e}_2 + (b_1 l_{13} + b_2 l_{23} + b_3 l_{33})\vec{e}_3\end{aligned}$$

内積はそれぞれの基底ベクトルの係数どうしをかければよいので

$$\begin{aligned}\vec{A} \cdot \vec{B} =\ & (a_1 l_{11} + a_2 l_{21} + a_3 l_{31})(b_1 l_{11} + b_2 l_{21} + b_3 l_{31}) \\ & + (a_1 l_{12} + a_2 l_{22} + a_3 l_{32})(b_1 l_{12} + b_2 l_{22} + b_3 l_{32}) \\ & + (a_1 l_{13} + a_2 l_{23} + a_3 l_{33})(b_1 l_{13} + b_2 l_{23} + b_3 l_{33})\end{aligned}$$

となる。ここで $a_1 b_1$ の項の係数を取り出すと

$$(l_{11})^2 + (l_{12})^2 + (l_{13})^2$$

となって 1 となることが分かる。また a_2b_2 と a_3b_3 の項の係数は

$$(l_{21})^2 + (l_{22})^2 + (l_{23})^2 \qquad (l_{31})^2 + (l_{32})^2 + (l_{33})^2$$

となって、これらも 1 であることが分かる。つぎに a_1b_2 の項の係数は

$$l_{11}l_{21} + l_{12}l_{22} + l_{13}l_{23}$$

となり、0 となる。同様にして a_2b_1 の項の係数は

$$l_{21}l_{11} + l_{22}l_{12} + l_{23}l_{13}$$

となり、0 となる。以下、同様に a と b の添字の異なる項の係数はすべて 0 になるので、結局

$$\vec{A} \cdot \vec{B} = A_1B_1 + A_2B_2 + A_3B_3 = a_1b_1 + a_2b_2 + a_3b_3$$

となり、座標系を変えても、内積の値が変わらないことが確かめられる。

もちろん、わざわざこんな面倒な計算をしなくとも、ふたつのベクトルの間の角度を θ とすると、内積は

$$\vec{A} \cdot \vec{B} = \left|\vec{A}\right|\left|\vec{B}\right|\cos\theta$$

で与えられ、座標変換によって、ベクトルの大きさも角度も変化しないから、内積の値が変化しないのは当たり前の話である。
　ベクトルの変換を成分で考えると、少なくとも 9 回の計算が必要になるから、その手間は大変である。よって、成分計算を経ずに、行列の性質を

使って証明する方法がある。まず、ベクトルの内積は

$$\vec{A} \cdot \vec{B} = (A_1, A_2, A_3) \begin{pmatrix} B_1 \\ B_2 \\ B_3 \end{pmatrix}$$

となる。ここで変換行列を $\widetilde{R}$ とすると

$$\begin{pmatrix} a_1 \\ a_2 \\ a_3 \end{pmatrix} = \widetilde{R} \begin{pmatrix} A_1 \\ A_2 \\ A_3 \end{pmatrix}$$

となるが、これを転置させると

$$(a_1, a_2, a_3) = {}^t\!\left[\widetilde{R} \begin{pmatrix} A_1 \\ A_2 \\ A_3 \end{pmatrix} \right] = (A_1, A_2, A_3) {}^t\widetilde{R}$$

と与えられる。実際に確かめると

$$(a_1, a_2, a_3) = (A_1, A_2, A_3) \begin{pmatrix} l_{11} & l_{21} & l_{31} \\ l_{12} & l_{22} & l_{32} \\ l_{13} & l_{23} & l_{33} \end{pmatrix}$$

において

$$\begin{aligned} a_1 &= l_{11} A_1 + l_{12} A_2 + l_{13} A_3 \\ a_2 &= l_{21} A_1 + l_{22} A_2 + l_{23} A_3 \\ a_3 &= l_{31} A_1 + l_{32} A_2 + l_{33} A_3 \end{aligned}$$

となって、たてベクトルで表記した場合と同様の結果が得られる。
　この関係を利用すると

第 11 章 行列と座標変換

$$\vec{A} \cdot \vec{B} = (A_1, A_2, A_3) \begin{pmatrix} B_1 \\ B_2 \\ B_3 \end{pmatrix} = (a_1, a_2, a_3) \widetilde{R}^t \widetilde{R} \begin{pmatrix} b_1 \\ b_2 \\ b_3 \end{pmatrix}$$

となるが

$$\widetilde{R}^t \widetilde{R} = \widetilde{E}$$

であるから

$$\vec{A} \cdot \vec{B} = (A_1, A_2, A_3) \begin{pmatrix} B_1 \\ B_2 \\ B_3 \end{pmatrix} = (a_1, a_2, a_3) \widetilde{R}^t \widetilde{R} \begin{pmatrix} b_1 \\ b_2 \\ b_3 \end{pmatrix} = (a_1, a_2, a_3) \begin{pmatrix} b_1 \\ b_2 \\ b_3 \end{pmatrix}$$

となって、内積が変化しないことが確かめられる。

この他にも、ベクトルの演算は座標系に拠らずに成立することが容易に理解できるが、最後に発散で確かめてみよう。まず

$$\vec{A} = A_1 \vec{e}_1 + A_2 \vec{e}_2 + A_3 \vec{e}_3$$

で与えられる座標軸を x_1, x_2, x_3 軸とする。つぎに

$$\vec{A} = a_1 \vec{f}_1 + a_2 \vec{f}_2 + a_3 \vec{f}_3$$

で与えられる座標軸を y_1, y_2, y_3 軸とする。ここで、このベクトルの発散は

$$\mathrm{div}\, \vec{A} = \frac{\partial A_1}{\partial x_1} + \frac{\partial A_2}{\partial x_2} + \frac{\partial A_3}{\partial x_3}$$

と与えられる。

$$y_1 = l_{11} x_1 + l_{12} x_2 + l_{13} x_3$$
$$y_2 = l_{21} x_1 + l_{22} x_2 + l_{23} x_3$$
$$y_3 = l_{31} x_1 + l_{32} x_2 + l_{33} x_3$$

の関係にあることを踏まえて

$$\frac{\partial A_1}{\partial x_1} = \frac{\partial A_1}{\partial y_1}\frac{\partial y_1}{\partial x_1} + \frac{\partial A_1}{\partial y_2}\frac{\partial y_2}{\partial x_1} + \frac{\partial A_1}{\partial y_3}\frac{\partial y_3}{\partial x_1} = l_{11}\frac{\partial A_1}{\partial y_1} + l_{21}\frac{\partial A_1}{\partial y_2} + l_{31}\frac{\partial A_1}{\partial y_3}$$

$$\frac{\partial A_2}{\partial x_2} = \frac{\partial A_2}{\partial y_1}\frac{\partial y_1}{\partial x_2} + \frac{\partial A_2}{\partial y_2}\frac{\partial y_2}{\partial x_2} + \frac{\partial A_2}{\partial y_3}\frac{\partial y_3}{\partial x_2} = l_{12}\frac{\partial A_2}{\partial y_1} + l_{22}\frac{\partial A_2}{\partial y_2} + l_{32}\frac{\partial A_2}{\partial y_3}$$

$$\frac{\partial A_3}{\partial x_3} = \frac{\partial A_3}{\partial y_1}\frac{\partial y_1}{\partial x_3} + \frac{\partial A_3}{\partial y_2}\frac{\partial y_2}{\partial x_3} + \frac{\partial A_3}{\partial y_3}\frac{\partial y_3}{\partial x_3} = l_{13}\frac{\partial A_3}{\partial y_1} + l_{23}\frac{\partial A_3}{\partial y_2} + l_{33}\frac{\partial A_3}{\partial y_3}$$

となる。よって

$$\begin{aligned}
\mathrm{div}\,\vec{A} &= \frac{\partial A_1}{\partial x_1} + \frac{\partial A_2}{\partial x_2} + \frac{\partial A_3}{\partial x_3} \\
&= l_{11}\frac{\partial A_1}{\partial y_1} + l_{21}\frac{\partial A_1}{\partial y_2} + l_{31}\frac{\partial A_1}{\partial y_3} + l_{12}\frac{\partial A_2}{\partial y_1} + l_{22}\frac{\partial A_2}{\partial y_2} + l_{32}\frac{\partial A_2}{\partial y_3} + l_{13}\frac{\partial A_3}{\partial y_1} + l_{23}\frac{\partial A_3}{\partial y_2} + l_{33}\frac{\partial A_3}{\partial y_3} \\
&= \frac{\partial(l_{11}A_1 + l_{12}A_2 + l_{13}A_3)}{\partial y_1} + \frac{\partial(l_{21}A_1 + l_{22}A_2 + l_{23}A_3)}{\partial y_2} + \frac{\partial(l_{31}A_1 + l_{32}A_2 + l_{33}A_3)}{\partial y_3} \\
&= \frac{\partial a_1}{\partial y_1} + \frac{\partial a_2}{\partial y_2} + \frac{\partial a_3}{\partial y_3} = \mathrm{div}\begin{pmatrix} a_1 \\ a_2 \\ a_3 \end{pmatrix}
\end{aligned}$$

となって、確かに新たな座標系での発散と一致することが確かめられる。

前にも紹介したが、物理法則は観測者に関係なく成立しなければならない。よって、それを記述する場合、座標系に関係なく成立する必要がある。物理現象をベクトルで記述する利点は、その演算結果、得られるスカラー量が座標系によらず常に不変であるという点である。

第12章　固有値と固有ベクトル

12.1.　固有値と固有ベクトル

いま、任意の行列 $\tilde{A}$ があったときに、適当な実数 λ をつかって、ベクトル $\vec{x}$ が

$$\tilde{A}\vec{x} = \lambda\vec{x}$$

の関係で結ばれるとき、ベクトル $\vec{x}$ を行列 $\tilde{A}$ の**固有ベクトル** (eigen vector) とよび、λ を**固有値** (eigen value) と呼んでいる。

これを図形で考えると、ベクトル $\vec{x}$ に行列 $\tilde{A}$ に相当する1次変換を施したときに、このベクトルの実数倍になる変換でしかないという意味である。

それでは、具体的に固有値をみてみよう。いま 2×2 行列 $\tilde{A}$ の固有値および固有ベクトルとして $\lambda_1, (x_1, y_1)$ および $\lambda_2, (x_2, y_2)$ を考える。すると

$$\tilde{A}\begin{pmatrix} x_1 \\ y_1 \end{pmatrix} = \lambda_1 \begin{pmatrix} x_1 \\ y_1 \end{pmatrix} \qquad \tilde{A}\begin{pmatrix} x_2 \\ y_2 \end{pmatrix} = \lambda_2 \begin{pmatrix} x_2 \\ y_2 \end{pmatrix}$$

となる。ここで、固有ベクトルを成分とする行列をつくる。

$$\tilde{P} = \begin{pmatrix} x_1 & x_2 \\ y_1 & y_2 \end{pmatrix}$$

すると、うえの関係から

$$\widetilde{A}\widetilde{P} = \widetilde{A}\begin{pmatrix} x_1 & x_2 \\ y_1 & y_2 \end{pmatrix} = \begin{pmatrix} \lambda_1 x_1 & \lambda_2 x_2 \\ \lambda_1 y_1 & \lambda_2 y_2 \end{pmatrix}$$

となる。ところで

$$\begin{pmatrix} \lambda_1 x_1 & \lambda_2 x_2 \\ \lambda_1 y_1 & \lambda_2 y_2 \end{pmatrix} = \begin{pmatrix} x_1 & x_2 \\ y_1 & y_2 \end{pmatrix} \begin{pmatrix} \lambda_1 & 0 \\ 0 & \lambda_2 \end{pmatrix}$$

という関係にあるから、結局

$$\widetilde{A}\widetilde{P} = \widetilde{P}\begin{pmatrix} \lambda_1 & 0 \\ 0 & \lambda_2 \end{pmatrix}$$

という関係式が得られることが分かる。ここで、左から行列 $\widetilde{P}$ の逆行列 $\widetilde{P}^{-1}$ をかけると

$$\widetilde{P}^{-1}\widetilde{A}\widetilde{P} = \widetilde{P}^{-1}\widetilde{P}\begin{pmatrix} \lambda_1 & 0 \\ 0 & \lambda_2 \end{pmatrix} = \begin{pmatrix} \lambda_1 & 0 \\ 0 & \lambda_2 \end{pmatrix}$$

と**対角行列** (diagonal matrix) に変形できる。このような操作を**行列の対角化** (diagonalization of matrix) と呼んでいる。このときの対角要素 (diagonal entity) は固有値となる。さらに、この関係は

$$\widetilde{A} = \widetilde{P}\begin{pmatrix} \lambda_1 & 0 \\ 0 & \lambda_2 \end{pmatrix}\widetilde{P}^{-1}$$

という関係に落ち着く。いったん行列が右のかたちに変形できると、そのべき乗が簡単になる。普通の行列を n 乗するのは大変な労力を要するが

$$\widetilde{A}^n = \underbrace{\widetilde{P}\begin{pmatrix} \lambda_1 & 0 \\ 0 & \lambda_2 \end{pmatrix}\widetilde{P}^{-1}\widetilde{P}\begin{pmatrix} \lambda_1 & 0 \\ 0 & \lambda_2 \end{pmatrix}\widetilde{P}^{-1} \cdots \widetilde{P}\begin{pmatrix} \lambda_1 & 0 \\ 0 & \lambda_2 \end{pmatrix}\widetilde{P}^{-1}}_{n}$$

と変形できる。ここで

$$\widetilde{P}^{-1}\widetilde{P} = \widetilde{E}$$

であるから、結局

$$\widetilde{A}^n = \widetilde{P}\underbrace{\begin{pmatrix} \lambda_1 & 0 \\ 0 & \lambda_2 \end{pmatrix}\begin{pmatrix} \lambda_1 & 0 \\ 0 & \lambda_2 \end{pmatrix}\cdots\begin{pmatrix} \lambda_1 & 0 \\ 0 & \lambda_2 \end{pmatrix}}_{n}\widetilde{P}^{-1} = \widetilde{P}\begin{pmatrix} \lambda_1 & 0 \\ 0 & \lambda_2 \end{pmatrix}^n \widetilde{P}^{-1}$$

となる。ここで、対角行列の n 乗は

$$\begin{pmatrix} \lambda_1 & 0 \\ 0 & \lambda_2 \end{pmatrix}^n = \begin{pmatrix} \lambda_1^n & 0 \\ 0 & \lambda_2^n \end{pmatrix}$$

と計算できるので、行列のべき乗は

$$\widetilde{A}^n = \widetilde{P}\begin{pmatrix} \lambda_1^n & 0 \\ 0 & \lambda_2^n \end{pmatrix}\widetilde{P}^{-1}$$

の関係を使って計算することができる。

12.2. 固有方程式

このように、固有ベクトルと固有値が求められれば、行列の対角化が可能 (diagonalizable) であることは分かったが、それでは、肝心の固有値はどうやって求めればよいのであろうか。そこで、原点に戻って、固有値の定義が何であったかを振り返ってみよう。任意の行列 $\widetilde{A}$ に対して

$$\widetilde{A}\vec{x} = \lambda\vec{x}$$

の関係を満足するベクトル $\tilde{x}$ を固有ベクトル、λ を固有値と呼ぶのであった。ここで、この式を変形すると

$$(\lambda \tilde{E} - \tilde{A})\tilde{x} = \vec{0}$$

となる。これは、連立 1 次方程式を考えたときに、定数項がすべて 0 となることを示している。専門的には、このような**1 次方程式群** (systems of linear equations) を**同次方程式** (homogeneous equation) と呼んでいる。

このような、連立 1 次方程式は、自明な解 (trivial solutions) として、すべての成分が 0 となる解を有する。trivial というのは「つまらない」という意味を含んでおり、すべて 0 という解はつまらないということを意味している。実際、解がすべて 0 では、あまり役に立たない。

同次方程式が 0 以外の解を有する場合もあり、そのような解を自明でない解 (non-trivial solution) と呼んでいる。実戦的には、こちらの方が重要である。ところで、0 以外の解を持つのは、どのようなときであろうか。

ここで、クラメールの公式を思い出してみよう。3 元連立 1 次方程式の場合を書くと

$$\begin{cases} a_{11}x_1 + a_{12}x_2 + a_{13}x_3 = b_1 \\ a_{21}x_1 + a_{22}x_2 + a_{23}x_3 = b_2 \\ a_{31}x_1 + a_{32}x_2 + a_{33}x_3 = b_3 \end{cases}$$

の方程式の解は、行列式を使って機械的に

$$x_1 = \frac{\begin{vmatrix} b_1 & a_{12} & a_{13} \\ b_2 & a_{22} & a_{23} \\ b_3 & a_{32} & a_{33} \end{vmatrix}}{\begin{vmatrix} a_{11} & a_{12} & a_{13} \\ a_{21} & a_{22} & a_{23} \\ a_{31} & a_{32} & a_{33} \end{vmatrix}} \quad x_2 = \frac{\begin{vmatrix} a_{11} & b_1 & a_{13} \\ a_{21} & b_2 & a_{23} \\ a_{31} & b_3 & a_{33} \end{vmatrix}}{\begin{vmatrix} a_{11} & a_{12} & a_{13} \\ a_{21} & a_{22} & a_{23} \\ a_{31} & a_{32} & a_{33} \end{vmatrix}} \quad x_3 = \frac{\begin{vmatrix} a_{11} & a_{12} & b_1 \\ a_{21} & a_{22} & b_2 \\ a_{31} & a_{32} & b_3 \end{vmatrix}}{\begin{vmatrix} a_{11} & a_{12} & a_{13} \\ a_{21} & a_{22} & a_{23} \\ a_{31} & a_{32} & a_{33} \end{vmatrix}}$$

と与えられるのであった。ところが、同次方程式では定数項がすべて 0 であるから、そのまま代入すると

$$x_1 = \frac{\begin{vmatrix} 0 & a_{12} & a_{13} \\ 0 & a_{22} & a_{23} \\ 0 & a_{32} & a_{33} \end{vmatrix}}{\begin{vmatrix} a_{11} & a_{12} & a_{13} \\ a_{21} & a_{22} & a_{23} \\ a_{31} & a_{32} & a_{33} \end{vmatrix}} = \frac{0}{\begin{vmatrix} a_{11} & a_{12} & a_{13} \\ a_{21} & a_{22} & a_{23} \\ a_{31} & a_{32} & a_{33} \end{vmatrix}}$$

となって、分子は必ず 0 となってしまう。他の変数も同様である。この場合に、0 以外の解を持つためには、分子の 0 を打ち消す必要があり、結局、分母の行列式の値も 0 とならなければならない。

$$\begin{vmatrix} a_{11} & a_{12} & a_{13} \\ a_{21} & a_{22} & a_{23} \\ a_{31} & a_{32} & a_{33} \end{vmatrix} = 0$$

つまり、分子、分母がともに 0 であれば、0 ではない解、すなわち自明ではない解を持つ可能性があるのである。

この考えはすぐに一般化され、同次方程式において自明ではない解を持つ条件は、係数行列 (coefficient matrix) の行列式 (determinant) が 0 になることである。これを、先ほどの固有値の方程式に適用すると、行列式を表す det を用いて

$$\det(\lambda \widetilde{E} - \widetilde{A}) = 0$$

これが、固有値が有する条件であり、このようにして作られる方程式を固有方程式 (eigenequation) と呼んでいる。つまり、この方程式を解くことで、固有値を求めることができる。具体例で体験した方が分かりやすいので、さっそく行列の固有値を求めてみよう。

係数行列として、つぎの2×2行列を考える。

$$\tilde{A} = \begin{pmatrix} 4 & 1 \\ -2 & 1 \end{pmatrix}$$

固有値をλとすると、固有方程式は

$$\begin{vmatrix} \lambda-4 & -1 \\ 2 & \lambda-1 \end{vmatrix} = (\lambda-4)(\lambda-1)+2 = \lambda^2 - 5\lambda + 6 = (\lambda-2)(\lambda-3) = 0$$

となって、固有値として$\lambda=2, \lambda=3$が得られる。ついでに固有ベクトルを求めてみよう。

$$\begin{pmatrix} 4 & 1 \\ -2 & 1 \end{pmatrix}\begin{pmatrix} x_1 \\ y_1 \end{pmatrix} = 2\begin{pmatrix} x_1 \\ y_1 \end{pmatrix} \qquad \begin{pmatrix} 4 & 1 \\ -2 & 1 \end{pmatrix}\begin{pmatrix} x_2 \\ y_2 \end{pmatrix} = 3\begin{pmatrix} x_2 \\ y_2 \end{pmatrix}$$

より

$$\begin{cases} 4x_1 + y_1 = 2x_1 \\ -2x_1 + y_1 = 2y_1 \end{cases} \qquad \begin{cases} 4x_2 + y_2 = 3x_2 \\ -2x_2 + y_2 = 3y_2 \end{cases}$$

の条件式が得られる。最初の式から、0ではない任意の実数をt_1とおくと、$x_1 = t_1, y_1 = -2t_1$が一般解として得られる。つぎの式からは、0ではない任意の実数をt_2とおくと、$x_2 = t_2, y_2 = -t_2$が一般解として得られる。よって固有ベクトルは

$$t_1 \begin{pmatrix} 1 \\ -2 \end{pmatrix} \qquad t_2 \begin{pmatrix} 1 \\ -1 \end{pmatrix}$$

で与えられる。ここで、t_1, t_2は任意であるので、それぞれ1とおいて

第12章　固有値と固有ベクトル

$$\widetilde{P} = \begin{pmatrix} 1 & 1 \\ -2 & -1 \end{pmatrix}$$

という行列をつくる。するとこの逆行列は、つぎの係数拡大行列の行基本変形から

$$\begin{pmatrix} 1 & 1 & 1 & 0 \\ -2 & -1 & 0 & 1 \end{pmatrix} \rightarrow \begin{pmatrix} 1 & 1 & 1 & 0 \\ 0 & 1 & 2 & 1 \end{pmatrix}_{r_2 + 2r_1} \rightarrow \begin{pmatrix} 1 & 0 & -1 & -1 \\ 0 & 1 & 2 & 1 \end{pmatrix}_{r_1 - r_2}$$

となって

$$\widetilde{P}^{-1} = \begin{pmatrix} -1 & -1 \\ 2 & 1 \end{pmatrix}$$

と与えられる。これらを使って、対角化を行うと、

$$\widetilde{P}^{-1}\widetilde{A}\widetilde{P} = \begin{pmatrix} -1 & -1 \\ 2 & 1 \end{pmatrix}\begin{pmatrix} 4 & 1 \\ -2 & 1 \end{pmatrix}\begin{pmatrix} 1 & 1 \\ -2 & -1 \end{pmatrix} = \begin{pmatrix} -2 & -2 \\ 6 & 3 \end{pmatrix}\begin{pmatrix} 1 & 1 \\ -2 & -1 \end{pmatrix} = \begin{pmatrix} 2 & 0 \\ 0 & 3 \end{pmatrix}$$

となって、確かに対角化することができる。

　このように行列の対角化が可能になれば、その後の取り扱いが便利になることは分かるが、どうして苦労してまで、行列の固有値や固有ベクトルを求める必要があるのであろうか。2次の正方行列でも、これだけの手間がかかるのである。実は、この固有ベクトルを得たり、固有値を得ることは、量子力学においては、電子の運動に関する物理量を得る方法である。だからこそ、重要とされるのであるが、線形代数の演習においては、その重要性は認識できないため、とまどいを感じるむきも多い。

演習 12-1 つぎの 3 次正方行列の固有値と固有ベクトルを求め、対角化せよ。

$$\widetilde{A} = \begin{pmatrix} 1 & -1 & 3 \\ 0 & -1 & 1 \\ 0 & 3 & 1 \end{pmatrix}$$

解） まず、固有値をλとすると、固有方程式は

$$\begin{vmatrix} \lambda-1 & 1 & -3 \\ 0 & \lambda+1 & -1 \\ 0 & -3 & \lambda-1 \end{vmatrix} = 0$$

と与えられる。これを第 1 列めで余因子展開すると

$$(\lambda-1)\begin{vmatrix} \lambda+1 & -1 \\ -3 & \lambda-1 \end{vmatrix} = (\lambda-1)\{(\lambda+1)(\lambda-1)-3\}$$

よって固有方程式は

$$(\lambda-1)(\lambda-2)(\lambda+2) = 0$$

となり、固有値としては 1、2、−2 が得られる。つぎに、それぞれに対応した固有ベクトルを求めてみよう。まず、固有値 1 に対しては、固有ベクトルを

$$\vec{x} = \begin{pmatrix} x_1 \\ x_2 \\ x_3 \end{pmatrix}$$

とおくと

第 12 章　固有値と固有ベクトル

$$\begin{pmatrix} 1 & -1 & 3 \\ 0 & -1 & 1 \\ 0 & 3 & 1 \end{pmatrix} \begin{pmatrix} x_1 \\ x_2 \\ x_3 \end{pmatrix} = 1 \begin{pmatrix} x_1 \\ x_2 \\ x_3 \end{pmatrix}$$

を満足する。

$$\begin{array}{l} x_1 - x_2 + 3x_3 = x_1 \\ -x_2 + x_3 = x_2 \\ 3x_2 + x_3 = x_3 \end{array} \quad \begin{cases} x_1 = x_1 \\ x_2 = 0 \\ x_3 = 0 \end{cases}$$

よって、この関係を満足するのは、任意の実数を u とおいて

$$\vec{x} = u \begin{pmatrix} 1 \\ 0 \\ 0 \end{pmatrix}$$

となる。つぎに固有値 2 に対する固有ベクトルを

$$\vec{y} = \begin{pmatrix} y_1 \\ y_2 \\ y_3 \end{pmatrix}$$

とおくと

$$\begin{pmatrix} 1 & -1 & 3 \\ 0 & -1 & 1 \\ 0 & 3 & 1 \end{pmatrix} \begin{pmatrix} y_1 \\ y_2 \\ y_3 \end{pmatrix} = 2 \begin{pmatrix} y_1 \\ y_2 \\ y_3 \end{pmatrix}$$

を満足する。よって条件は

$$\begin{cases} y_1 - y_2 + 3y_3 = 2y_1 \\ -y_2 + y_3 = 2y_2 \\ 3y_2 + y_3 = 2y_3 \end{cases} \quad \begin{cases} y_1 + y_2 - 3y_3 = 0 \\ 3y_2 - y_3 = 0 \\ 3y_2 - y_3 = 0 \end{cases}$$

適当な実数を t とおくと

$$\vec{y} = t \begin{pmatrix} 8 \\ 1 \\ 3 \end{pmatrix}$$

で与えられる。

最後に固有値 -2 に対する固有ベクトルを

$$\vec{z} = \begin{pmatrix} z_1 \\ z_2 \\ z_3 \end{pmatrix}$$

とおくと

$$\begin{pmatrix} 1 & -1 & 3 \\ 0 & -1 & 1 \\ 0 & 3 & 1 \end{pmatrix} \begin{pmatrix} z_1 \\ z_2 \\ z_3 \end{pmatrix} = -2 \begin{pmatrix} z_1 \\ z_2 \\ z_3 \end{pmatrix}$$

を満足する。よって条件は

$$\begin{cases} z_1 - z_2 + 3z_3 = -2z_1 \\ -z_2 + z_3 = -2z_2 \\ 3z_2 + z_3 = -2z_3 \end{cases} \quad \begin{cases} 3z_1 - z_2 + 3z_3 = 0 \\ z_2 + z_3 = 0 \\ 3z_2 + 3z_3 = 0 \end{cases}$$

適当な実数を v とおくと

第12章　固有値と固有ベクトル

$$\vec{y} = v\begin{pmatrix} 4 \\ 3 \\ -3 \end{pmatrix}$$

で与えられる。ここで、それぞれ $u = 1, t = 1, v = 1$ と置いて行列 $\widetilde{P}$ をつくると

$$\widetilde{P} = \begin{pmatrix} 1 & 8 & 4 \\ 0 & 1 & 3 \\ 0 & 3 & -3 \end{pmatrix}$$

が得られる。ここで、この行列の逆行列を求めるためにつぎの行列の行基本変形を行う。

$$\begin{pmatrix} 1 & 8 & 4 & 1 & 0 & 0 \\ 0 & 1 & 3 & 0 & 1 & 0 \\ 0 & 3 & -3 & 0 & 0 & 1 \end{pmatrix}$$

$$\rightarrow \left.\begin{pmatrix} 1 & 0 & -20 & 1 & -8 & 0 \\ 0 & 1 & 3 & 0 & 1 & 0 \\ 0 & 0 & -12 & 0 & -3 & 1 \end{pmatrix}\right\rvert\begin{matrix} r_1 - 8 \times r_2 \\ \\ r_3 - 3 \times r_2 \end{matrix}$$

$$\rightarrow \begin{pmatrix} 1 & 0 & -20 & 1 & -8 & 0 \\ 0 & 1 & 3 & 0 & 1 & 0 \\ 0 & 0 & 1 & 0 & 1/4 & -1/12 \end{pmatrix} r_3/(-12)$$

$$\rightarrow \left.\begin{pmatrix} 1 & 0 & 0 & 1 & -3 & -5/3 \\ 0 & 1 & 0 & 0 & 1/4 & 1/4 \\ 0 & 0 & 1 & 0 & 1/4 & -1/12 \end{pmatrix}\right\rvert\begin{matrix} r_1 + 20 \times r_3 \\ r_2 - 3 \times r_3 \end{matrix}$$

よって、逆行列は

$$\widetilde{P}^{-1} = \begin{pmatrix} 1 & -3 & -5/3 \\ 0 & 1/4 & 1/4 \\ 0 & 1/4 & -1/12 \end{pmatrix}$$

となる。ここで、最初の行列の対角化を行ってみよう。

$$\widetilde{P}^{-1}\widetilde{A}\widetilde{P} = \begin{pmatrix} 1 & -3 & -5/3 \\ 0 & 1/4 & 1/4 \\ 0 & 1/4 & -1/12 \end{pmatrix} \begin{pmatrix} 1 & -1 & 3 \\ 0 & -1 & 1 \\ 0 & 3 & 1 \end{pmatrix} \begin{pmatrix} 1 & 8 & 4 \\ 0 & 1 & 3 \\ 0 & 3 & -3 \end{pmatrix}$$

まず、右2つの行列のかけ算を実行すると

$$\begin{pmatrix} 1 & -1 & 3 \\ 0 & -1 & 1 \\ 0 & 3 & 1 \end{pmatrix} \begin{pmatrix} 1 & 8 & 4 \\ 0 & 1 & 3 \\ 0 & 3 & -3 \end{pmatrix} = \begin{pmatrix} 1 & 16 & -8 \\ 0 & 2 & -6 \\ 0 & 6 & 6 \end{pmatrix}$$

よって

$$\widetilde{P}^{-1}\widetilde{A}\widetilde{P} = \begin{pmatrix} 1 & -3 & -5/3 \\ 0 & 1/4 & 1/4 \\ 0 & 1/4 & -1/12 \end{pmatrix} \begin{pmatrix} 1 & 16 & -8 \\ 0 & 2 & -6 \\ 0 & 6 & 6 \end{pmatrix} = \begin{pmatrix} 1 & 0 & 0 \\ 0 & 2 & 0 \\ 0 & 0 & -2 \end{pmatrix}$$

と対角化でき、確かに対角成分が固有値になっていることが確かめられる。

　以上の対角化において、対角化するための行列は任意であった。これは、固有ベクトルにまず自由度があることが原因である。そこで、どうせ自由なのであれば、すべてを正規化することも可能である。

　実は、対称行列（対角線に沿って対称位置にある成分が同じ行列：symmetric matrix）の対角化を行うときに、固有ベクトルを正規直交化すると、この基底からつくられる行列は直交行列（転置行列が逆行列となる行列：orthogonal matrix）となり、直交行列で対角化できることが知られている。

第 13 章　ベクトルと行列式

13.1　ベクトルと行列式

　行列式は、連立 1 次方程式を解法するための手法に利用される。この場合は、ベクトルとの関係はあまり強くなく、単に解を与えるための計算式を行列式が与えている。それでは、行列式はベクトルとは無関係かというと決してそうではない。そこで、最初に 2 次元ベクトルについて考えてみる。いま 2 個のベクトル

$$\vec{a} = \begin{pmatrix} a_x & a_y \end{pmatrix} \qquad \vec{b} = \begin{pmatrix} b_x & b_y \end{pmatrix}$$

を並列に並べて行列をつくる。すると、その行列式は

$$\det\begin{pmatrix} \vec{a} \\ \vec{b} \end{pmatrix} = \begin{vmatrix} a_x & a_y \\ b_x & b_y \end{vmatrix} = a_x b_y - a_y b_x$$

と計算できる。行列式の性質から、ベクトルを列ベクトルとして並べた場合も同じ値が得られる。

$$\det(\vec{a} \quad \vec{b}) = \begin{vmatrix} a_x & b_x \\ a_y & b_y \end{vmatrix} = a_x b_y - b_x a_y = a_x b_y - a_y b_x$$

　実は、この値は、これらベクトルをそれぞれ辺とする平行四辺形の面積となる。実際に確かめてみよう。この平行四辺形の面積は

図 13-1

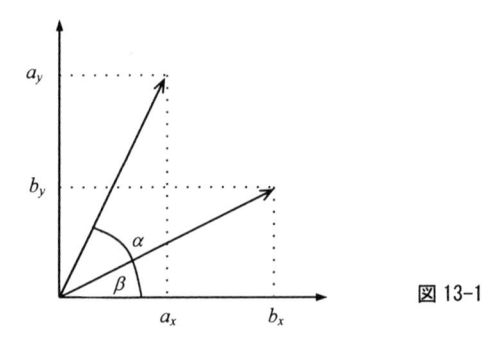

$$S = |\vec{a}||\vec{b}|\sin\theta$$

で与えられる。ここで、θはふたつのベクトルがなす角の大きさである。ここで、図 13-1 のように、それぞれのベクトルが x 軸となす角を α, β とすると、三角関数の加法定理より

$$\sin\theta = \sin(\alpha - \beta) = \sin\alpha\cos\beta - \cos\alpha\sin\beta$$

と変形できる。ここで

$$\sin\alpha = \frac{a_y}{|\vec{a}|} \quad \cos\alpha = \frac{a_x}{|\vec{a}|} \quad \sin\beta = \frac{b_y}{|\vec{b}|} \quad \cos\beta = \frac{b_x}{|\vec{b}|}$$

の関係にあるので、これらを上式に代入すると

$$S = |\vec{a}||\vec{b}|\sin\theta = |\vec{a}||\vec{b}|\left(\frac{a_y}{|\vec{a}|}\frac{b_x}{|\vec{b}|} - \frac{a_x}{|\vec{a}|}\frac{b_y}{|\vec{b}|}\right) = a_y b_x - a_x b_y$$

となって、確かに平行四辺形の面積となっている。

さらに 3 次元空間において、3 個のベクトルを同様に並べて、その行列の行列式を計算すれば、それは 3 個のベクトルがつくる平行 6 面体の体積が

得られる。つまり

$$\vec{a} = \begin{pmatrix} a_x & a_y & a_z \end{pmatrix} \quad \vec{b} = \begin{pmatrix} b_x & b_y & b_z \end{pmatrix} \quad \vec{c} = \begin{pmatrix} c_x & c_y & c_z \end{pmatrix}$$

の3個のベクトルを考えて

$$\det \begin{pmatrix} \vec{a} \\ \vec{b} \\ \vec{c} \end{pmatrix} = \begin{vmatrix} a_x & a_y & a_z \\ b_x & b_y & b_z \\ c_x & c_y & c_z \end{vmatrix}$$

は、これらベクトルを辺とする平行6面体の体積となる。

13.2. 外積と行列式

　ベクトルの外積についてはすでに紹介したが、何とも分かりにくい概念である。作用の方向と、その結果の方向がまったく異なるというのは、人間の感覚にはなじまない。（その点、内積は分かりやすい。）

　しかし、感覚になじまないと愚痴をこぼしたところで、自然現象の多くが外積の法則に従うのであれば、それを受け入れざるを得ない。実は、面白いことに、この分かりにくい外積と行列式の相性が良いのである。（あえて言えば、行列式の定義も分かりにくいので、どちらも共通して分かりにくいという側面を有していることになる。）

　外積について復習すると、2つの3次元ベクトルを成分で示して

$$\vec{a} = \begin{pmatrix} a_x \\ a_y \\ a_z \end{pmatrix} \quad \vec{b} = \begin{pmatrix} b_x \\ b_y \\ b_z \end{pmatrix}$$

と表記すると、その外積は

$$\vec{c} = \vec{a} \times \vec{b} = \begin{pmatrix} a_y b_z - a_z b_y \\ a_z b_x - a_x b_z \\ a_x b_y - a_y b_x \end{pmatrix}$$

の成分を有する 3 次元ベクトルで与えられる。少し見ただけでは、分かりにくい表示であり、成分を覚えるのも大変そうである。さらに、ベクトル積の x 成分は、もとのベクトルの y と z 成分からできている。これも感覚になじまない理由のひとつである。ところが、行列式を使うと外積は

$$\vec{c} = \vec{a} \times \vec{b} = \begin{vmatrix} \vec{e}_x & \vec{e}_y & \vec{e}_z \\ a_x & a_y & a_z \\ b_x & b_y & b_z \end{vmatrix}$$

という分かりやすいかたちに整理できるで。行列式の中は、それぞれ上の行から、単位ベクトル、ベクトル $\vec{a}$ の成分、ベクトル $\vec{b}$ の成分の順に並んでいる。

実際に、この行列式を計算してみよう。第 1 行の成分で余因子展開を行うと

$$\begin{vmatrix} \vec{e}_x & \vec{e}_y & \vec{e}_z \\ a_x & a_y & a_z \\ b_x & b_y & b_z \end{vmatrix} = \vec{e}_x \begin{vmatrix} a_y & a_z \\ b_y & b_z \end{vmatrix} - \vec{e}_y \begin{vmatrix} a_x & a_z \\ b_x & b_z \end{vmatrix} + \vec{e}_z \begin{vmatrix} a_x & a_y \\ b_x & b_y \end{vmatrix}$$

$$= \vec{e}_x (a_y b_z - a_z b_y) - \vec{e}_y (a_x b_z - a_z b_x) + \vec{e}_z (a_x b_y - a_y b_x)$$

となる。これを成分で示すと

$$\begin{pmatrix} a_y b_z - a_z b_y \\ -(a_x b_z - a_z b_x) \\ a_x b_y - a_y b_z \end{pmatrix} = \begin{pmatrix} a_y b_z - a_z b_y \\ a_z b_x - a_x b_z \\ a_x b_y - a_y b_z \end{pmatrix}$$

となって、確かに外積となっている。ついでに同じ要領で、$\vec{b} \times \vec{a}$ を計算し

てみよう。この場合は、下2行を入れ換えればよいので

$$\vec{b} \times \vec{a} = \begin{vmatrix} \vec{e}_x & \vec{e}_y & \vec{e}_z \\ b_x & b_y & b_z \\ a_x & a_y & a_z \end{vmatrix}$$

となる。ここで、行列式のルールを思い起こすと、2つの行を交換した場合、行列式の符号は反転するから

$$\vec{b} \times \vec{a} = \begin{vmatrix} \vec{e}_x & \vec{e}_y & \vec{e}_z \\ b_x & b_y & b_z \\ a_x & a_y & a_z \end{vmatrix} = -\begin{vmatrix} \vec{e}_x & \vec{e}_y & \vec{e}_z \\ a_x & a_y & a_z \\ b_x & b_y & b_z \end{vmatrix} = -\vec{c}$$

となり、ベクトル積ではかける順番を変えるとベクトルの方向が逆になるという性質を確認できる。このようにベクトル積を行列式で表現しておくと、便利なことが多い。

つぎに、このベクトル積の行列式表示を利用して、3個のベクトルを成分とする行列式を表現する方法について考えてみよう。いま

$$\vec{b} \times \vec{c} = \begin{vmatrix} \vec{e}_x & \vec{e}_y & \vec{e}_z \\ b_x & b_y & b_z \\ c_x & c_y & c_z \end{vmatrix} = \vec{e}_x \begin{vmatrix} b_y & b_z \\ c_y & c_z \end{vmatrix} - \vec{e}_y \begin{vmatrix} b_x & b_z \\ c_x & c_z \end{vmatrix} + \vec{e}_z \begin{vmatrix} b_x & b_y \\ c_x & c_y \end{vmatrix}$$

であった。これと対比させて

$$\begin{vmatrix} a_x & a_y & a_z \\ b_x & b_y & b_z \\ c_x & c_y & c_z \end{vmatrix} = a_x \begin{vmatrix} b_y & b_z \\ c_y & c_z \end{vmatrix} - a_y \begin{vmatrix} b_x & b_z \\ c_x & c_z \end{vmatrix} + a_z \begin{vmatrix} b_x & b_y \\ c_x & c_y \end{vmatrix}$$

を並べてみよう。下の式になるためには、上のベクトルとベクトル$\vec{a}$の内積をとればよい。つまり

$$\vec{a}\cdot(\vec{b}\times\vec{c}) = (a_x\vec{e}_x + a_y\vec{e}_y + a_z\vec{e}_z)\cdot\left(\vec{e}_x\begin{vmatrix}b_y & b_z\\ c_y & c_z\end{vmatrix} - \vec{e}_y\begin{vmatrix}b_x & b_z\\ c_x & c_z\end{vmatrix} + \vec{e}_z\begin{vmatrix}b_x & b_y\\ c_x & c_y\end{vmatrix}\right)$$

$$= a_x\begin{vmatrix}b_y & b_z\\ c_y & c_z\end{vmatrix} - a_y\begin{vmatrix}b_x & b_z\\ c_x & c_z\end{vmatrix} + a_z\begin{vmatrix}b_x & b_y\\ c_x & c_y\end{vmatrix}$$

と計算できる。よって

$$\vec{a}\cdot(\vec{b}\times\vec{c}) = \begin{vmatrix}a_x & a_y & a_z\\ b_x & b_y & b_z\\ c_x & c_y & c_z\end{vmatrix}$$

という関係にある。これをベクトルの**スカラー3重積** (scalar triple product) と呼んでいる。よって、スカラー3重積は3個のベクトルがつくる平行6面体の体積を与える。

ただし、厳密な意味では、これはスカラー積ではない。なぜなら

$$\vec{a}\cdot(\vec{c}\times\vec{b}) = \begin{vmatrix}a_x & a_y & a_z\\ c_x & c_y & c_z\\ b_x & b_y & b_z\end{vmatrix} = -\begin{vmatrix}a_x & a_y & a_z\\ b_x & b_y & b_z\\ c_x & c_y & c_z\end{vmatrix} = -\vec{a}\cdot(\vec{b}\times\vec{c})$$

となって、ベクトル積の順番を入れ換えると符号が反転するからである。

13.3. rot と行列式

ベクトル積の延長ではあるが、ベクトル演算の1種である rot (rotation) を行列式で表記すると便利であることが知られている。この rot という概念も直感では分かりにくい。しかも、curl や∇×とも表記されるので、同じものが教科書や論文によって、異なった表記で出てくるため混乱を与える。くり返すが

$$\text{rot}\,\vec{A} \qquad \text{curl}\,\vec{A} \qquad \nabla\times\vec{A}$$

はすべて同じものを指している。

さて、英語の rotation も curl も回転という意味であるから、この操作は、何か回転に関係した量と思われるのであるが、正直なところ、すぐにはその本質は分からない。

ところが、いったん電磁気学を学び始めると、マックスウェルの方程式において rot が主役を演じるうえ、さらに、磁場の解析においてもベクトルポテンシャル (vector potential) という正体不明ながら、非常に重要な物理量に rot が使われる。

しかし、外積と同様に自然現象を解析していると、人間の直感とはかけ離れた解析結果が得られることが多い。rot もその一種である。残念ながら、自然現象がそういうものだという達観した見方をせざるを得ないのである。

ここで、あらためて、ベクトルの rot の定義から示すと、つぎの3次元ベクトル

$$\vec{a} = \begin{pmatrix} a_x \\ a_y \\ a_z \end{pmatrix}$$

に rot を作用させると

$$\text{rot}\,\vec{a} = \begin{pmatrix} \dfrac{\partial a_z}{\partial y} - \dfrac{\partial a_y}{\partial z} \\ \dfrac{\partial a_x}{\partial z} - \dfrac{\partial a_z}{\partial x} \\ \dfrac{\partial a_y}{\partial x} - \dfrac{\partial a_x}{\partial y} \end{pmatrix}$$

という新しいベクトルが得られる。このベクトル演算の結果だけ最初に見せられると、その意味不明さも手伝って、多くのひとは逃げ出したくなる。もちろん、実際に取り扱う場合には、すべての成分をいっきに片付けるのではなく、成分ごとに整理するのが普通である。(こうしないと、頭の中の整理がつかないうえ、煩雑になって間違いも犯しやすい。)

そこで、まず各成分がどのようになっているかを見てみよう。それぞれ

の成分は

$$(\text{rot } \vec{a})_x = \frac{\partial a_z}{\partial y} - \frac{\partial a_y}{\partial z}$$

$$(\text{rot } \vec{a})_y = \frac{\partial a_x}{\partial z} - \frac{\partial a_z}{\partial x}$$

$$(\text{rot } \vec{a})_z = \frac{\partial a_y}{\partial x} - \frac{\partial a_x}{\partial y}$$

となって、x 成分は z 成分の y による偏微分から y 成分の z による偏微分を引いたものとなっている。x 成分が、他の軸成分からのみできているという点は、外積とよく似ていることを気に留めておいて欲しい。

　ここで、なぜこのベクトルが回転という現象に対応するかを考えてみよう。z 成分に着目すると

$$(\text{rot } \vec{a})_z = \frac{\partial a_y}{\partial x} - \frac{\partial a_x}{\partial y}$$

となっている。ここで最初の項の符号は＋で、つぎの項の符号は－となっている。いま、xy 平面を考え、ベクトル $\vec{a}$ の流れによってなにか（あえて言えば水車のようなもの）が回転すると考えよう。そして、この回転によって、z 方向につくり出される物理量（ベクトル）が $(\text{rot } \vec{a})_z$ と考える。すると図 13-2 のように、a_y 成分が x の増加とともに、反時計まわりに回転する。ここで、ベクトル積で紹介した右ネジの法則 (right-handed screw law) を思い出してみる。この回転によってつくり出される成分は、右ネジの法則に従うと仮定すると、z 軸の正の方向になる。実は、rot でもこれが成立する（というように定義しているのだが）。ここにも、外積との類似点がある。

　それでは、a_x 成分はどうなるかを見てみよう。図 13-3 に示すように、y の増加に従って a_x が増加する場合には、回転は先ほどとは逆、つまり時計まわりになる。つまり、右ネジの法則に従えば、この回転によってつくり出される成分は、z 方向の負の方向成分となる。よって、第 2 項には－がつくのである。

図 13-2　　　　　　　　　図 13-3

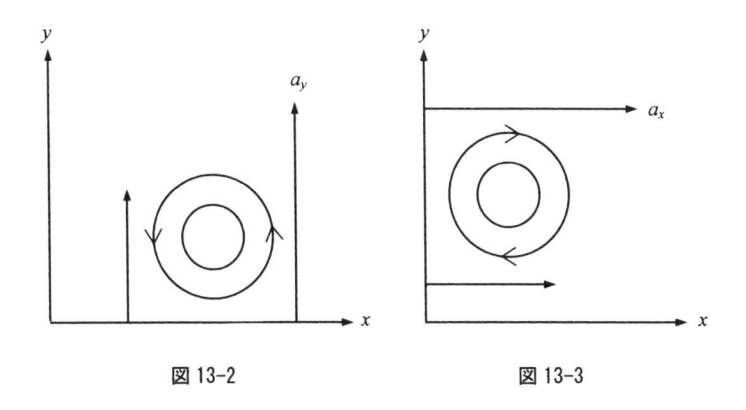

　結局、rot とは、あるベクトルが場所によって変化しているときに、それによって回転する成分が外積の方向につくり出すあらたなベクトルということになる。こう言っても、具体例で見ないと分からないかもしれない。
　そこで実例として、電磁誘導の法則を紹介する。
　マックスウェルの方程式のひとつに、つぎのようなものがある。

$$\mathrm{rot}\,\vec{E} + \frac{\partial \vec{B}}{\partial t} = 0 \quad \text{あるいは} \quad \frac{\partial \vec{B}}{\partial t} = -\mathrm{rot}\,\vec{E}$$

ここで、$\vec{B}$ は磁場ベクトル、$\vec{E}$ は電場ベクトルであり、これは、磁場の時間変化が電場の回転を誘導するという電磁誘導の法則に対応している。現象的には、図 13-4 に示すように、導体に磁石を近づけたり遠ざけたりすると、うず電流が誘導されることに対応している。（いろいろなケースが想定されるが。）
　いま、磁場の方向を z 方向にとって、この成分を取り出すと

$$\frac{\partial \vec{B}_z}{\partial t} = -\left(\frac{\partial E_y}{\partial x} - \frac{\partial E_x}{\partial y} \right)$$

となる。これは、磁場が増えると、その逆向きの磁場が生成するような方向に電場（つまり電流）が誘導されることを示している。（これは、自然は急激な変化を嫌うというレンツの法則 (Lenz's law) に従っている。）

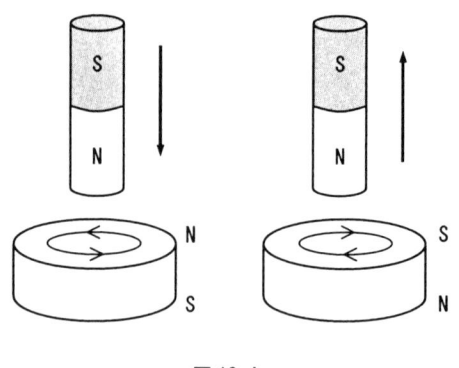

図 13-4

　さて、ここで行列式の登場である。先ほどから rot には外積と似た性質があると説明してきたが、実際に微分演算子 (differential operator) であるナブラ (nabla) を使うと、外積のかたちで表現できる。ナブラとは、単位ベクトルを使って表すと

$$\nabla = \vec{e}_x \frac{\partial}{\partial x} + \vec{e}_y \frac{\partial}{\partial y} + \vec{e}_z \frac{\partial}{\partial z}$$

のかたちをした演算子であり、ベクトル表示をすれば

$$\nabla = \begin{pmatrix} \partial/\partial x \\ \partial/\partial y \\ \partial/\partial z \end{pmatrix}$$

となる。この演算子を使うと rot に対応する操作は

$$\mathrm{rot}\,\vec{a} = \nabla \times \vec{a}$$

と表記することができる。それでは、さっそく前項で取り扱ったベクトル積の行列式表示にあてはめてみよう。すると

と書くことができる。そこで、第1行目の成分で余因子展開すると

$$\nabla \times \vec{a} = \vec{e}_x \begin{vmatrix} \partial/\partial y & \partial/\partial z \\ a_y & a_z \end{vmatrix} - \vec{e}_y \begin{vmatrix} \partial/\partial x & \partial/\partial z \\ a_x & a_z \end{vmatrix} + \vec{e}_z \begin{vmatrix} \partial/\partial x & \partial/\partial y \\ a_x & a_y \end{vmatrix}$$

と展開できる。つぎに、各行列式をルールに従って計算すれば

$$\nabla \times \vec{a} = \vec{e}_x \left(\frac{\partial a_z}{\partial y} - \frac{\partial a_y}{\partial z} \right) - \vec{e}_y \left(\frac{\partial a_z}{\partial x} - \frac{\partial a_x}{\partial z} \right) + \vec{e}_z \left(\frac{\partial a_y}{\partial x} - \frac{\partial a_x}{\partial y} \right)$$

となり、ベクトル表示をすれば

$$\nabla \times \vec{a} = \begin{pmatrix} \frac{\partial a_z}{\partial y} - \frac{\partial a_y}{\partial z} \\ \frac{\partial a_x}{\partial z} - \frac{\partial a_z}{\partial x} \\ \frac{\partial a_y}{\partial x} - \frac{\partial a_x}{\partial y} \end{pmatrix}$$

となって、確かに rot と同じ作用であることが分かる。このように、いったん行列式の表現に慣れさえすれば、ベクトル積や、それに関連した rot などの演算は、行列式にした方が見やすいし、何よりも間違いが少ない。このため、この表示を採用する教科書も多い。

恥ずかしい話であるが、実験などで電磁力の解析をしていると、結果がどうなるか混乱してしまうことがよくある。玄人と言っても、ベクトル積というのは取り扱いが厄介である。このような時に行列式が役に立つ。

電磁力は、電流ベクトルと磁場ベクトルを使うと

$$\vec{F} = \vec{I} \times \vec{B}$$

とベクトル積で表される。もし、磁場が y 方向成分のみを有し、電流が x, y 方向の成分を持つとき、電磁力はどの方向にどの程度の大きさで働くかと聞かれて、すぐに頭に思い浮かべられるであろうか。よほど慣れたひとでも簡単には答えは出ない。

ところが、行列式を使うと

$$\vec{F} = \begin{vmatrix} \vec{e}_x & \vec{e}_y & \vec{e}_z \\ I_x & I_y & 0 \\ 0 & B_y & 0 \end{vmatrix}$$

となって、第3行で余因子展開すれば

$$\vec{F} = \begin{vmatrix} \vec{e}_x & \vec{e}_y & \vec{e}_z \\ I_x & I_y & 0 \\ 0 & B_y & 0 \end{vmatrix} = -B_y \begin{vmatrix} \vec{e}_x & \vec{e}_z \\ I_x & 0 \end{vmatrix} = -B_y \left(0 - I_x \vec{e}_z \right) = I_x B_y \vec{e}_z$$

と計算でき、電磁力の働く方向は z 方向であり、その大きさは $I_x B_y$ であることが簡単に分かる。事情が少し混み入っても、それほど苦労せずに解析が可能になる。

補遺1　三角関数の公式

三角関数 (trigonometric function) における**加法定理** (addition formulae) とは、$\sin(A+B)$ と $\cos(A+B)$ を、$\sin A, \sin B, \cos A, \cos B$ で表現する公式で、非常に重要かつ有用な定理である。

いま、図 A1-1 に示すように、斜辺の長さが 1 の直角三角形 abc を描く。ここで∠abc が ∠A + ∠B とし、点 b から底辺 bc との角度が ∠A となるような直線を引く。つぎに点 a から直線 ac との角度が ∠A となるように直線を引き、先ほどの直線との交点を d とする。これら直線が、d で直交することは、三角形の相似から、すぐに分かる。

つぎに d から、それぞれ直線 ac および直線 bc の延長線上に直交する直線を引き、その交点をそれぞれ f および e とする。

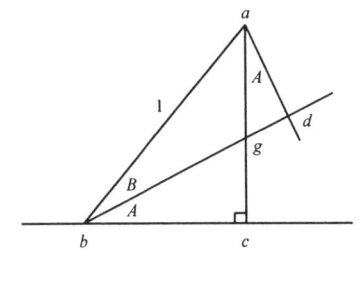

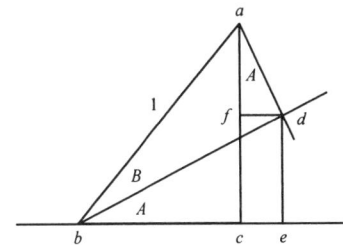

図 A1-1　三角関数における加法定理を説明する図。

この図を利用して加法定理を導いてみよう。
斜辺 ab の長さが 1 であるから

$$\overline{ac} = \sin(A+B)$$

となる。次に、直角三角形 abd において、辺の長さは

$$\overline{ad} = \sin B, \qquad \overline{bd} = \cos B$$

と与えられる。次に

$$\overline{af} = \overline{ad}\cos A = \cos A \sin B$$
$$\overline{fc} = \overline{de} = \overline{bd}\sin A = \sin A \cos B$$

であり

$$\overline{ac} = \overline{af} + \overline{fc}$$

の関係にあるから、結局

$$\sin(A+B) = \sin A \cos B + \cos A \sin B$$

となる。同様にして

$$\overline{bc} = \cos(A+B)$$

であり

$$\overline{be} = \overline{bd}\cos A = \cos A \cos B$$
$$\overline{ce} = \overline{fd} = \overline{ad}\sin A = \sin A \sin B$$

となって、

$$\overline{bc} = \overline{be} - \overline{ce}$$

の関係にあるから

補遺1 三角関数の公式

$$\cos(A+B) = \cos A \cos B - \sin A \sin B$$

となる。

以上をまとめた

$$\sin(A+B) = \sin A \cos B + \cos A \sin B$$
$$\cos(A+B) = \cos A \cos B - \sin A \sin B$$

を加法定理と呼んでいる。この基本公式を使うと、多くの公式を導くことができる。例えば、Bに$-B$を代入すると

$$\sin\{A+(-B)\} = \sin A \cos(-B) + \cos A \sin(-B) = \sin A \cos B - \cos A \sin B$$
$$\cos\{A+(-B)\} = \cos A \cos(-B) - \sin A \sin(-B) = \cos A \cos B + \sin A \sin B$$

となって、ただちに差の場合の公式

$$\sin(A-B) = \sin A \cos B - \cos A \sin B$$
$$\cos(A-B) = \cos A \cos B + \sin A \sin B$$

が得られる。さらに、この差の公式と和の公式の和と差をとると、次の公式（三角関数の積を和に変換する公式）が得られる。

$$\sin A \cos B = \frac{1}{2}[\sin(A+B) + \sin(A-B)]$$
$$\cos A \sin B = \frac{1}{2}[\sin(A+B) - \sin(A-B)]$$
$$\cos A \cos B = \frac{1}{2}[\cos(A-B) + \cos(A+B)]$$
$$\sin A \sin B = \frac{1}{2}[\cos(A-B) - \cos(A+B)]$$

つぎに加法定理の基本公式に $B=A$ を代入すると

$$\sin(A+A) = \sin 2A = \sin A\cos A + \cos A \sin A = 2\sin A\cos A$$
$$\cos(A+A) = \cos 2A = \cos A\cos A - \sin A\sin A = \cos^2 A - \sin^2 A$$

よって

$$\sin 2A = 2\sin A\cos A$$
$$\cos 2A = \cos^2 A - \sin^2 A$$

という有名な**倍角の公式** (double angle formulae) が導かれる。さらに

$$\sin^2 A + \cos^2 A = 1$$

という関係を利用すると

$$\cos 2A = \cos^2 A - \sin^2 A = 1 - 2\sin^2 A = 2\cos^2 A - 1$$

という変形も可能である。

補遺2　行列式とその計算方法

A2.1.　行列式とは

行列式の定義について紹介する前に、つぎの2元連立1次方程式の解法を行ってみる。

$$\begin{cases} a_{11}x_1 + a_{12}x_2 = b_1 \\ a_{21}x_1 + a_{22}x_2 = b_2 \end{cases}$$

この解法には、上式に a_{22} を、下式に a_{12} をかけて引き算をする。すると

$$\begin{array}{r} a_{11}a_{22}x_1 + a_{12}a_{22}x_2 = a_{22}b_1 \\ -)\ a_{12}a_{21}x_1 + a_{12}a_{22}x_2 = a_{12}b_2 \\ \hline (a_{11}a_{22} - a_{12}a_{21})x_1 = a_{22}b_1 - a_{12}b_2 \end{array}$$

となって

$$x_1 = \frac{a_{22}b_1 - a_{12}b_2}{a_{11}a_{22} - a_{12}a_{21}}$$

が解として得られる。同様にして

$$x_2 = \frac{a_{11}b_2 - a_{21}b_1}{a_{11}a_{22} - a_{12}a_{21}}$$

となる。ここで、これら解の分母は共通であるが、いまかりに

$$\begin{vmatrix} a_{11} & a_{12} \\ a_{21} & a_{22} \end{vmatrix} = a_{11}a_{22} - a_{12}a_{21}$$

という約束をしたとしよう。これが2次行列式の定義である。

　この定義に従えば、分子の方も行列式を使って書くことができ、連立方程式の解は

$$x_1 = \frac{\begin{vmatrix} b_1 & a_{12} \\ b_2 & a_{22} \end{vmatrix}}{\begin{vmatrix} a_{11} & a_{12} \\ a_{21} & a_{22} \end{vmatrix}} \qquad x_2 = \frac{\begin{vmatrix} a_{11} & b_1 \\ a_{21} & b_2 \end{vmatrix}}{\begin{vmatrix} a_{11} & a_{12} \\ a_{21} & a_{22} \end{vmatrix}}$$

とまとめられる。ここで、分子をよく見ると、x_1 の解は、分母の行列式の x_1 に関する係数を定数項で置き換えたものとなっている。同様に、x_2 の解の分子は、分母の行列式の x_2 に関する係数ベクトルを定数項で置き換えたものとなっている。以上の考えは、一般の n 元連立方程式にも適用できる。これが行列式の効用のひとつである。

　例えば、3元連立1次方程式に適用すると

$$\begin{cases} a_{11}x_1 + a_{12}x_2 + a_{13}x_3 = b_1 \\ a_{21}x_1 + a_{22}x_2 + a_{23}x_3 = b_2 \\ a_{31}x_1 + a_{32}x_2 + a_{33}x_3 = b_3 \end{cases}$$

の方程式の解は機械的に

$$x_1 = \frac{\begin{vmatrix} b_1 & a_{12} & a_{13} \\ b_2 & a_{22} & a_{23} \\ b_3 & a_{32} & a_{33} \end{vmatrix}}{\begin{vmatrix} a_{11} & a_{12} & a_{13} \\ a_{21} & a_{22} & a_{23} \\ a_{31} & a_{32} & a_{33} \end{vmatrix}} \quad x_2 = \frac{\begin{vmatrix} a_{11} & b_1 & a_{13} \\ a_{21} & b_2 & a_{23} \\ a_{31} & b_3 & a_{33} \end{vmatrix}}{\begin{vmatrix} a_{11} & a_{12} & a_{13} \\ a_{21} & a_{22} & a_{23} \\ a_{31} & a_{32} & a_{33} \end{vmatrix}} \quad x_3 = \frac{\begin{vmatrix} a_{11} & a_{12} & b_1 \\ a_{21} & a_{22} & b_2 \\ a_{31} & a_{32} & b_3 \end{vmatrix}}{\begin{vmatrix} a_{11} & a_{12} & a_{13} \\ a_{21} & a_{22} & a_{23} \\ a_{31} & a_{32} & a_{33} \end{vmatrix}}$$

と与えられることになる。つまり、解の分母は係数行列の行列式であり、

分子は、その変数に対応した係数だけ定数項で置き換えたものになっている。

A2.2. 行列式の計算方法

3次行列の行列式はつぎのように計算できる。

$$\begin{vmatrix} a_{11} & a_{12} & a_{13} \\ a_{21} & a_{22} & a_{23} \\ a_{31} & a_{32} & a_{33} \end{vmatrix} = a_{11}a_{22}a_{33} - a_{11}a_{23}a_{32} - a_{12}a_{21}a_{33} + a_{12}a_{23}a_{31} + a_{13}a_{21}a_{32} - a_{13}a_{22}a_{31}$$

これを1行めの要素 ($a_{1k}: k = 1, 2, 3$) でくくると

$$a_{11}(a_{22}a_{33} - a_{23}a_{32}) - a_{12}(a_{21}a_{33} - a_{23}a_{31}) + a_{13}(a_{21}a_{32} - a_{22}a_{31})$$

となる。これは、2次の行列式を使って

$$a_{11}\begin{vmatrix} a_{22} & a_{23} \\ a_{32} & a_{33} \end{vmatrix} - a_{12}\begin{vmatrix} a_{21} & a_{23} \\ a_{31} & a_{33} \end{vmatrix} + a_{13}\begin{vmatrix} a_{21} & a_{22} \\ a_{31} & a_{32} \end{vmatrix}$$

と書くことができる。このように、ある行（あるいは列）の要素で展開することができる。

実は、このような展開は、すべての行列式で可能となるのである。ここで、このような展開を行ったときには、行列式に正負の符号がつくことに注意する必要がある。

上の例では a_{12} の行列式の符号が −1 となっている。一般式で示すと、ある要素 (a_{ij}) の行 (i 行)と列 (j 列) を除いてできる**小行列式** (minor) をつくると、その符号は $(-1)^{i+j}$ となる。よって a_{11} では+1、a_{12} では $(-1)^{1+2} = -1$ より−1、そして a_{13} では+1 となる。具体的に括り出す要素ごとに正負を割り振ると、一般の行列では

$$\begin{pmatrix} + & - & + & \cdots \\ - & + & - & \cdots \\ + & - & + & \\ \vdots & \vdots & & \ddots \end{pmatrix}$$

という関係にある。より実用的には ij 成分の符号は $(-1)^{i+j}$ と、機械的に割り振ることができる。

この操作は、すべての n 次行列に対して成立する。符号に関しても、要素を a_{ij} で括り出した行列式では $(-1)^{i+j}$ となる。

専門的には、n 次正方行列から i 行と j 列を取りのぞいてできる $(n-1)$ 次正方行列式 (minor) に $(-1)^{i+j}$ をかけたものを**余因子** (cofactor of the i, j position) と呼んでいる。そして、ある行（あるいはある列）の成分の余因子行列をつかって行列式を展開することを**余因子展開** (cofactor expansion) と呼んでいる。

この性質を使って、4次行列式を1行目の成分で展開すると

$$\begin{vmatrix} a_{11} & a_{12} & a_{13} & a_{14} \\ a_{21} & a_{22} & a_{23} & a_{24} \\ a_{31} & a_{32} & a_{33} & a_{34} \\ a_{41} & a_{42} & a_{43} & a_{44} \end{vmatrix} = a_{11} \begin{vmatrix} a_{22} & a_{23} & a_{24} \\ a_{32} & a_{33} & a_{34} \\ a_{42} & a_{43} & a_{44} \end{vmatrix} - a_{12} \begin{vmatrix} a_{21} & a_{23} & a_{24} \\ a_{31} & a_{33} & a_{34} \\ a_{41} & a_{43} & a_{44} \end{vmatrix}$$

$$+ a_{13} \begin{vmatrix} a_{21} & a_{22} & a_{24} \\ a_{31} & a_{32} & a_{34} \\ a_{41} & a_{42} & a_{44} \end{vmatrix} - a_{14} \begin{vmatrix} a_{21} & a_{22} & a_{23} \\ a_{31} & a_{32} & a_{33} \\ a_{41} & a_{42} & a_{43} \end{vmatrix}$$

となる。3次行列式をさらに2次行列式に余因子展開することで計算が可能となる。計算は大変になるが、同様の展開を用いれば、一般の n 次行列式の計算も可能となる。

補遺3　行列のかけ算

　それでは、行列のかけ算はできるのであろうか。何の準備もなく、行列どうしのかけ算をしろと言われても対処のしようがない。何しろ、行と列に数字がたくさん並んでいる。

　この場合も、基本ルールを決めると、すべて矛盾なくかけ算を行うことができる。そのルールとは、ベクトルの内積を求めたときのルールである。

　そこでベクトルの内積を求める方法を復習してみよう。いま

$$\vec{a} = \begin{pmatrix} a_x \\ a_y \\ a_z \end{pmatrix} \quad \vec{b} = \begin{pmatrix} b_x \\ b_y \\ b_z \end{pmatrix}$$

の2つの3次元ベクトルを考える。すると、この内積は

$$\vec{a} \cdot \vec{b} = \begin{pmatrix} a_x & a_y & a_z \end{pmatrix} \begin{pmatrix} b_x \\ b_y \\ b_z \end{pmatrix} = a_x b_x + a_y b_y + a_z b_z$$

と与えられる。このように行ベクトルと列ベクトルで表記して、それぞれ対応した成分どうしをかける。これが内積の定義であった。ためしに、この左の行ベクトルを行列に置き換えると

$$\widetilde{A} \cdot \vec{b} = \begin{pmatrix} a_{11} & a_{12} & a_{13} \\ a_{21} & a_{22} & a_{23} \end{pmatrix} \begin{pmatrix} b_1 \\ b_2 \\ b_3 \end{pmatrix}$$

となる。ここで、まず行列の第 1 行目に注目すると、これは行ベクトルであるから、内積を求める方法で計算する。このとき、とりあえず第 2 行は無視する。すると

$$\widetilde{A}\cdot\vec{b} = \begin{pmatrix} a_{11} & a_{12} & a_{13} \\ \cdots\cdots\cdots\cdots \end{pmatrix}\begin{pmatrix} b_1 \\ b_2 \\ b_3 \end{pmatrix} = \begin{pmatrix} a_{11}b_1 + a_{12}b_2 + a_{13}b_3 \\ \cdots\cdots\cdots\cdots\cdots\cdots \end{pmatrix}$$

と与えられる。つぎに第 2 行めも行ベクトルであるから、それも内積と同様の方法で計算すると

$$\widetilde{A}\cdot\vec{b} = \begin{pmatrix} \cdots\cdots\cdots\cdots \\ a_{21} & a_{22} & a_{23} \end{pmatrix}\begin{pmatrix} b_1 \\ b_2 \\ b_3 \end{pmatrix} = \begin{pmatrix} \cdots\cdots\cdots\cdots\cdots\cdots \\ a_{21}b_1 + a_{22}b_2 + a_{23}b_3 \end{pmatrix}$$

となる。これをひとつにまとめると

$$\widetilde{A}\cdot\vec{b} = \begin{pmatrix} a_{11} & a_{12} & a_{13} \\ a_{21} & a_{22} & a_{23} \end{pmatrix}\begin{pmatrix} b_1 \\ b_2 \\ b_3 \end{pmatrix} = \begin{pmatrix} a_{11}b_1 + a_{12}b_2 + a_{13}b_3 \\ a_{21}b_1 + a_{22}b_2 + a_{23}b_3 \end{pmatrix}$$

となって、計算結果は、ベクトルの内積の値を成分にもつ列ベクトルとなっている。このように行列のかけ算では、内積を求める手法を準用するので、かけられる側の行列の行の要素（成分）の数（結局は列の数）と、かける側の行列の列の要素（成分）の数（結局は行の数）は必ず等しくなければならない。

　いまは、かける側が項数が 3 の列ベクトル（あるいは 3 行 1 列の行列）であったが、列の数が複数の行列でも同様の処理ができる。例として

補遺3　行列のかけ算

$$\widetilde{A}\cdot\widetilde{B} = \begin{pmatrix} a_{11} & a_{12} & a_{13} \\ a_{21} & a_{22} & a_{23} \end{pmatrix} \begin{pmatrix} b_{11} & b_{12} \\ b_{21} & b_{22} \\ b_{31} & b_{32} \end{pmatrix}$$

$$= \begin{pmatrix} a_{11}b_{11}+a_{12}b_{21}+a_{13}b_{31} & a_{11}b_{12}+a_{12}b_{22}+a_{13}b_{32} \\ a_{21}b_{11}+a_{22}b_{21}+a_{23}b_{31} & a_{21}b_{12}+a_{22}b_{22}+a_{23}b_{32} \end{pmatrix}$$

のように計算することができる。

補遺4　円柱座標と球座標

2次元平面や3次元空間の位置を特定するには、それぞれ2個および3個の変数が必要になる。普通は**デカルト座標** (Cartesian coordinates) と呼ばれる互いに直交する座標軸までの距離を使って、点の位置を表現する。

しかし、それぞれ2個および3個の情報があれば、位置を特定できるので、角度などの他の変数を利用して、その位置を指定することもできる。

円や球あるいは円柱などの図形を解析する場合、普通の直交デカルト座標では取り扱いが難しい場合があるが、角度などを変数にとると、その取り扱いが飛躍的に楽になる場合がある。本文においても、適宜、変数変換を行って重積分の計算を行っている。

A4.1.　極座標

2次元平面の場合は2個の変数があればいいので、直交座標だけではなく、別な表現方法がある。それは、**極座標系** (polar coordinate system) と呼ばれるもので

$$\begin{pmatrix} x \\ y \end{pmatrix} \rightarrow \begin{pmatrix} r \\ \theta \end{pmatrix}$$

のように、(x, y)座標のかわりに、原点からの距離 r と、x 軸の正の方向からの角度 θ で座標を表現するものである。この時

$$x = r\cos\theta, \quad y = r\sin\theta$$

という関係で結ばれる。逆変換は

$$r = \sqrt{x^2 + y^2} \qquad \theta = \tan^{-1}\frac{y}{x}$$

となる。

2次元平面において、原点を中心として半径1の円は

$$x^2 + y^2 = 1$$

で与えられるが、極座標では

$$r = 1$$

と簡単になる。

2次元極座標は、重積分の時にも威力を発揮する。例えば、半径1の円の面積を2重積分で求めると

$$\int_{-1}^{1}\int_{-\sqrt{1-x^2}}^{\sqrt{1-x^2}} dy dx$$

となるが、これを極座標で示せば

$$\int_{0}^{1}\int_{0}^{2\pi} r d\theta dr$$

となって、計算が非常に簡単になる。

A4.2. 円柱座標

3次元空間では、3個の変数でその位置を特定することができる。通常は (x, y, z) 座標を使うが、他の座標系で表現した方が便利な場合も多い。そのひとつが**円柱座標** (cylindrical coordinates) である。この時変数として

図 A4-1 円柱座標。

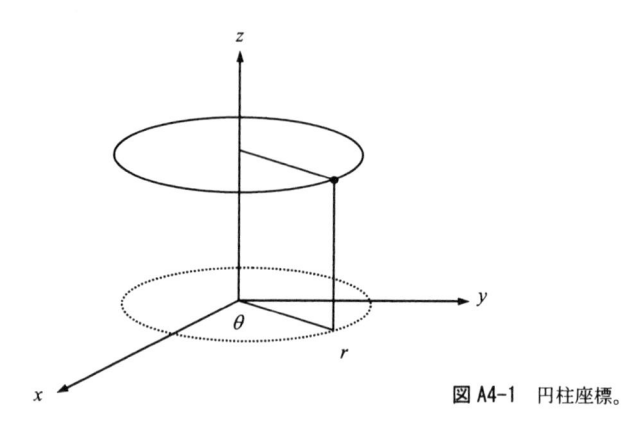

$$\begin{pmatrix} x \\ y \\ z \end{pmatrix} \rightarrow \begin{pmatrix} r \\ \theta \\ z \end{pmatrix}$$

のように、xy 平面では (r, θ) という極座標と同じ変数で表現する。z 方向は、そのまま z 軸の座標を使う（図 A4-1 参照）。

この時、変数の対応関係は

$$x = r\cos\theta \qquad y = r\sin\theta \qquad z = z$$

となる。
この逆の変換は

$$r = \sqrt{x^2 + y^2} \qquad \theta = \tan^{-1}\frac{y}{x} \qquad z = z$$

となる。

A4.3. 球座標

円柱座標を使うと円柱状に変化する現象を取り扱うのが便利になる。し

補遺4 円柱座標と球座標

かし、物理現象では原点を中心にして球状に変化するものも数多く存在する。この場合には、**球座標** (spherical coordinates) と呼ばれる座標系を使うと解析が簡単になる場合がある。

変数としては、原点からの距離と、z軸の正の方向からの角度θとxy平面に投射した場合のx軸の正の方向からの角度φの3変数を用いる。よって変数は

$$\begin{pmatrix} x \\ y \\ z \end{pmatrix} \rightarrow \begin{pmatrix} r \\ \theta \\ \varphi \end{pmatrix}$$

のように変わる。この時の3変数は図A4-2のように与えられる。

この時、座標軸との対応は、まずz軸の座標は

$$z = r\cos\theta$$

で与えられる。つぎにxy平面に投射した点までの距離は

$$r\sin\theta$$

となるので、xおよびy座標は

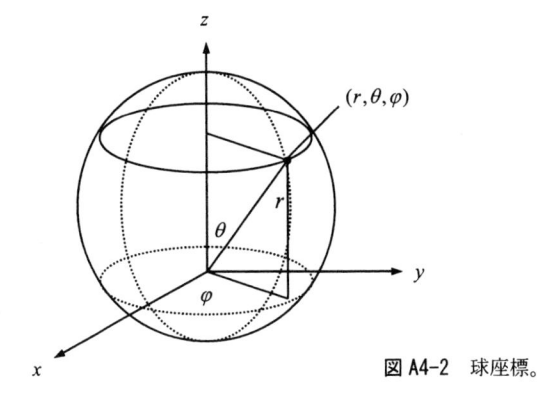

図A4-2 球座標。

$$x = (r\sin\theta)\cos\varphi \qquad y = (r\sin\theta)\sin\varphi$$

よって整理すると

$$\begin{cases} x = r\sin\theta\cos\varphi \\ y = r\sin\theta\sin\varphi \\ z = r\cos\theta \end{cases}$$

となる。図に見られるように、この座標系では、原点から点までの距離 r を半径とする球面上の点という視点で座標を決められるので、球座標と呼んでいる。

この逆変換は、まず r は

$$r = \sqrt{x^2 + y^2 + z^2}$$

となる。つぎに、z 軸となす角 θ は

$$\cos\theta = \frac{z}{r} = \frac{z}{\sqrt{x^2 + y^2 + z^2}}$$

で与えられるから

$$\theta = \cos^{-1}\frac{z}{\sqrt{x^2 + y^2 + z^2}}$$

となる。ただし

$$\tan\theta = \frac{r\sin\theta}{z} = \frac{\sqrt{x^2 + y^2}}{z}$$

とも与えられるので

補遺4　円柱座標と球座標

$$\theta = \tan^{-1} \frac{\sqrt{x^2 + y^2}}{z}$$

の方が一般的である。さらに φ は

$$\tan \varphi = \frac{y}{x} \quad より \quad \varphi = \tan^{-1} \frac{y}{x}$$

となる。

　原点を中心として、半径が1の球は、デカルト座標では

$$x^2 + y^2 + z^2 = 1$$

と与えられるが、球座標では

$$r = 1$$

と実に簡単になる。

補遺5　スカラー場とベクトル場

　あえて本文では、**スカラー場** (scalar field) や**ベクトル場** (vector field) という表現を使わなかったが、ベクトル解析を考える場合、**場** (field) という概念を導入すると、物理現象などが分かりやすくなる場合がある。

　その理由は、力というものが、接触していない距離の離れた物体どうしに働く不思議な存在であるということと密接に関係している。もちろん、荷物の運搬の場合には、例えば、床を移動させるときには、直接、人間が荷物に力を与えて動かす。この場合の力の作用は明らかである。しかし、引力、電気力、磁力は、接触していないものどうしに働くことが知られている。どうして力が働くかという根本原因はいまだに謎のままであるが、これら力が働く空間を場として捉えると、力の作用する方向や大きさの解析が容易になる。

　まずスカラー場というものを直感的に分かる例を紹介しよう。その定義は、ある空間において座標 (x, y) あるいは座標 (x, y, z) に対応して、ただひとつのスカラー値（あるいは関数）が与えられる場である。例えば、地図では、ある地点 (x, y) に対応して、ただひとつの標高 $f(x, y)$ が与えられる。よって、スカラー場である。

　一方、ベクトル場とはある空間において座標 (x, y) あるいは座標 (x, y, z) に対応して、ただひとつのベクトル量が与えられる場である。例えば、川の中の水の流れを考えてみよう。それぞれの位置での水の流れを速度ベクトルと考えると、川の中の水の流れはまさにベクトル場となっている。この場合、川の中のある任意の座標 (x, y, z) に対応して、ただひとつの速度ベクトル $\vec{v}(x, y, z)$ が与えられる。これが、ベクトル場である。

索 引

あ行
位置ベクトル　17
演算子　118
円柱座標　311
円の方程式　55

か行
外積　29, 39
外積の微分　113
回転　294
ガウスの発散定理　240
加法定理　31, 299
基本ベクトル　45
逆行列　255
球の方程式　70
球面座標　313
行ベクトル　15
行列　251
行列式　49
極座標　310
クーロンの法則　159
グラディエント　121
grad　118
グリーンの定理　218
結合法則　26

交換法則　22
勾配　120
固有値　276
固有ベクトル　276
固有方程式　279

さ行
スカラー　19
スカラー3重積　78
スカラー積　30
ストークスの定理　230
接線の方程式　60
接線ベクトル　99
接平面　103
ゼロベクトル　22
線形独立　44
線積分　196
全微分　105

た行
対角行列　276
div　148
単位行列　254
単位接線ベクトル　100, 134, 206
単位ベクトル　45

調和関数　*180*
直線の方程式　*53*
デルタ関数　*161*
電束密度　*158*
電束密度ベクトル　*162*
転置行列　*265*
同次方程式　*279*
導ベクトル　*99*

な行
内積　*29*
内積の交換法則　*38*
ナブラ　*126*
ナブラ演算子　*136, 179*

は行
倍角の公式　*302*
発散　*151*
波動方程式　*180*
パラメータ表示　*73*
分配法則　*23*
平行四辺形の法則　*24*
平行六面体　*80*
平面の方程式　*68*
ベクトル空間　*26*
ベクトル3重積　*84*
ベクトル積　*39*
ベクトルの回転　*167*
ベクトルの微分　*95*
ベクトルの普通積分　*192*
ベクトルポテンシャル　*172, 293*

方向微分係数　*122, 129*
方向余弦　*257*
法線　*202*
法線ベクトル　*132*
法線面積分　*204, 208*
放物面　*74*

ま行
マックスウェルの方程式　*147*
右手系　*40*
右ねじの法則　*40*
面積分　*201*
面積ベクトル　*204*

や行
余因子　*49*
余因子展開　*306*
余弦定理　*62*

ら行
ラグランジュの恒等式　*91*
ラプラス演算子　*179*
列ベクトル　*15*
rot　*148, 166, 293*

わ
湧き出し源　*153*

著者：村上　雅人（むらかみ　まさと）

1955年，岩手県盛岡市生まれ．東京大学工学部金属材料工学科卒，同大学工学系大学院博士課程修了．工学博士．超電導工学研究所第一および第三研究部長を経て，2003年4月から芝浦工業大学教授．2008年4月同副学長，2011年4月より同学長．

1972年米国カリフォルニア州数学コンテスト準グランプリ，World Congress Superconductivity Award of Excellence，日経BP技術賞，岩手日報文化賞ほか多くの賞を受賞．

著書：『なるほど虚数』『なるほど微積分』『なるほど線形代数』『なるほど量子力学』など「なるほど」シリーズを20冊以上のほか，『日本人英語で大丈夫』．編著書に『元素を知る事典』（以上，海鳴社），『はじめてナットク超伝導』（講談社，ブルーバックス），『高温超伝導の材料科学』（内田老鶴圃）など．

なるほどベクトル解析
2003年10月30日　第1刷発行
2020年10月30日　第3刷発行

発行所：㈱海鳴社　http://www.kaimeisha.com/
〒101-0065　東京都千代田区西神田2－4－6
Eメール：info@kaimeisha.com
Tel.：03-3262-1967　Fax：03-3234-3643

JPCA

本書は日本出版著作権協会（JPCA）が委託管理する著作物です．本書の無断複写などは著作権法上での例外を除き禁じられています．複写（コピー）・複製，その他著作物の利用については事前に日本出版著作権協会（電話03-3812-9424, e-mail:info@e-jpca.com）の許諾を得てください．

発　行　人：辻　信行
組　　　版：小林　忍
印刷・製本：シナノ

出版社コード：1097
ISBN 978-4-87525-215-3

© 2003 in Japan by Kaimeisha
落丁・乱丁本はお買い上げの書店でお取替えください

村上雅人の理工系独習書「なるほどシリーズ」

なるほど虚数──理工系数学入門	A5判 180頁、1800円
なるほど微積分	A5判 296頁、2800円
なるほど線形代数	A5判 246頁、2200円
なるほどフーリエ解析	A5判 248頁、2400円
なるほど複素関数	A5判 310頁、2800円
なるほど統計学	A5判 318頁、2800円
なるほど確率論	A5判 310頁、2800円
なるほどベクトル解析	A5判 318頁、2800円
なるほど回帰分析　　（品切れ）	A5判 238頁、2400円
なるほど熱力学	A5判 288頁、2800円
なるほど微分方程式	A5判 334頁、3000円
なるほど量子力学Ⅰ──行列力学入門	A5判 328頁、3000円
なるほど量子力学Ⅱ──波動力学入門	A5判 328頁、3000円
なるほど量子力学Ⅲ──磁性入門	A5判 260頁、2800円
なるほど電磁気学	A5判 352頁、3000円
なるほど整数論	A5判 352頁、3000円
なるほど力学	A5判 368頁、3000円
なるほど解析力学	A5判 238頁、2400円
なるほど統計力学	A5判 270頁、2800円
なるほど統計力学　◆応用編	A5判 260頁、2800円
なるほど物性論	A5判 360頁、3000円
なるほど生成消滅演算子	A5判 268頁、2800円
なるほどベクトルポテンシャル	A5判 312頁、3000円

（本体価格）